日本の田園風景

山森　芳郎　著

古今書院

COUNTRYSIDE LANDSCAPES IN JAPAN
YAMAMORI Yoshiro

Kokon-Shoin, Publisher, Tokyo, 2012

目　次

序　章　研究の概要と論文の構成 …………………………………… 1
  1．研究の概要　1
  2．論文の構成　2

第1章　風を要因とする風土空間の形成 ― 築地松は防風林か ― ……… 7
  1．出雲平野の築地松　8
  2．築地松の意味　11
  3．築地松の形態と機能　14
  4．築地松の位相　16
  5．形態を生む要因　18
  6．風への構え　20
  7．潜在化する脅威　23
  8．風のイメージ　25

第2章　砂　丘 ― 風土空間の周縁を形づくるもの ― …………………… 29
  1．砂丘の成因　31
  2．砂丘のかたち　32
  3．砂丘に吹く風　36
  4．快適な砂丘　41
  5．荒ぶる砂丘　45
  6．鎮められた砂丘　47
  7．砂丘のむら　49
  8．周縁に生きる人びと　52

第3章　風と水と、地と人と ― 潟の集落 ― ……………………… 59
  1. 地図にない湖　61
  2. 海と風の贈りもの　62
  3. もう一つの贈りもの　65
  4. 大洪水の定期便　68
  5. 地上の島じま　70
  6. 多すぎる水　74
  7. 地底の島じま　78
  8. 揺れる大地、沈む大地　81

第4章　解読格子の仮説 ― 条里制の集落 ― ……………………… 87
  1. 土地に刻まれた解読格子　89
  2. 生きている歴史遺産　91
  3. 消えゆく条里　96
  4. 埋れゆく井堰　99
  5. 形状の確認　102
  6. 復元の試行　108
  7. 実行シナリオ　112
  8. 共時的理念の継承性　114

第5章　孤立定住空間の通時的理念 ― 生きられた散居集落 ― ……… 123
  1. 扇状地の散居集落　125
  2. 大開拓時代と扇状地　127
  3. 開発主義から精農主義へ　132
  4. 孤立定住空間の誕生　134
  5. 孤立定住空間における農法　137
  6. 孤立定住空間の循環性と統合性　144
  7. 孤立定住空間の屋敷構え　148
  8. 農の道、農人の理想　152

目　次　iii

第 6 章　計画的農耕空間の風土化 ─ 武蔵野の列状村 ─ ……………159
　1．洪積台地の武蔵野　161
　2．農耕空間の基本構造　164
　3．やわらかい計画原理　166
　4．風土化の過程　169
　5．住空間の格式　173
　6．列状村の類型性　176
　7．武蔵野変容　180
　8．歴史の沈黙　184

第 7 章　時空を結節する神がみの形象 ─ 信濃路の陰影 ─ …………191
　1．神がみのラッシュ・アワー　193
　2．聖域のしるし　195
　3．路傍のペルソナ　200
　4．祭礼のとき　203
　5．始原のとき　208
　6．共有された時間　211
　7．彷徨する神がみ　215
　8．歴史の足音　218

第 8 章　聖なる山村 ─ 史的先端空間としての斜面集落 ─ …………225
　1．山村のいま　227
　2．山びとの道　230
　3．山村定住のはじまり　233
　4．山村の社会規範　235
　5．なぜ、そこに山があるのか　238
　6．山塊変容　241
　7．中央構造線沿いの山村　245
　8．史的先端空間としての山村　252

終　章　歴史的時間尺度としての田園風景
　　　—「もう一つの日本史」と田園風景のこれから— ……………… 261
　1．柳田国男の周圏論　262
　2．周圏説に対するフロンティア史観　263
　3．フロンティアとしての新田開発　266
　4．新田開発で培われた規範意識　267
　5．「平地人を戦慄せしめよ」　268
　6．田園風景の未来　269

初出一覧　　　273
Summery　　275
あとがき　　　284
人名事項索引　286
地名索引　　　291

序 章　研究の概要と論文の構成

1．研究の概要

　この研究は、日本列島を構成する主な地形条件に着目しながら、田園風景の形成過程を読み解こうとしたものである。選んだ地形は、海岸部から内陸部にむかって、海岸砂丘、潟（低湿地）、平野、扇状地、洪積台地、そして山岳部である。それぞれを代表する事例地を選択し、列島の田園風景の全貌を概観できるようにつとめた。

　これらの地形条件は、古代に条里制が施行された一般平野部を除くと、いずれも、水田農業にとって非常に過酷なところで、ほとんどが近世以後に開発された新田集落である。それも、低湿地や扇状地では水田開発が可能であったが、海岸砂丘や洪積台地、山岳部などでは、畑作が中心だった。

　新田開発にとって、農業技術の発達が欠かせなかったことはもちろんだが、それだけではなかったと思う。列島に生きた人びとの自然観や社会的な規範意識が共有されていたからこそ、大規模な新田開発が可能になったにちがいない。そして、その自然観や社会的な規範意識が、農業に従事しているか、いないかを問わず、現代を生きる私たち日本人に継承されている —— そう考えるからこそ、いま、田園風景を解き明かす意義があると思うのだ。

　近代社会では、都市圏形成あるいは都市化によって、田園景観が説明されるのが一般的であり、本論でも、海岸砂丘から洪積台地までは地形条件と都市化条件の双方を考慮しながら田園風景を説明できた。ところが、都市からもっとも離れているはずの山岳部の集落つまり山村風景の形成過程がなかなか理解できなかった。多くの田園風景が近世以後の新田開発によるのに対して、山岳部の開発は、もちろん近世を通じて進むのだが、古いものは、戦国期かそれ以前にさかのぼるのだ。古代・中世の条里制集落を含め、中世末期から戦国期にかけて、歴史的に

過酷な運命にさらされた平野部の農村に対し、新しい田園風景形成の胎動は、いいかえれば、日本人の自然観や社会的な規範意識が最初に培われたのは、都市に住む人びととの関係が隔絶した、この山岳部の集落においてではなかったか――詳しくは、本文で述べるが、そう考えることによって、はじめて山岳部の風景が説明できるのだ。

しばしば指摘されているように、近年、日本列島の田園風景は変化が著しい。観察している風景が、目の前で、刻一刻と変っていくのである。変化というより、崩壊に近い。問題は、このような私たち日本人の〈経験〉や〈記憶〉にかかわる、いわば〈生きられた〉環境の喪失は、〈生きている〉私たち自身の主体性の喪失、あるいは自己崩壊につながりかねない。だから、田園風景を読み解くことは、とりもなおさず、この列島に生きる自分たち自身を問い直すことにもつながっている。田園風景の形成過程は、都市に住む人びとを中心としたこれまでの歴史観とは異なった、「もう一つの日本史」が存在したことを気づかせてくれるのである。

なお、本論の対象地は、日本列島のなかでも近世ないしそれ以前に形成された田園風景に限定し、近代化以後の歴史にかかわる北海道と沖縄を除きたいと思う。

2. 論文の構成
（1）研究の経過

この研究は、1980年代初め、いまから約30年前にはじめたが、私が最初に訪問したのは山陰出雲平野の築地松であった。そのとき、幸運にも「自然と歴史を交互に考察する」という田園風景の見方に気づき、研究方針として日本列島を構成する地形条件に着目することにした。そのことによって、私を含め、地域計画者が陥りがちな、近代都市を中心とした地域構造認識から開放され、田園風景を自由にみることができるようになった。そこで本書でも、最初に築地松の風景について論じたい。

その後、海岸線から内陸部に向かって、海岸砂丘、潟（低湿地）、沖積平野、扇状地、洪積台地と、比較的順調に研究を進めることができた。本書でも、この順序で、田園風景を論じていきたい。洪積台地までまとめたところで、田園風景を形成した人びとの自然観や生活規範を確かめるため、いったん地形条件を離れ、集落に置かれた数かずの神がみの形象を整理しておくことにした。

そして1980年代終わりに、山村を調べはじめたが、ここで、その風景を読み解くことができず、以後20年近く、研究がストップしてしまった。2000年代半ばに山村研究を再開し、山村彷徨を続けたが、風景の形成過程を整理できたのは、つい最近のことである。本書の最後に、その山村の風景について述べることにしたい。

以上の順序を整理すると、次の通りである。

	地形地質	おもな調査地	集落形態（農業形態）	集落成立期
第1章	（築地松）	島根県出雲平野	散居集落（水田）	近世
第2章	海岸砂丘	島根県大社砂丘	──（畑作）	近世（近代）
第3章	潟（低湿地）	新潟県亀田郷	輪中集落（水田）	近世（近代）
第4章	平野	滋賀県湖東平野	条里制・集居集落（水田）	古代・中世
第5章	扇状地	岩手県胆沢平野	散居集落（水田）	近世
第6章	洪積台地	埼玉県武蔵野	列状集落（畑作）	近世
第7章	（神がみ）	長野県山形村	──	近世・近代
第8章	山岳部	徳島県旧一宇村	山村（畑作）	中世・近世

あらためて研究過程を振り返ると、結果的に、古代から近世（一部は近代）までの田園風景の形成過程をほぼ一覧できた。

（2）各章の概要

各章の概要は、以下の通りである。

第1章　風を要因とする風土空間の形成 ──築地松は防風林か──

山陰出雲平野（斐川平野）に秋から冬にかけて吹く季節風を避けるために育成された築地松を観察する。形態は、単に機能によって生み出されるのではない。そこに住む人びとは歴史的な経過のなかで自然に対するイメージを膨らませ、自然観、生活観を反映させた農耕空間の形態的な統一 ──これを「風土空間」と呼ぶことにした── を完成させていくのである。

第2章　砂丘 ──風土空間の周縁を形づくるもの──

日本海沿岸に発達している、数多くの砂丘沿いの田園風景の成り立ちを説明した。砂丘は、雪解け水が運んでくる大量の土砂と秋から冬にかけて日本海沿岸に吹きつける季節風によって発達した。17世紀末、山陰大社砂丘でクロマツを植

林することによってその沈静化に成功し、耕地が開拓されると、同じ方法で、日本海沿岸はもとより、日本列島各地の海岸砂丘が征服され、いわゆる白砂青松の風景が誕生していった。

第3章　風と水と、地と人と ——潟の集落——

　海岸砂丘の内陸側に、砂丘の発達によって河川が堰き止められたために生じた浅い水辺、潟の多すぎる水と戦いながら、そこを耕地に変えていった新田村の開発を紹介した。対象にしたのは、かつて「地図にない湖」といわれ、腰や、ときには胸まで水と泥につかりながら耕作した新潟県亀田郷。

第4章　解読格子の仮設 ——条里制の集落——

　縦横ほぼ100ｍに区画して水路や農業用道路を配置し、さらにそのなかを10等分する条里制を適用した平野部の田園開発を紹介した。事例地は滋賀県湖東平野。8世紀には、東北地方以南の日本列島各地の沖積平野に条里制による水田が開発され、律令国家を経済的に支えた。風景は政治的意思の表象であることを確かめた。

第5章　孤立定住空間の通時的理念 ——生きられた散居集落——

　17世紀から19世紀にかけて盛んに出版された農書の記述を通じて自立小農といわれた農民の理想像を抽出し、広大な耕地のなかに一戸一戸の農家がほぼ等間隔に分布する、いわゆる散居集落の意味を読み解いた。それは、ほぼ平等な必要最小限の農地を所有し、一所懸命に耕す自立小農の理想の帰着だったのではないかと推定した。広大な散居集落の多くは扇状地に分布する。農業用水の配分に高度の土木技術を要した。

第6章　計画的農耕空間の風土化 ——武蔵野の列状村——

　関東武蔵野を事例に、水が極度に不足する洪積台地の開発をさかのぼった。開拓に参加した農民に平等に分け与えられた短冊状の耕地。17世紀から18世紀にかけて、防風林や屋敷林を育成して季節風を防ぎ、肥料を施して土地を肥やし、不毛の土地を、日本列島でも指折りの豊かな田園地帯に変えていった。開拓当初

から時間を積み重ね、自然観・生活観を反映させながら、農耕空間に形態的統一をもたらす過程を「風土化」と名づけた。

第7章　時空を結節する神がみの形象 ——信濃路の陰影——

　私事で恐縮だが、私が育った信州の集落の道路わきに点在する石仏の姿を紹介した。ときには微笑み、ときには怒りの表情をみせる石仏は、これまでいわれてきたような単なるムラの境界ではなく、居住域と自然域、人間の領域と神がみの領域、そして現世と来世の境界であり、太古から村人たちが継承してきた人生観、自然観の表出でもあった。

第8章　聖なる山村 ——史的先端空間としての斜面集落——

　四国山地旧一宇村を中心に、東は関東から長野県南部、紀伊半島、四国、九州と、日本列島を東西に貫く中央構造線、その太平洋側に連なる山岳地帯の村むらの風景を読み解くもので、それまでの神がみの領域だった山岳部の急傾斜地に定住し、厳しい生活のモラルを培った山村の歴史をたどり、日本人の自然観や倫理観はそこで培われたのではないか、という仮説を提起した。

終　章　歴史的時間尺度としての田園風景
　　　　——「もう一つの日本史」と田園風景のこれから——

　ここまで、日本列島の地形地質に着目して解き明かしてきた田園風景の形成過程にてらしながら、民俗学の柳田国男や歴史学のF・J・ターナー、あるいは高橋富雄らによる「中心対周縁」あるいは「中央対辺境」といった地域構造認識にかかわる歴史観を比較し、政治的社会的出来事を時系列で羅列するだけの従来の日本史に対し、田園風景を形成する過程で培われた自然観や社会的な規範意識の形成にかかわる「もう一つの日本史」の存在と、歴史的文化財としての田園風景のこれからのあり方を提起した。

第1章

風を要因とする風土空間の形成

― 築地松は防風林か ―

出雲平野の築地松。クロマツを截然と刈り込み、季節風に立ち向かう強い意志をあらわす。

秋から冬にかけて季節風が吹く北西方向からみた築地松の集落。

そこに住む人びとが自然に対応し、歴史的に培ってきた農耕空間の形態的な統一——これを「風土空間」と呼ぶことにしよう。風土は自然とともに人間存在が前提であり、それが内包する構造とその時間的な変化が前提になっている。日本人が思いを寄せながら、外国語に訳しにくい風土の意味をあらためて理解し、また環境再生という今日的な課題を整理するために、この風土空間という概念を導入したいのである。

とくに本章では島根県出雲平野において民家が継承してきた築地松を事例に、形態形成要因としての風との関係に着目しながら、風土空間の構造契機を論じようと思う。

1. 出雲平野の築地松

出雲平野の風景をもっとも特色づけるのは住戸が分散している散居型の集落形態と民家ごとに配置された築地松である。民家の相貌は南正面、東側、西側、北側それぞれからの視座によってまったく異なる。正面、すなわち太陽を背に南側から敷地をみると、屋敷の真中に母屋があり、その右側、いいかえれば、母屋の東側に納屋が建つ。そして母屋の西側から北側にかけて屏風のように端正に刈りこまれた築地松がしつらえられている。築地松を構成する樹種はクロマツ、母屋の屋根をすっぽり包む高さである。私が調査した11月、初冬の陽ざしのもとで、じつにおだやかな田園風景であった（図1-1）。

図 1-1　築地松農家外観

　ところが民家の西側あるいは西北側にまわると、景観はがらりと変わる。おだやかさは去り、みえるのは水平・垂直に長方形の板状に刈りこまれた築地松のみである。築地松のなかの住戸や生活をうかがうことはできない。形態的な抽象性とスケール感はあまりに荒あらしく、西側から近接するものすべてを拒絶しているかのようである。

　築地松に近づくとこれにぶつかる西風の音がかすかに、そして確かに聞える。景観は目で見るものであるが、風景はまた耳で聞くものとでもいおうか。風の音、あるいは築地松の音に気づいた時刻は正午をまわって午後の一時近く、急に身のまわりの空気が冷えて感じられた。11月半ばの陽ざしは雲間にかくれることが多く、心なしか弱よわしい。

　住宅調査のために訪問した三代芳夫氏夫妻の話だと風の強い日はこんなものではなく、都会からたずねてきた娘さんが離れに泊っていると風の音が恐ろしく、夜中に母屋へ逃げこんでくるほどだという。

　出雲平野は出雲市、平田市、斐川町、大社町などにまたがり、斐伊川、神戸川の沖積効果によって形成された。古代、いまの島根半島は海上に浮ぶ島であり、それが中国山脈から流れ出る両河川の沖積作用によって陸続きになった[1]。したがって平野部の集落の成立は比較的新しく、農家が定住を開始したのはいまから十世代くらい前、近世にはいってからのことである[2]。平野の西は日本海、そして東は宍道湖である。平野の形は南北約 10 km、東西約 20 km と細長く、南

北両側を丘陵、山岳部にはさまれてちょうど切通しになっており、そこを西から東へ冬の季節風が吹きぬける。

同じ裏日本気候区山陰区に属しながら、宍道湖東岸の松江と西岸の出雲平野とでは気象条件が若干異なる。そこで東方の松江気象台と西方の浜田測候所の記録から、出雲平野の気象を類推してみよう[3]。

まず気温について。平均気温の最低・最高は松江で摂氏3.8度(1月)と26.4度(8月)、浜田で5.6度(1月)と26.2度(8月)であり、出雲平野では最低温度4度、最高温度26度前後とみられる。1月の平均気温分布をみると等温線が山陰海岸沿いに北上し、東京などとほぼ同じ気温である。冬の気温が思いのほか高いのは対馬海流の影響で、この地方の生態系形成に基礎的な条件を与えている[4]。

1月の相対湿度は70％程度で、東京の53％より高いが、金沢の80％にくらべるとだいぶ低い。1月の降水量166 mmは金沢の半分ほど、また7月の降水量282 mmは東京と同程度である。最深積雪は松江で100 cm、浜田で38 cmの記録があるが、いずれの地域ともに20 cm以上の積雪日をかぞえることはまれである。

1月の日照時間70〜80時間は金沢の64時間に準じる。1月の晴天日はほとんどなく（東京10日、金沢1日）、曇天が21日ほどを数える（東京4日、金沢22日）。暖房デグリーデーでは、浜田で12月13日から3月18日までの406デグリーデー。東京の11月29日から3月24日までの626デグリーデーに比べて、出雲平野のそれは同等かむしろ温暖である。

1月の最多風向は松江・浜田とも西、年間を通じてでは松江が西、浜田が東南東となっている。松江の最大風速は毎秒26.5 m（南東、1951年10月）、瞬間最大風速毎秒41.2 m（西、1980年10月）、また浜田では毎秒それぞれ29.6 m（南南西、1922年3月）、44.0 m（南南西、1937年4月）である。そして日最大風速の階級別日数をみると浜田で風速10 m以上となるのは12月に8日間、1月に11日間、2月に9日間で、年間63日間、さらに15 m以上となるのは12月に3日間、1月に2日間、2月に1日間で、年間12日間となっている。ちなみに東京では風速10 m以上の年間日数は33日間、15 m以上のそれは2日間である。

このように出雲平野の気象条件は比較的温暖だが、季節風が卓越しており、日本海沿岸の秋田、酒田、新潟なみである。風は単に空気の移動というだけではない。ときには浜辺や河川敷の砂を舞いあげ、また雪を吹きつける。したがって築

地松の機能は防風であり、風が強いためにあのように特化した形態が形成されたのはもっともであるように思われる。

2. 築地松の意味

　築地は「ついじ」また「つきじ」とよみ、今日その意味も若干異なる。まず辞書によれば「ついじ」とは「（ツキヒヂ〔築塀〕の音便ツイヒヂの約）土塀の上に屋根を葺いたもの」とある[5]。「ついがき〔築垣〕」「つきがき〔築垣・築墻〕」も同義である。同じく「つきじ」とは「沼や海などを埋めて築いた土地」である。当地のよみ方から「ついじ」の意味をとると、その端正な刈りこみゆえに形態的連想から築地松と名づけられたものだろうか。形態形成の要因は風であるが、その名は形態そのものから、いいかえれば機能と名称は別べつのものということになる。

　さらにその由来を確かめるために古語としての意味を探ってみよう。すなわち「ついぢ」とは「築泥（つきひぢ）の略」で、「柱を立て、板をしんとして、ドロで塗り固め、屋根をカワラでふいたかきね。古くはドロで塗り固めた、今の土手のようなものであった。『ついがき』とも」である。そして「長雨についぢも所所崩れて〔源氏物語・須磨〕」の用例を紹介している[6]。

　一方、漢籍では「チクチ」とよみ、「地をつきかためること」とある。「築」は「木の棒を手にもち、まんべんなく土をたたきかためて土台工事をすること」である[7]。

　もう一度築地松にもどろう。たとえば平野中央部の陰山国造氏宅のまわりをみると、築地松の根もとがわずかに盛りあがっている。陰山氏によればかつての土手のあとがくずれてこのような状態になったという。さらに出雲平野を宍道湖の方へ下っていくと宅地全体が盛土されている例が多くなる。明治期には築地が宅地面から 1 m から 1.7 m にも及ぶものがあったと記録されている[8]。

　この地方で築地という語はすでに江戸期から文献上にみられるが、築地松という用語は明治末期からといわれる[9]。このようにみていくと築地松は築地塀との形態的類似性から名づけられたというより、築地の土手に植えられた松、という因果関係が推定される。

　それでは、なぜ築地を宅地まわりにつくらなければならなかったか——あらた

めて出雲平野の地形を確かめよう。

　中国山地から流れ出した斐伊川は平野中央を北上し、島根半島の山々の手前で東方に流れを変え、宍道湖に注いでいる。平野部の斐伊川は河床が周辺部より高いいわゆる天井川であり、洪水の歴史を刻んできた[10]。沖積平野に定住するためには、まずこの洪水との戦いが避けられなかったにちがいない。

図 1-2　築地松集落住戸分布

なぜ洪水が頻発するか。平野部の圃場のなかの水路に目を落とすと、底は赤茶けて、鉄気が感じられる。地図で上流を確かめると、斐伊川の支流に、その名も「赤川」がある。ここでかつて砂鉄が採取され、「たたら」を用いた製鉄が盛んであったという歴史的事実が浮んできた[11]。

民俗学の柳田国男（1875 ～ 1962）は「伝説」について、これを「詳しく見る

人ならば此間に立って、時の進みというものが人生に与えた、大きな変革の跡をたどることが出来る」[12]といった。彼にならって出雲地方ゆかりの伝説、須佐之男命(すさのおのみこと)が登場する「八岐大蛇(やまたのおろち)退治」の物語を振り返ってみよう[13]。一般的な解釈はこうだ。「八岐大蛇」とは古代「簸川(ひのかわ)」とも呼ばれた斐伊川のことであり、それが下流の人びとに投げかけた難題とは斐伊川の洪水、氾濫を比喩し、したがって「大蛇退治」とはこの洪水、氾濫の防止に成功したことを指すという。

どのようにして洪水防止に成功したか。神話の解釈をすすめよう。洪水の原因は斐伊川上流の人びとが製鉄のために山林を伐採しすぎたためともいう。洪水防止には山の人びとに山林皆伐をやめさせ、さらに植林を勧めたのではあるまいか。神話にある「草薙の剣(くさなぎのつるぎ)」は須佐之男命がこの交渉に成功したしるしではないかというのである。その後、英雄は苛稲田姫(くしいなだひめ)を妻として迎え、「八雲立つ出雲八重垣妻籠みに八重垣作るその八重垣を」と詠む。幾重にも巡らした「垣」が意味するのは、屋敷まわりの防風林のことだろうか。斐伊川上流の山やまを含めた領土の周縁における植林事業を象徴するのだろうか。

洪水は現在もなくなったわけではない。もっとも平野部の集落形成は近世にはいってからといわれるから、いまの洪水は古代の英雄の責任ではないかもしれない。いずれにしても築地は宅地の浸水防止の構築物であり、築地松はその崩落防止対策として植えられたものという解釈も成り立つ。

3. 築地松の形態と機能

築地松の上部の幅は約1間(1.8 m)から2間(3.6 m)位で、下から上まで鉛直に刈りあげる。その高さは屋敷によって異なるが、ほぼ母屋の棟の高さを超える程度、普通5間(9 m)くらいである。枝を下ろして樹形を整えることを土地のことばで「ノーテ」あるいは「ノーテゴリ」という[14]。この手入れは4〜5年に一度、職人をいれて行う。樹幹の間隔は1間(1.8 m)から1間半(2.7 m)、屋敷が大きければマツの本数も増す。まれに二重の築地松もある。マツの直径は一般に30〜50 cm、樹齢は数十年、古いものはそれをはるかに超える。先にみた陰山国造氏宅のクロマツの直径は70〜75 cmであった。陰山氏宅で母屋の周囲をまわった。南側の前庭から西側へ、母屋と築地松の間に足を踏み入れて息を呑んだ。冬の木漏れ日のなかで常緑広葉樹系の木の葉が輝いている。あたかも照

葉樹林の深山に踏み込んだ趣きである。
　記録によればこの地方の屋敷林の樹種はつぎの通りである[15]。

　　クロマツ、タブノキ、スダシイ、モチノキ、ヤブツバキ、クスノキ、
　　カクレミノ、シロダモ、エノキ、マテバシイ、ヤブニッケイ、マダケ、
　　ヒサカキ、ウツギ、アカメガシワ、トベラ、ヒイラギ、ネズミモチ、
　　マサキ、イヌビワ、ヤツデ、ユズリハ

いずれも燃料・染料・薬用・食料・農業資材・肥料・住居材などの効果が期待される。きっと、入会山林をもたない平野部の農家にとって欠かせない資源だったのであろう。さらに屋敷林を一般森林とみなすならば光合成作用や蒸散作用をはじめ、景観形成、微気象形成といった効果が当然期待される[16]。微気象形成として気温緩和、湿度維持、防露、木かげ形成、そして風害・飛砂害・吹雪害の防止などの効果があげられる。また森林の地下根の発達によって崩壊防止、侵蝕防止が可能であり、さきの宅地まわりに築地を設けなくてはならなかった地形条件とも合致してくる。すなわち築地松を含む屋敷林には防風あるいは浸水防止といった対症療法的な効果のみならず、森林固有の効果が期待されるのである。
　築地松を含めた屋敷林の樹種構成をみると、出雲平野のなかでも開発が先行した斐伊川の上流域の本田地帯では常緑広葉樹とクロマツが混在しているのに対して、下流域の新田地帯ではクロマツのみの構成が多くなる。定住の歴史が浅いほどクロマツに純化する。したがって、定住がはやかった本田部の屋敷林はもともとシイ、タブといった常緑広葉樹系で構成されていたが、しだいに一部がクロマツ主体の常緑針葉樹におきかえられ、新田部では最初からクロマツを植えて屋敷林とした、と考えられる[17]。
　クロマツも上流域のように樹齢が古くなると下枝がしだいに枯れてくる。その隙間を埋めるために土塀、竹垣、生垣などを丹念に組みあわせなければならない。他方、下流域は樹齢が若く、地面に接するまでクロマツの整枝木のみで構成される。
　宅地周辺の圃場側から屋敷林をみれば、圃場面積をひろげ、日照を確保するためにできるだけ境界樹木の枝を刈りこまなければならない。逆に宅地内からは母屋の屋根や雨樋の保護、居室の日照や風通しのために、やはり枝を刈りこまなく

てはならない。屋敷林は屋敷の内外から刈りこまれて板状になる。そして母屋屋根のカヤが季節風で吹きとばされないように、屋敷林が棟の高さを超えたところで水平に整形する。かくして板状あるいは屏風状の形態が生まれたものと推定される。

4. 築地松の位相

　歴史的な原型を探るために考古学では「層位の原理」を適用する。すなわち地下に何層にもわたって遺物が発見された場合、下位の層ほど年代が古いとみなす考え方である。本論では、必ずしもこの原理にもとづくとはいえないが、これまで平野への定住時期の古さと築地松の樹種構成の違いに着目して、その原型を探ってきた。しかしなぜクロマツという樹種が選定され、なぜあのように特化した形態が形成されたか、いまだにその形成要因は明らかになっていない。

　平野のどこかに築地松の原型があるはずだ。文化人類学の「年代 ― 領域原理」を適用してみたらどうか。すなわち「各種の異なる形態の地理的な分布状態を調べ、他の条件が等しいとすれば、ある形態の空間的広がりが大であるほどそれは古いものである」という原理である[18]。出雲平野はほぼ地形的に平面であり、この原理を適用しうる条件を備えているように思われる。

　今日築地松の分布範囲は斐川町（築地松をもつ農家1,790戸）、出雲市（1,817戸）を中心に北へ平田市（808戸）、西へ大社町（409戸）、湖陵町（126戸）、東へは宍道湖南岸沿いにある宍道町（18戸）、北岸沿いに松江市（72戸）と三市四町の範囲に及んでいる（図1-3）。農家のほとんどが築地松をもつ平野中央部の斐川町域を西から東へみていくと、すでに観察したように樹種はクロマツに純化しながら宍道湖にいたる。宍道湖の南岸沿いに斐川町から宍道町にはいると地形は平野部から丘陵部となり、築地松農家の割合が急に減じ、他の様式の屋敷構えに混在しながらやがてみられなくなる。平野南側の山間部の集落でも築地松農家の割合は急に小さくなる。北部の平田市でも平野部には多い築地松が山間部に入るとみられない。さらに宍道湖北岸沿いに少数の築地松分布が東へのび、松江市の市街地を越えて中海沿岸にいたってまた若干の築地松集落をみる。

　出雲平野を西へ出雲市から大社町へ入る。やはり島根半島突端の北山沿いは他の様式との混在型、平野部は築地松集落で、やがて日本海海岸線に平行する防風

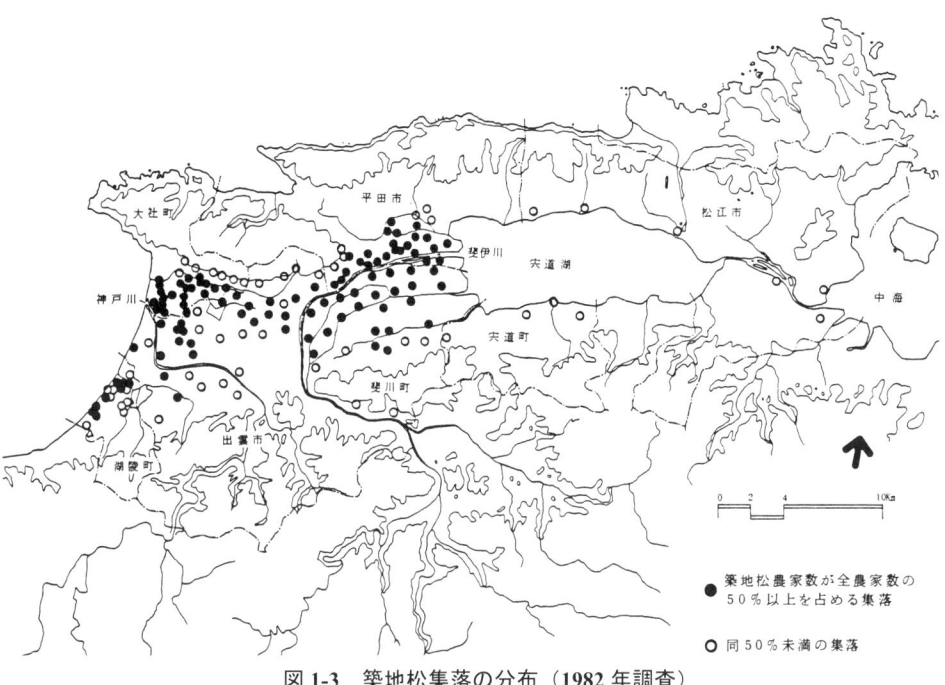

図 1-3　築地松集落の分布（1982 年調査）

防砂林にぶつかる。約 48ha に及ぶ湊原植林地区、赤塚植林地区である。この防風防砂林の樹種が、何と築地松と同じクロマツである。

　防風防砂林の育成は 1600 年代後半から 1700 年代初頭にかけて、大梶七兵衛（1621 〜 1689）ら先駆者によって砂丘地帯の新田開発の一環として行われたものである。用水路の開さく、干潟の干拓、斐伊川堤防の築造、洪水調整のための新川開さくまでを含めると江戸期末期にまで約 200 年に及ぶ大開拓事業がここにあったのであり、とりわけ海岸沿いの防風防砂事業の成功が新田開発にとって不可欠の条件であった[19]。

　海岸線を南西に進むと湖陵町にはいる。ここが築地松の西限である。すでに整枝した樹形はほとんどなく、荒々しく風や砂丘にたちむかう防風防砂林そのものである。

　なぜここに風や砂との戦いがあったか、出雲平野の形成過程をもう一度ふりかえってみよう。

島根半島がもと本土とは離れた日本海に浮かぶ島であったことはすでにふれた。一般に海岸線から離れた島や岩礁はその背景となる海浜に作用する波の力を弱める。このため島や岩礁の背後に砂が堆積し、汀線が前進する。江の島、函館などにもみられる海岸工学でいう陸繋砂州である。砂は風によって堆積され、発達して砂丘となる。一部海岸隆起も加わったかもしれない。すなわち出雲平野はこの漂砂現象とさきにみた斐伊川・神戸川の沖積作用が重なって形成されたと推し量ることができる。

「国引き伝説」にいう[20]。その昔、出雲の国土は狭かった。そこで土地の英雄大国主命は「国来(くにこ)、国来、国来」といって日本海の沖から島を引っぱってきた。その島を結びつけた綱が「園の長浜」すなわち砂丘海岸だというのである。古来出雲平野に定住した人びとにとって、西からの季節風は砂丘を発達させて陸地をひろげ、耕地の拡大を可能にしたが、同時に飛砂によってその耕地を荒す、まさに「砂漠化」の脅威をもたらした。

かくして築地松の原型は出雲平野西部にある。平野中部から東部にいくほど築地松の形態は純化されるが、時代は下る。方法論上仮設した均質な「年代 ― 領域原理」をそのまま採用することはできない。なぜなら、ここでは定住時期の差、地形条件の差、そして何より風向きが問題なのである。

5. 形態を生む要因

防風、防砂そして防潮用になぜクロマツが選ばれたか。クロマツにはつぎのような性質がある。すなわち「適潤性の肥沃な土壌によく育つが、土壌に対する要求度は低く、海岸の砂州の上にも、海岸の岸壁面にも生育できる。アカマツより水湿に対する抵抗力は強く、根が海水に浸るような場所にも生息している……。[21]」

自らこの環境での生活者の立場から、斐川町の小村好雄氏は築地松の効果をつぎのように列挙する[22]。

 1. 冬の季節風を防ぐため
 2. 斐伊川の氾濫のとき土地ごと流されるのを防ぐため
 3. 枝おろしをしたものを燃料とするため

4. 火災を防ぐため
5. 盗難など外敵を防ぐため
6. 地震の災害を防ぐため（竹やぶ）
7. 夏の木陰を得るため
8. 屋敷の風格を示すため

　すでにみてきたように、屋敷林にはこのほかにも列挙しきれないほどの効果がある。ただここで問題とすべきことは効果の欠落ではない。居住空間形成における要因と形態の関係が明らかにされているかどうかである。築地松がすでに存在することによる効果をもってその形成要因であるとは必ずしも断じきれない。形態の特化が必ずしもある要因の卓越性を意味するとは限らないからである。もし防風や洪水対策だけなら何も常緑広葉樹の屋敷林をクロマツにおきかえたり、枝をあのように特化した形状に整えたりする必要はない。生態学的な植生の交替をいうのであれば、この地域の第二次植生はアカマツである[23]。
　ひとは気ままに居住空間を形成するのではない。必ず理由があって材料や形態をえらぶ。もちろんそれが防風であり、洪水対策であったかもしれない。最初にある目的があって形態が選択される。しかしひとたび形態をとって存在するや、その目的への対処とは別に形態自体がもつ固有の効果が発揮される。築地松の場合燃料であったり、防火であったり、盗難防止であったりする。すでに考察したように元来屋敷林はとりわけ多様な効果の保有しており、それらをいちいち他のものとおきかえることはほとんど不可能と思われる。形態の原型、発生起源を探るためには、当初の目的と、存在することによる固有の効果を明確に区分しなくてはならない。
　当初の目的のために形成された形態は、その固有の効果を発揮すべく、またさらに他の空間要素との調整を含めて二次的、三次的に修正される。築地松は日常生活から隔絶した単なる歴史的な遺産ではない。これまでも、そしてこれからも営々と創造行為が加えられる。築地松にかぎらない。家屋はもちろん、屋敷まわりすべてについて同様の連続行為を確認できる。このような形態と期待される効果の間の連続的な相互作用の結果として、形態的な統一性をもつ風土空間が形成されるのである。

この連続的創造行為のなかで、当初の卓越した要因は潜在化し、イメージ化し、さらに形態そのものが格式化する。イメージ化、格式化は要因の卓越性、材料の選択肢とならんでその地方に固有のものである。同じ風土条件のもとにあっても、イメージ化、格式化という中間行為が挿入されることによって固有の形態が生まれる。

ここまでの考察を整理しよう。

1. 繰り返される洪水、卓越する季節風
2. 屋敷まわりに盛土し（築地）、常緑広葉樹の屋敷林を育成して対処
3. その一方で海岸沿いに砂丘が発達し、飛砂による耕地の砂漠化が進行
4. クロマツの防風防砂林を育成し砂丘を鎮静、耕地を回復
5. 要因としての風の潜在化・イメージ化
6. 屋敷林の格式化、樹種をクロマツにおきかえ、築地松として整形

さきに小村氏が築地松の効果として 8 番目にかかげた「屋敷の風格」とは、何と味わいの深い指摘ではないか。

6. 風への構え

もう一度屋敷正面からの視座にもどろう。

伝統的な母屋の根は寄棟の萱葺きである。棟は割竹や野地板を簀巻きにたばねたもので、江戸期には水平であったという。明治期にいったころから葺きあげた棟の両端に野地板を組んだ三角形の換気孔を取つけ、これを力骨として巻きこむように藁や萱をあてがい、棟全体でその両端を反りあげる。風への対応を強調したこの棟飾りから、この地方の民家を「反り棟造り」と呼ぶ場合もある[24]。反り棟は装飾というより、その開口部から築地松によって和げられた風を屋内いっぱいに導く機能を担わされ、湿度調節がむずかしい養蚕に励んだ時代の証である。

もちろん棟の換気口によって、居室は井炉裏の煙から解放される。また屋根裏全体に充満したけむりは屋根材を保護する。

現在では萱葺き屋根はごく一部にしかみられない。ほとんどが瓦葺きに変わった。その場合屋根の形は切妻か入母屋、屋根面には反り起りをつけず平らにする。

ただし、さきの箱棟もこれら瓦葺きの棟瓦も伝統にしたがってささやかな反りをつける。箱棟にも反り棟の換気口と同じ効果が期待される。

　母屋の平面は一般に四ツ間取りが基本である[25]。江戸期には一ツ間あるいは三ツ間取りが普通で床は竹座あるいはむしろ敷きとし、いろりを掘る。明治期にはいって三ツ間取りが一般化する。すなわち西寄りの居室が南側の「オモテ」、北側の「ナンド」に区分され、また平面の東側が土間でこれに南入りの戸口をつける。居室の床は板敷に、またさらに南側に縁が設けられる。明治末期になって土間のつぎの間に間仕切りがはいって南側が「ザシキ」、北側が「ダイドコロ」に区切られ、四ツ間取りの形式が整う（図1-4）。

　外縁には軒がつき雨戸がはいって内縁となる。居室の床はわらむしろ敷きからござ敷きに、さらに「オモテ」には客用として畳も敷きこまれる。やがて「オモ

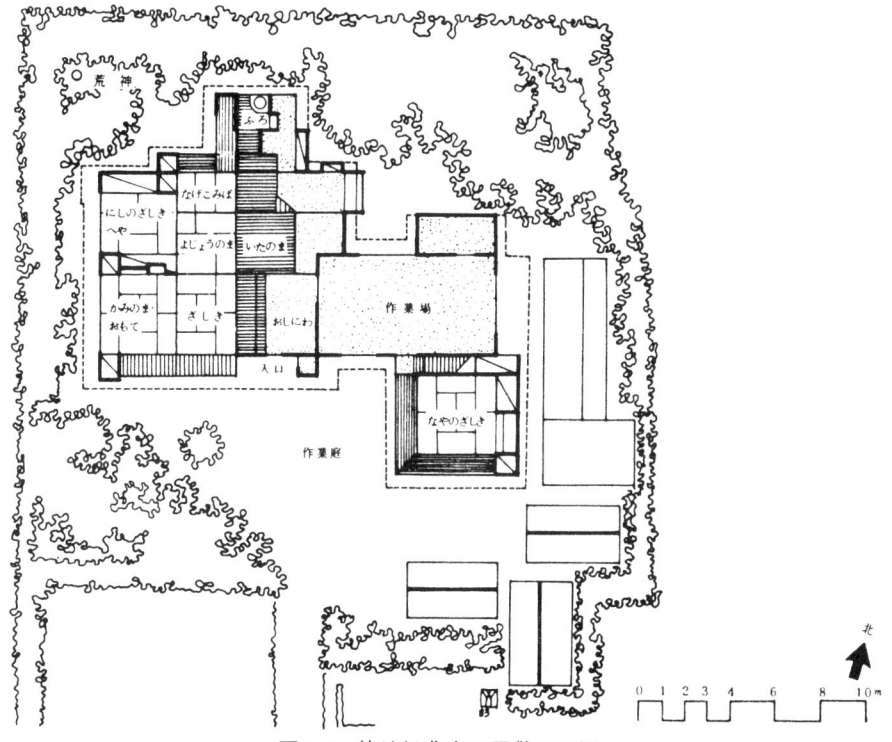

図1-4　築地松農家の屋敷平面図
「築地松と斐川の農村」より作図。

テ」は六畳から八畳に拡張され、上層階級の様式にならって「オモテ」と「ザシキ」の間に「ナカノマ」を入れて六ツ間取りとしたり、また北西方向に離れとして「うしろ中門」を付属させたりして格式を整える。

　土間の入口には大戸・大障子を取付け、床は泥を固めたものから、昭和期にはいってセメント塗りとなる。大正期を中心に隆盛した養蚕は土間、「ザシキ」、「ナカノマ」の間仕切りを開け放って行われた。

　母屋の外部、むかって右手、すなわち母屋の東側あるいは東南側に馬屋、納戸を配置する。ここで養蚕が行われることもあった。今日ではもちろん馬屋・蚕室として使われることはなくなり、もっぱら作業舎、物置として使われる。便所は母屋の軒先を離れて独立した建物になり、これに灰小屋、鶏舎、風呂場などが付属する。

　母屋入口前、作業舎前は作業庭とする。屋敷入口に門構えをもつ場合もある。南門の手前、あるいは母屋の北東に井戸を掘る。もっとも今日では水道が普及して井戸はその機能を失っている。母屋前面の東半分はこの作業庭、西半分には岩組み、低木、築山などを組合せた枯山水を配する。

　作業庭と枯山水の間に中門を設けて両者を区切る場合もある。枯山水の西側は築地松、南側の屋敷境には外部からの視線をさえ切りながら居室の日照を損なわない程度の常緑広葉樹系の垣根を設ける。「オモテノマ」に坐し、障子、さらに縁側の雨戸をとりはらうと、部屋の南側から西側まで視座が開け、垣根と築地松に囲まれた一体空間ができあがる。

　母屋の北西または西側、築地松との間の屋敷林のなかに荒神を祭る。タブノキ、シイ、モチノキなどの常緑広葉樹や石柱を荒神の依代とし、幣をそなえし、注連縄を張る。ごく簡素なものが普通で、これで荒ぶる神を鎮め、家内安全を祈願する。ときには祖先の墓をも屋敷内に取りこむ。屋敷のまわりに囲場がひろがり、一般に隣家はその先に離れる。

　かくして太陽にむかって南面し、西からの季節風を拒絶する直交する2軸上に形態的統一としての屋敷構えが完成する。そこには日常的な住空間を基点に、世界観、宇宙観が凝縮されているかのようである。

7. 潜在化する脅威

　いまは想像するしかない出雲平野の「砂漠化」の脅威とは、歴史的にどのようなものであったか。

　日本列島の歴史をさかのぼる縄文期、人びとは主に狩猟、漁労といった採取生活を営んでいたという。居住域は、平野部から山間部までを覆う森林のごく一部に限られていたと思われる。森林の生活はいまだ「砂漠化」の脅威はなく、ただ木々をゆさぶる風の音に恐れをいだいていたのではないだろうか。

　紀元前2世紀ころから始まる弥生期に、人びとは稲作農耕の生活に移行する。しだいに森林を伐りひらき、平野部に耕地をひろげる。出雲平野は稲作先進地の一つだった。森林の伐採、平野部への進出はときとして洪水に見舞われる。洪水は大量の土砂を押し出し、せっかくの耕地を埋めつくす。これが第一の「砂漠化」ではなかったか。さきに引用した八岐大蛇退除の神話は、それを伝えようとしたにちがいない。屋敷林は縄文期の森林に囲まれた記憶を受け継いだものだろう。出雲平野の屋敷林が、まず当時の一般植生である常緑広葉樹で構成されたことに

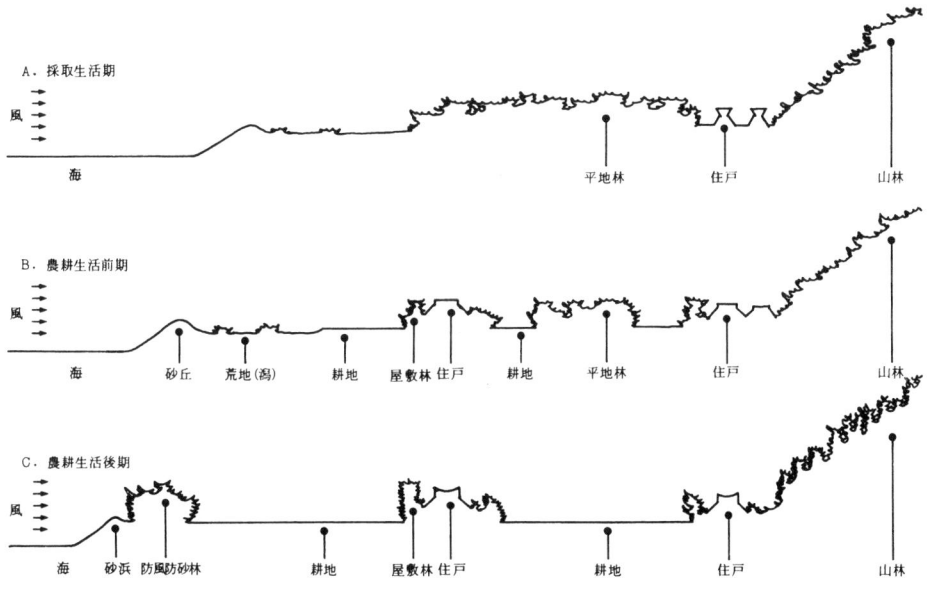

図1-5　海浜林・屋敷林による平野型農耕空間の形成過程

不思議はない。

　農耕生活に基盤をおいた定住域はさらに拡大し、ついに海岸線に近づく。当然海岸から内陸部へ、飛砂害、潮害が及ぶ。第二の「砂漠化」の脅威である。長い歴史的な試行錯誤ののち海浜林の育成に成功したあとも、その恐怖は忘れられなかっただろう。出雲平野では恐怖が潜在化し、イメージ化し、やがて屋敷林にも海浜林と同じクロマツという樹種を選ばせ、さらに格式化によって形態が特化したと推定されるのだ。

　すでに常緑広葉樹系の屋敷林をもっていた本田地帯の農家は、その一部をクロマツにおきかえる。のちに新田地帯に進出した農家は最初からクロマツを植える。17世紀後半からはじまった海浜部の開拓事業のあと築地松が一般化し、固有の名称で呼ばれるまでの時間的なずれこそ、構造契機の潜在化・イメージ化、そして形態の格式化という居住空間の成熟のために必要とされた時間だったのではないか。

　ここに山林はもとより海浜林、そして屋敷林によって重層的に構成された統一的、完結的な農耕空間の形成をみるのである。

　気象条件としての風の卓越性は地域によって異なる。その卓越性を測る尺度には風速、風向、気温、湿度、また風にともなう吹雪や飛砂など複合した影響もある。ことに農村地域にあっては住戸が散在することが多く、風の影響を受けやすい。農作物の保護を含めて局地的な気象条件が問題となる。季節風に独特の名前をつけて注意を喚起する地方も少なくない。

　既往の統計にもとづいて風の卓越性を評価するためには、強い風の吹く日数（日最大風速の階級別日数）を数えるとよい。たとえば風速が毎秒10mの日が年間何日あるかによって相対的に段階区分する[26]。もちろんこれには観測条件や季節的なばらつき、観測期間に問題が残る。一応風速10mの日が年間100日を超える場合を「とくに風が卓越する地域」とすると、室戸岬（246日）、伊豆大島（192日）、八丈島（146日）、稚内（101日）などが上位を占め、これらに浦河（97日）、相川（96日）などがしたがう。いずれも岬や離島で地形条件が厳しく、台風や季節風の影響を受けやすいところである。ただし強い風が吹く日数が多いところが必ずしも最大風速、最大瞬間風速がともに大きいとは限らない。

　風の卓越性はそれだけ居住空間の形態を特殊なものにする。強い風の吹く日数

がもっとも多く、また最大風速が毎秒 69.8 m、最大瞬間風速 84.5 m 以上を記録した室戸岬に近い高岡・新村集落はその典型であろう。居住空間は海岸線に沿った山裾のわずかな平地に列状に連なっている。

屋敷まわりには防風防潮を兼ねた石垣が住戸の軒の高さまで積み上げられる。出入口や出隅部分を切り石積みで固め、中間部は野石積みとする。いうまでもなく積み石自身の重量と石どうしの摩擦力によって風力に抵抗しようとするものである。ここではもはや、築地松のような生け垣では対処できないほど、風が強い。石垣全体を切り石積みとし、上部にあがるにしたがった反りをつけて格式を整えたものもある。現在では覗き窓をくり抜いたコンクリート製のものも混じる。いずれも出入口の幅を最小限にし、引き戸をつける。その出入口と玄関との間に風除け用の衝立壁を設け、引き戸を開けたとき強風が出入口を抜けて住宅の玄関戸に直接ぶつかるのを防ぐ。

住戸はできるだけ山側に接して立地させる。海にむかって前面および左右の側面を石垣で固め、後方を山の斜面でまもる。屋根の瓦を漆喰で固め、さらに強風による瓦の飛散を防ぐために使い古した漁網をかぶせる。住戸の前面には浜辺までのわずかな耕地が開ける。耕地の段差も野石積みとし、さらに作物の風除けのためにその石積みを耕地面よりもちあげる。

集落を風上の海岸側からみると、住戸も耕地も石の要塞の中である。

室戸岬のように石垣を築いて風を防ぐ例はそのほかに伊豆大島、八丈島、南西諸島の石垣島・竹富島、愛媛県外泊、高知県沖ノ島、長崎県壱岐・対馬列島などにみられる[27]。内陸部では琵琶湖畔の菅浦もその例に含めてよいだろう。

とくに卓越した形成要因は居住空間の形態を特化させる。逆に形態がもつ特殊性からその形成要因を探ることが可能である。かつて八丈島では、自然の脅威に対する防備を忘れて防風垣を崩したため、台風による深刻な被害を受けたことがあった[28]。

8. 風のイメージ

クロマツ主体の植樹による砂丘の鎮静と農耕空間の創出──この歴史的な偉業をしのんで屋敷まわりに同じクロマツを植える。それによって砂丘鎮静に賭けた先人たちの意志の継承者たることを表明し、定期的に手を入れながら先人たちの

労苦をいつまでも忘れないようにする。これこそが築地松誕生の要因だったのではなかったか…。単なる防風機能だけで築地松が考え出されたとは、とうてい思えない。

いったいこのような風土空間誕生の構造契機となった風とは何か。国語辞典は風をつぎのように定義する[29]。

1. 気圧の高い方から低い方へ空気が流動すること
2. どこからともなく伝わり来ること
3. ならわし・風習・しきたり・流儀
4. そぶり・様子、風・感冒

さらにいわゆる照葉樹林文化圏を共有するといわれる中国ではどうか。漢和辞典にいう[30]。

1. ゆれ動く空気の流れ
2. ゆれる世の中の動き、ゆれ動いて変化する動き
3. 姿や人柄から発して人身を動かすもの
4. そこはかとなくただようおもむき。けしき。ほのかなあじわい
5. おくゆかしいおもむき。上品な遊び。道楽。

風は確かに存在するが視覚的に確かめることができない。それはあたかも時間の存在と似ている。それだけに、我われは風に深い情念をいだき、多様な概念を付与してきた。かつて密教では宇宙・世界の生成原理を「風・日・水・地」の四元素によって説明した。あるいは神話の世界では日本列島を生んだイザナギ、イザナミは最初に風の神を、ついで木の神、山の神、野の神そして火の神を生んだという。

一般に居住空間を形成しようとするとき、考えるべき地球物理学的な要因として、風をはじめ温度、湿度、雨、雪、地形・地質・水系などの諸条件が考えられるが、風には近代科学技術が必ずしも注意を払わない特異な存在感がある。

和辻哲郎（1889〜1960）はかつて風土を「人間存在の構造契機」と定義するとともに、「モンスーン」と「砂漠」に類型区分し、対置した[31]。地球上の生活文化を理解するための概念対置として、すぐれた着想というべきではないか。気象

学的にその他の類型が欠除していることが指摘するものもいるが[32]、もし和辻の理論展開を問題とするのであれば抽出した類型をそれぞれ隔絶した存在とし、静態的な比較にとどまったことに向けられるべきだろう[33]。なぜなら本論で考察してきたように、歴史的に「モンスーン的風土」に生活する我われは、決して「砂漠的なるもの」と無縁ではなかったからである。

その点で、鈴木秀夫氏による「森林の思考、砂漠の思考」の対置の方が状況をよく説明している[34]。「森林の思考」は「砂漠の思考」からの影響下に、あるいは「砂漠化」の体験を通じて熟成した面があり、森林の生活を基層にもつ農耕民にとって「砂漠化」こそ脅威であった。そして農耕民にとって風こそまさに「砂漠的なるもの」の媒介者であったといえるだろう。

さて、さきに注目した第一、第二の「砂漠化」に対し、現在出雲平野に第三の「砂漠化」の危機が迫っている。築地松が「マツクイムシ」の被害で次つぎ枯死しているのだ。じつは本報告のはじめに紹介した築地松に当る西風の音を聞いている間、私は同時に枯死したクロマツを伐り出す自動鋸の悲痛な音も耳にしていた。築地松を失った丸裸の旧家も目撃した。「マツクイムシ」被害の原因に定説はない。だからいまだに被害を止めることができないのだ。卓越する西からの季節風は、築地松に、いったい何をもたらそうとしているのだろうか。我われに新たな試練を与えようとしているのだろうか。

[注]
1 『日本地誌 16』（1977、二宮書店）p.324。
2 斐川町教育委員会（1977）『築地松と斐川の農村』。
3 昭和五七年版理科年表による。
4 只木良也・吉良竜夫編（1982）『ヒトと森林』（共立出版）。
5 新村出編『広辞苑』（岩波書店）。
6 金田一京助監修『明解古語辞典』（三省堂）。
7 籐堂明保編『学研漢和大事典』（学習研究社）。
8 斐川町教育委員会（1972）『斐川町史』。
9 斐川町教育委員会（1977）前出。
10 斐川町教育委員会（1972）前出。
11 『日本地誌 16』（1977）（二宮書店）。

12　柳田国男（1940『伝説』（岩波新書）p.11、12。
13　立石憲利・山根芙佐恵編（1967）『出雲の昔話』（日本の昔話14）（日本放送出版協会）、酒井薫善・萩坂昇（1980）『出雲・石見の伝説』（日本の伝説48）（角川書店）。
14　斐川町教育委員会（1977）前出。
15　斐川町教育委員会（1977）前出。
16　只木良也・吉良竜夫編（1982）前出。
17　斐川町教育委員会（1977）前出。
18　Philip K. Block（1974）MODERN CULTURAL ANTHROPOLOGY（江渕一公訳『現代文化人類学入門』p.18。
19　筒井迪夫（1982）『山と木と日本人』（朝日選書）。
20　注（13）参照。
21　天頭献一（1977）『図説日本の樹木』p.64。
22　小村好雄（1978）「眼を瞠る集落景観」（環境文化研究所『歴史的街並みのすべて』所収）。
23　斐川町教育委員会（1977）前出。
24　斐川町教育委員会（1977）前出。
25　川島宙次（1973A）『滅びゆく民家 —— 屋根・外観』、同（1973B）『同 —— 間取り・構造・内部』。
26　注（3）に同じ。
27　川島宙次（1973A）前出、同（1973B）前出。
28　只木良也・吉良竜夫編（1982）前出。
29　注（5）に同じ。
30　注（7）に同じ。
31　和辻哲郎（1935）『風土』（岩波書店）。このなかで和辻は風土を「モンスーン、砂漠、牧場」の三種類に区分した。
32　上山春平編（1969）『照葉樹林文化』中公新書、吉良竜夫（1971）『生態学からみた自然』（河出書房）。とくに吉良は気候を「砂漠、ステップ、照葉樹林、熱帯林」の4区分を提起した。
33　筒井迪夫（1982）前出。
34　鈴木秀夫（1978）『森林の思考・砂漠の思考』（NHKブックス）。

第2章

砂 丘

― 風土空間の周縁を形づくるもの ―

砂丘に植えられたクロマツ。大社砂丘は日本海沿岸で最初に沈静化された。

風土空間の構造契機の第一は、自然の営力である。自然現象は空間的に無限であり、時間的にも地球史的なサイクルで変容し続ける。
　構造契機の第二は、人間の営為である。それは、はじめ個別目的的な行為である。しかし他の営為・営力と日常的、継続的に整合をはかっているうちに、生活者の立場からの歴史観、世界観が反映され、空間は統合的、完結的に再構築される。農耕空間は、一般的に常住する自己を中心に同心円的、重層的、限界的に認知される。
　日本海沿岸に沿って発達した海岸砂丘。列島に住む人びとのほとんどは、その存在に気づいていない。農業を営む、ほとんどのものにとっても、山岳や大河、ときには都会とならんで辺界、辺境、周縁に位置づけられる非日常的な空間である。荒ぶる砂丘。それを知る人は恐れ、近づかない。
　しかし、この砂丘の沈静化に挑戦した、勇気ある人びとがいた。この周縁空間を定住の地に選んだ農耕民がいた。そして現在も、そこで日常生活が営まれている。
　この砂丘の周縁性に、風土空間の構造契機の秘密が隠されている。

鳥取砂丘、日本海沿岸で最後まで沈静化されずに残った。砂丘保存と飛砂防止のむずかしいコントロールが続けられている。

1. 砂丘の成因

　砂丘は、砂からなる風土空間である。まず砂とは何か。その性質はどうか。地学的な定義はつぎの通りである。

　　砂・岩石が崩壊して生じた砕せん片で、礫より細かく、シルトよりあらいもの。粒径は 2 〜 16 mm、あるいは 2 〜 0.05 mm [1]

　岩石は気温の差、火炎による加熱、浸水の凍結、植物の根茎、落下物や漂流物、氷河などの衝撃によって崩壊する。崩壊した礫や砂は、自然落下、地すべり、水流、風などによって移動し、河川の中流域や下流域、海岸などに集積する[2]。
　砂の粒径、形状（円磨度）、色彩、比重などの外観は、もとの岩石の組成や崩壊の程度によって異なる。じじつ、砂丘の砂といっても、地域によって様子はだいぶ違う。たとえば島根県の大社砂丘の砂は細かく、灰色を帯び、軽い。ちょっと息を吹きかけると、すぐに飛び散りそうである。鳥取砂丘のものは黄味を帯び、やや重い。石川県羽咋海岸のものは細かい。塩分を含んで浜辺は固く締まり、汀線を自動車が往きかうほどだ。新潟県潟町砂丘の砂は粒径が 1 mm 以上もある大粒で、丸みのある粒片を肉眼で確かめることができる。そして秋田県能代砂丘の砂は黒ずんだ粒ぞろいで、粒片の角が突がる。晩秋に採取した砂は乾燥して、サラサラしている。冬に入ってからのものは水分を含む。収集した砂をながめていると、その多様な個性にもとの海や砂丘の様子が想い出される。
　砂粒どうしの粘着性はほとんどない。もちろん砂自身では自然落下以外、移動する能力をもたない。しかし、水や風の営力によってしばしば集積体を形成する。作家安部公房（1924 〜 1993）の巧みな表現を借りれば、「プラスチックな性質」をもつ[3]。集積体はさまざまな形状で存在する。
　静かな水の流れのもとでは、川底に地学でいう砂波を生じる[4]。水の流れの方向には直角に、互いに平行に、そしてほぼ等間隔に波形の盛りあがりを形成する。砂波は流れの状態にしたがって下流の方向に、また上流の方向に発達し、移動する。砂波を生じる水流の速度と砂粒形状の関係は微妙である。
　同じように、風力によって形成される比較的小さな波形を風紋という。風紋を形成する風速と砂粒の形状や重量の関係も、微妙である。たとえば鳥取砂丘では

風速(秒速)1.6 m で砂が移動をはじめる。4〜8 m で風紋を形成する。10 m を超えると砂嵐になる。

　海流または波の作用による砂の移動を、漂砂現象[5]と呼ぶ。海岸まで運ばれてきた礫は波に打たれて崩壊し、砂になる。内陸部から運ばれた砂とともに海岸線に集積し、砂浜を形成する。海蝕されている岬や半島があれば、あるいは海岸からそう遠くない沖合に島があれば、そこを起点に海に細長く突き出た砂嘴を形づくる。あるいは岬と岬を結ぶように湾口を閉ざす砂州となる[6]。砂嘴や砂州によって本土につながれた島が陸繋島である。砂の供給量が多く、波や海流の営力が活発なほど、砂嘴や砂州が発達する。砂嘴や砂州、陸繋島の例が、日本列島の周囲にいくつか知られている。福岡県志賀島、鳥取県弓ヶ浜、京都府天ノ橋立、愛知県御前崎、三保の松原、神奈川県江ノ島、北海道函館山…、いずれも日本の代表的な景勝地として愛されてきた。

　水面から露出した砂浜に強い風が当たると、砂は空中に舞いあがり、移動する。飛砂現象である。砂の移動距離は風の強さ、砂粒自体の形状や重量、乾燥の程度などによって異なる。これらの要因間の関係により、砂の移動距離はせいぜい数十 cm、しかしときには「黄塵万丈」と形容されるように、偏西風にのって数千 km に及ぶこともある。

　この砂が堆積して砂丘を形成する。

2. 砂丘のかたち

　砂丘が形成される条件は、次の 3 点に集約される[7]。

1. 砂丘形成に足る砂が供給されること
2. その砂を移動し得るだけの強さと方向をもった風が存在すること
3. 砂の移動を停止させ、堆積させる何らかの要因が存在すること

　飛砂現象がおきやすい砂浜の露出は、日々の干潮時に起る。洪水などによって大量の土砂が運ばれた直後もそうである。地球史的なサイクルでみれば、氷河期の海面の低下、あるいは土地の隆起によって、汀線が沖合に後退するときに生じる。約 2 万年前の最寒冷期の日本海は、海面がいまより 120〜140 m も低かったという[8]。山陰地方でいえば、海岸線は隠岐島・対馬を結ぶ沖合にある。新潟

の海岸線は 10 km 以上も沖合へ後退する。広大な砂浜が露出し、そこに季節風が当たれば、砂丘が発達するチャンスである。

　砂嘴、砂州、砂丘の発達によって湾口がせきとめられると、内陸部に湖面あるいは湿地帯が残る。やはり地学でいう潟湖あるいはラグーン[9]である。絶えず流入する河川水によって、潟湖はしだいに淡水化する。そしてコウホネ、ハス、ミズアオイ、ウキヤガラ、イ類、アシ、マコモ、オモダカ、ミクリ、ガマなどの水生植物が繁茂する[10]。上流から運ばれる大量の土砂の堆積によって潟湖は狭められ、広大な平野が形成される。だから砂丘が発達したところには、決まって規模が大きい河川や潟湖、それに平野がそろって存在する。なめらかな曲線をえがく砂丘の両端は切りたった岬である。

　砂丘の分布について、地理学の田辺健一は「概して太平洋側より日本海岸に多く本州、九州、北海道…四国…の順に少なくなる[11]」という。

　そこで本州の日本海沿岸を北から南へたどると、砂丘、潟湖、平野、河川の組合せ地形を確認できる（表 2-1）。

1. 屏風山砂丘　（十三湖・日光沼：津軽平野：岩木川）
2. 能代砂丘　　（落合沼：能代平野：能代川）
3. 秋田砂丘　　（八郎潟：秋田平野：雄物川）
4. 本荘砂丘　　（―：本荘平野：子吉川）
5. 庄内砂丘　　（―：庄内平野：最上川、月光川、赤川）
6. 新潟砂丘　　（鳥屋野潟、福島潟：新潟平野：信濃川、阿賀野川、加治川、荒川）
7. 潟町砂丘　　（―：高田平野：関川、潟川）
8. 加賀砂丘　　（河北潟：金沢平野：手取川、犀川）
9. 三里浜砂丘　（―：福井平野：九頭竜川）
10. 鳥取砂丘　　（湖山池：鳥取平野：千代川）
11. 北条砂丘　　（東郷池：倉吉平野：天神川）
12. 弓ヶ浜砂丘　（中海：米子平野：日野川）
13. 大社砂丘　　（宍道湖、神西湖：出雲平野：斐伊川、神戸川）

　これらの砂丘のうち、最高標高は鳥取砂丘の 94.8 m、最長延長は加賀砂丘の約 78 km、最大幅は能代砂丘 5.8 km である[12]。

表 2-1 日本海沿岸のおもな砂丘

A. 砂丘名	B. 砂丘位置 矢印は1月の最多風向を あらわす	C. 卓越風1981 J. 1月平均 Y. 年平均 風向・風速(m/s) ( )内観測点 (1)	D. 河川名 (2)	E. 平野名 (2)	F. 潟沼湖 潟湖 砂丘湖 (2)	G. 砂丘形状 H=標高 L=延長 W=幅員 (2)	H. 砂丘鎮静 樹種 (3)	I. 砂丘農業	J. 砂丘集落 集落形態 (集村・散村) (2)	K. 今日の状況 (3)
1. 屏風山砂丘	青森県 市浦村 車力村 木造町 鰺ヶ沢町	J. NNW 2.9 Y. - (市浦) (東風をヤマセ)	岩木川	津軽平野	十三湖 田光沼 平滝沼 冷水溜池 牛潟池 稗形池	H=78.6 m L=3.4 km W=4.5 km	17C後 河川改修 砂丘植林 クロマツ		十三 (集) 出来島 (集)	
2. 能代砂丘	秋田県 藤琴村 能代市 八竜町 大潟村	J. WNW 4.2 Y. - (能代)	米代川	能代平野	浅内沼 八郎潟	H=8.67 m L=4.8 km W=5.8 km	18C初より 砂丘植林 クロマツ		釜谷 (集)	藍庫終末処理場
3. 秋田砂丘 (天王砂丘)	秋田県 男鹿市 天王町 秋田市	J. WNW 4.6 Y. - (秋田)	雄物川	秋田平野	八郎潟 男潟 女潟	H=63.0 m L=29.4 km W=3.8 km	19C中より 砂丘植林 クロマツ		天王 (集)	工業港 工業団地 自衛隊演習場 ゴルフ場 火力発電所
4. 本荘砂丘	秋田県 本荘市 西目町	J. WNW 3.5 Y. - (本荘)	子吉川	本荘平野	大堤	H=67.7 m L=15.2 km W=2.0 km			上高屋 (集) 中高屋 (集) 海士剥 (集)	
5. 庄内砂丘	山形県 遊佐町 酒田市 鶴岡市	J. NW 5.4 Y. - (酒田) キタカゼ シモカゼ (東風をダシ)	最上川 日向川 赤川	庄内平野		H=67.7 m L=3.8 km W=3.2 km	18C中より 砂丘団地 クロマツ		浜中 (集) 十里塚浜 (集) 宮海浜 (集) 青木浜 (集)	工業港 火力発電所 工業団地
6. 新潟砂丘	新潟県 中条町 紫雲寺町 聖籠町 新潟市 巻町	J. NNW 5.0 Y. 2.5 (中条)	荒川 胎内川 加治川 阿賀野川 信濃川	越後平野	福島潟 瓢湖 鳥屋野潟 佐潟	(H=95.9 m) H=52.7 m L=73.6 km W=3.8 km	アカマツ クロマツ		角田浜 (集) 内野浜 (集) 次第浜 (集) 藤塚浜 (集) 松浜 (集) 笹口浜 (集)	空港 工業港 工業団地 住宅団地 大学 (マツクイムシの被害発生)

第2章 砂丘　35

		所在地	卓越風	主要河川	主要平野	主要湖沼	規模	砂丘植生	主要作物	主要都市	主要施設
7. 鯛町砂丘		新潟県 柏崎町 大潟村 頸城村 上越市	J.W 3.1 Y.- 2.2 (高田)	柏崎川 関川	高田平野	長峰池 鵜ノ池 朝日池 鵜ヶ池 天ケ池	H=8.2m L=22.2km W=2.6km	18C後半より 砂丘植林 クロマツ 一部ニセアカシア		鯛崎浜(中) 土底浜(中) 朝日浜(中) 上下浜(中)	高速自動車道 ゴルフ場 (マツクイムシの被害発生)
8. 加賀砂丘 塩谷原 笠松根内 粟津		石川県 羽咋市 内灘町 金沢市 松任市 小松市外	J.ESE 2.0 Y.- 1.9 (金沢)	羽咋川 犀川 手取川	金沢平野	柴山潟 木場潟 河北潟 邑知潟 (北潟)	H=77.8m L=74.4km W=2.8km	17C末より 砂丘植林 クロマツ ニセアカシア		今浜(中) 高松(中) 七塚(中)	工業港 高速自動車道 住宅団地 大学 空港
9. 三里浜砂丘		福井県 三国町 福井市	J.S 2.4 Y.- 2.6 (福井) アイノカゼ (南風はクダリカゼ)	九頭竜川	福井平野	(北潟湖)	H=45.1m L=11.3km W=1.4km	18C後半より 砂丘植林 クロマツ			工業港 工業団地(発電所)
10. 鳥取砂丘 福部 浜湯		鳥取県 鳥取市 福部村	J.ESE 3.1 Y.- 3.0 (鳥取)	千代川	鳥取平野	多鯰ヶ池 湖山池	H=94.8m L=15.2km W=2.4km	18C後半より 砂丘植林 クロマツ ニセアカシア	らっきょう		空港 (観光砂丘)
11. 北条砂丘		鳥取県 羽合町 北条町 大栄町 東伯町	J.SW 3.6 Y.- (倉吉)	天神川 由良川 加勢蛇川	倉吉平野	東郷池	H=34.9m L=20.5km W=1.6km	18C前半より 河川改修 クロマツ ニセアカシア	ながいも ぶどう らっきょう	東新田場(中) 西新田場(中)	
12. 弓ヶ浜砂丘		鳥取県 淀江町 米子市 境港市	J.WSW 3.0 Y.- 2.5 (米子) コチカゼ (南風はナナイカゼ)	日野川 精神川	米子平野	(中海)	H=13.3m L=17.5km W=3.7km	17C末より 砂丘植林 用水開さく クロマツ	ねぎ かんしょ スイトコーン	両三柳町(中) 夜見町(中) 富益町(中)	空港 ゴルフ場 (マツクイムシの被害大)
13. 大社砂丘		島根県 出雲市 大社町 湖陵町	J.W 3.3 Y.- 2.2 (出雲)	神戸川 斐伊川	出雲平野	宍道湖 神西湖 蛇池	H=56.9m L=9.2km W=1.2km	17C末 砂丘植林 用水開さく クロマツ	ぶどう だいこん	杵築(中)	下水道処理場 (マツクイムシの被害発生 一部)

注 (1)卓越風については気象庁「観測所気象年表 56年版」による。
　(2)国土地理院 5万分の1,20万分の1地図より読みとり。
　(3)関係市町村への問いあわせによる。

さて地球史的にいえば、今日みられる砂丘の形成期はごく限定されている。古いものでも第四紀更新世の後期、せいぜい数万年をさかのぼる程度である[13]。46億年という地球の歴史からみれば、また約200万年前という人類の出現にてらして、ごく最近のできごとである。その盛衰は人類の歴史とともにあるのだ[14]。

地球上の砂丘の形成場所は、もちろん海岸部だけではない。大規模な河川の岸辺や湖岸にも発達しうる。さらに内陸の乾燥地域でも、気温のはげしい日較差などによって岩石が崩壊し、発生した砂が風に運ばれて砂丘を形成する。地学的には砂丘はその形成場所によって海岸砂丘と内陸砂丘とにわけられている。両砂丘とも水と風の営力があいまって形成される。

砂丘に類似する地形に砂漠がある。環境地理学者の小堀巌は本来「砂漠」ではなく「沙漠」であると指摘する[15]。砂丘を形成するのは文字どおり砂だが、「沙漠」は必ずしも砂であることを条件とはしないというのだ。「砂沙漠」もその一つにはちがいないが、地球上には「礫沙漠」や「岩石沙漠」も存在する。険しい山地もあれば、深い峡谷を形成していることもあるというのがその理由である。しかしここでは通常の表記にしたがうことにしよう。

海岸砂丘は、かならずしも乾燥地域でなくても形成されるが、砂漠や内陸砂丘には乾燥が絶対条件である。

3. 砂丘に吹く風

砂丘が発達するには、一定以上の強さと方向をもった季節風が不可欠である。砂丘に吹く季節風はどんな風か ── 1983年秋、この季節はじめて日本海沿岸を吹き荒れた西風を追ってみよう[16]（図2-1、表2-2）。

11月16日6時、1,006 hPa（mb）の低気圧が日本海北部にあり、東の方向に移動している。一方中国大陸東北部から、1,046 hPaの高気圧がのぞき、しだいに東南方向に移動する。同日18時、低気圧は北海道西部に移動して1,000 hPaに、さらに翌17日6時、994 hPaに発達する。気象予報でよく聞く「西高東低」の冬型の気圧配置である。

16日4時、大社砂丘のある島根県出雲地方に強風波浪雷雨注意報が出る。同日夜半から平均風速は10 m（秒速、以下同じ）を超え、風向も西または北西方向。そして翌17日9時、最大瞬間風速25 mを記録。以後しばらく最大瞬間風速19

第2章 砂丘 37

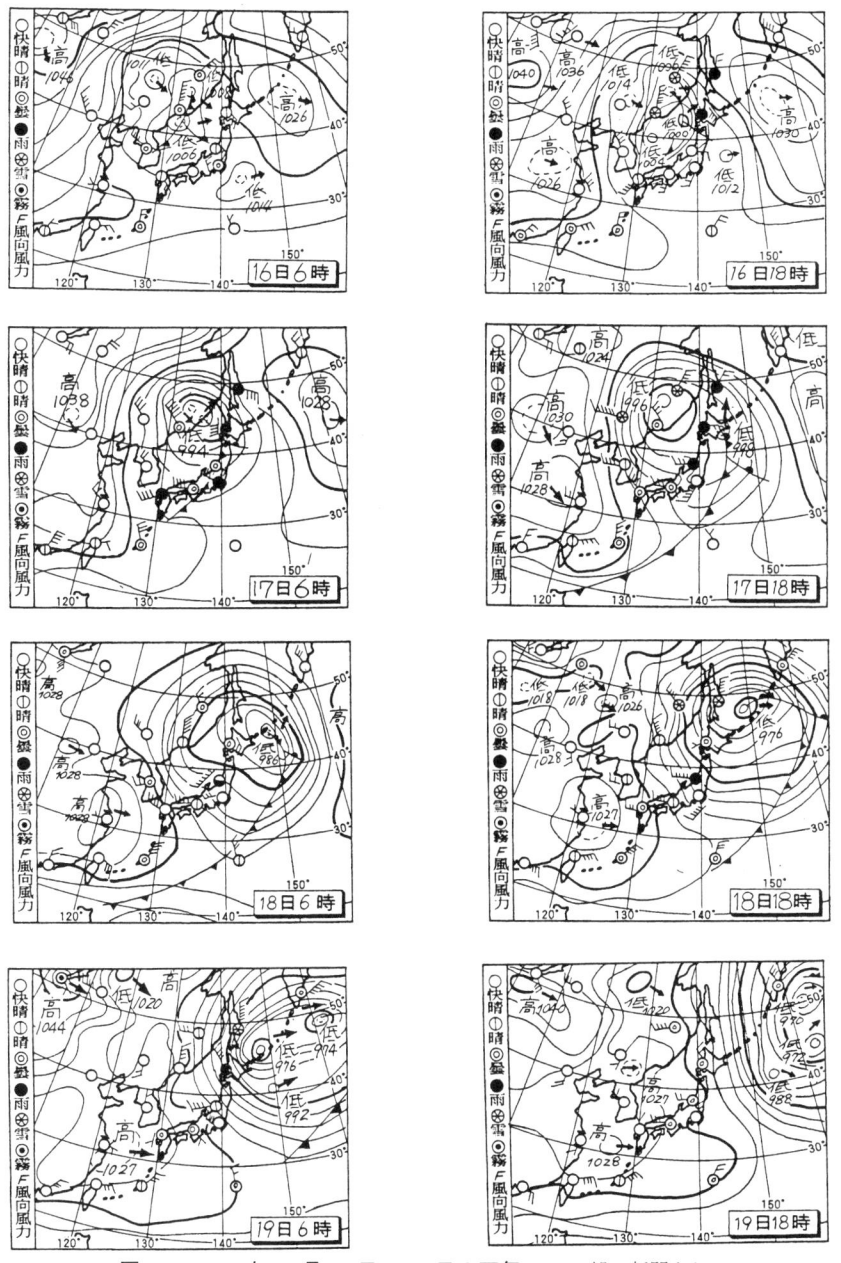

図 2-1　1983年11月16日〜19日の天気　　朝日新聞より。

表 2-2 1983 年 11 月 16 日～19 日の日本海沿岸の風

月・日	時	大社町役場			直江津港湾事務所			能代地区消防署北部分署		
		風向	平均風速	最大瞬間風速	風向	平均風速	最大瞬間風速	風向	平均風速	最大瞬間風速
11・16	12	SSW	6.0					ESE	5.0	
	13		4.7					SSE	5.3	
	14		8.7					SSE	7.3	
	15	SW	10.0					WSW	5.0	
	16		7.7					E	0.3	
	17		3.3					E	0.7	
	18	S	5.4					ESE	4.8	
	19		5.0					ESE	4.0	
	20		4.7					ESE	5.8	
	21	W	10.3					ESE	6.3	
	22		9.7					ESE	7.2	
	23		12.7					E	7.0	
11・17	0	NW	11.7					ESE	5.3	
	1		8.3					ESE	8.0	
	2		10.0					ESE	7.7	
	3	W	8.7					ESE	9.6	
	4		10.0					ESE	7.7	
	5		8.0					ESE	6.0	
	6	W	12.3					ESE	4.3	
	7		13.0					W	5.0	
	8		10.7					WSW	8.3	
	9	WNW	10.7	25.0				WSW	7.3	
	10		11.0					WSW	9.2	
	11		8.7					WSW	5.3	
	12	WNW	11.3	19.0				WSW	5.2	
	13		11.0					N	3.3	
	14		10.0					NE	2.3	
	15	WNW	9.0	20.0				ENE	2.0	
	16		10.3					S	1.7	
	17		11.3					ESE	1.2	
	18	WNW	12.3	26.0				NE	1.2	
	19		14.0					NNE	5.3	
	20		13.7					WNW	8.3	
	21	WNW	13.3	33.0				WNW	9.0	
	22	NW	13.4	25.0				WNW	8.0	
	23	WNW	12.7	27.0				WNW	3.3	
11・18	0	W	10.0	20.0	SW	11.2	16.0	WNW	8.3	
	1	WSW	15.0	23.0	W	13.5	19.1	WNW	7.3	
	2	WNW	12.7	22.0	W	13.0	19.5	W	5.0	
	3	WNW	13.9	28.0	SW	7.0	13.0	WNW	8.7	
	4	WNW	12.4	21.0	SW	10.0	17.5	W	8.0	15.0
	5	WNW	12.3	19.0	SW	8.5	15.0	W	6.3	
	6	WNW	12.7	21.0	SW	9.0	15.0	W	8.0	

表 2-2 つづき

	7	WNW	12.3	18.0	S	8.0	13.0	W	8.0	
	8	WSW	11.7	21.0	SW	9.5	17.0	W	8.0	
	9	WSW	13.3	20.0	S	8.0	13.5	W	8.0	
	10	WSW	11.7	23.0	SW	7.0	13.5	WNW	9.8	
	11	W	12.0	25.0	SW	9.5	17.2	WNW	6.4	
	12	W	13.7	27.0	SW	9.8	19.0	WNW	10.0	
	13	W	12.3	24.0	SW	11.5	18.5	WNW	7.5	
	14	W	11.3	23.0	SW	11.0	21.2	W	10.0	18.0
	15	W	10.0	19.0	SW	13.0	22.5	W	10.0	
	16	W	11.3	23.0	W	23.0	30.0	WNW	14.0	16.0
	17	W	10.0	21.0	W	23.5	30.0	W	12.5	
	18	W	10.0	18.0	W	23.5	27.5	W	14.0	
	19		12.0		NW	22.0	27.0	WNW	15.3	24.0
	20		6.7		NW	21.5	26.8	WNW	13.3	
	21	W	7.4	13.0	W	17.0	22.5	WNW	15.8	23.0
	22		5.4		W	18.0	21.5	WNW	17.3	30.0
	23		5.0		W	16.5	20.8	WNW	17.2	32.0
11・19	0	W	5.3		W	16.0	20.0	WNW	18.7	32.0
	1		6.7					WNW	17.0	27.0
	2		7.0					WNW	18.0	26.0
	3	W	6.5					WNW	17.2	24.0
	4		7.3					WNW	14.0	20.0
	5		7.0					WNW	11.7	17.0
	6	NW	7.7					WNW	12.0	17.0
	7		6.3					WNW	13.0	17.0
	8		6.7					WNW	11.3	
	9	WNW	6.0					WNW	9.3	
	10		6.0					WNW	8.3	
	11		6.0					WNW	8.7	
	12	W	5.3					NW	9.7	
	13		6.3					WNW	9.0	
	14		5.7					WNW	7.3	
	15	NW	5.0					WNW	4.8	
	16		4.0					WNW	4.7	
	17		2.3					NNE	4.0	
	18	N	1.3					NW	1.3	
	19		1.7					SE	1.0	
	20		1.0					ENE	1.7	
	21	E	0.8					SE	1.7	
	22		1.0					ESE	2.8	
	23		1.0					ESE	4.0	

〜26 m で推移する。21 時 33 m、22 時 25 m、22 時 15 分風雪波浪雷雨注意報に変更、23 時の最大瞬間風速 27 m と続く。この間の平均風速は 10 〜 14 m である。

17 日 18 時、低気圧は北海道の東の海上に移り、中心付近の気圧は 998 hPa である。翌 18 日 6 時、986 hPa に発達し、同日 18 時、千島列島に沿って北東方向に進む。中心付近の気圧は 976 hPa、明らかに台風なみの強さである。大社町では 18 日にはいっても最大瞬間風速 20 〜 28 m、平均風速 10 〜 15 m が続き、同日 6 時 30 分、強風波浪注意報に変る。

大社砂丘から東北東に約 540 km 離れた直江津港では、18 日未明から最大瞬間風速は 15 m を超え、平均風速でも 10 m 以上、風向は西または南西方向に限定される。同日 14 時最大風速は 20 m、16 時〜 17 時にはついに 30 m を記録する。16 時〜 20 時の間、平均風速でも 20 m を超えている。風向は西、波高は 16 時 6.4 m、18 時 8.9 m に及ぶ。大社町に比較して、最大瞬間風速のピークは約 20 時間遅れている。

直江津から北東方向へさらに約 370 km、秋田県能代砂丘にある峰浜の状況はどうか。16 日、平均風速は毎秒 7 m、東南東の風、とくに厳しい状況はみられない。17 日、風はやや強く、風向も西北西に変る。5 時より雨が降る。18 日、雨があがり、気圧が下がる（998 〜 997 hPa）。4 時、最大瞬間風速 15 m を記録、12 時、平均風速が 10 m を超える。14 時、最大風速 18 m、19 時、同じく 24 m、にわか雪。22 時、ついに最大風速 30 m を記録。以後 23 時に 32 m、24 時に同じく 32 m、風向は西北西、この間雨。翌 19 日 1 時から 7 時まで、最大瞬間風速は 27 m から 17 m へ、平均風速は 18 m から 11 m へ、それぞれ低下。風向は西北西、そして雨、気圧はしだいに回復する。同日 8 時、雨があがり、曇り。以後風速は急速に弱まり、19 時、南東の風、風速 1 m、また雨。最大瞬間風速のピークはさきの大社町により 28 時間、直江津より 8 時間の遅れである。北の峰浜ではこれから強風のピークを迎えるという 18 日 19 時、西の大社町では最大瞬間風速 15 m 以下、平均風速も 10 hPa 以下になる。19 日 15 時以後の平均風速は 5 m 以下。

19 日 6 時現在、低気圧は依然千島列島付近にあり、中心付近の気圧は 976 hPa。一方東シナ海には高気圧が張出し、西日本をおおっている。同日 18 時、低気圧は北太平洋に去り一部の地方を除いて、小春日和になる。

これから翌年の春まで 1 週間から 10 日を周期として、日本海沿岸地方にはこ

の季節風が吹きつけ、大量の雪をもたらす。内陸部の積雪は春先になっていっきに融け、大量の土砂をともなって日本海に注ぐ[17]。この季節風こそ、日本海沿岸に砂丘を発達させる自然の営力である。

季節風を辞書で引くと、

季節風…季節によって風向きを変え、夏は海洋から大陸へ、冬は大陸から海洋へ向かって吹く風[18]。

とある。気象学的にはさらに

1. その季節内でその風は、その季節を代表するに足ほどの高い出現度をもつ
2. 大気循環の風系にふさわしいほどの地理的な空間を占める
3. 冬から夏、夏から冬にかけての風向が反対もしくは、ほぼ反対になる

といった条件をみたす一組の卓越風系をいう[19]。気象学でいう「風のスケール[20]」でみれば貿易風、ジェット気流につぐ空間のひろがり、時間の長さをもつ。

4. 快適な砂丘

砂丘の砂は乾燥し、移動しやすく、また栄養に乏しい。海岸に吹きつける季節風は強い塩分を含む。それにもかかわらず、砂丘は生物の生存をすべて拒否する空間ではない。そこには悪条件に耐える生理的、形態的特徴をもつ砂丘植物が生育している。コウボウムギ、コウボウシバ、ハマヒルガオ、ハマエンドウ、ハマグルメ、ケカモノハシ、ハマゴウ、ハマボウフウ…[21]。

これらの多くはよく根や地下茎を発達させ、飛砂に埋まっても新しい芽を地下にのばして生きかえる。根茎もよく発達している。マメ科の植物は大気中の窒素分を固定し、貧栄養的条件に耐える。砂丘植物が先駆植物となって生長をつづけると、やがて砂の移動は停止し、砂丘自体が富栄養化する。そして風当たりが弱いところから、多様な植物相が出現する。

河川による砂の供給や強い季節風が砂丘の成長要因とするならば、砂丘植物は固定要因である。砂丘の分布は、砂丘植物の生育条件と密接につながっている。高緯度の寒冷地であれば、砂丘植物の生育はままならない。ただし地表面が凍結して、砂の供給と移動が押えられる。たとえ強い季節風があっても砂丘の発達は

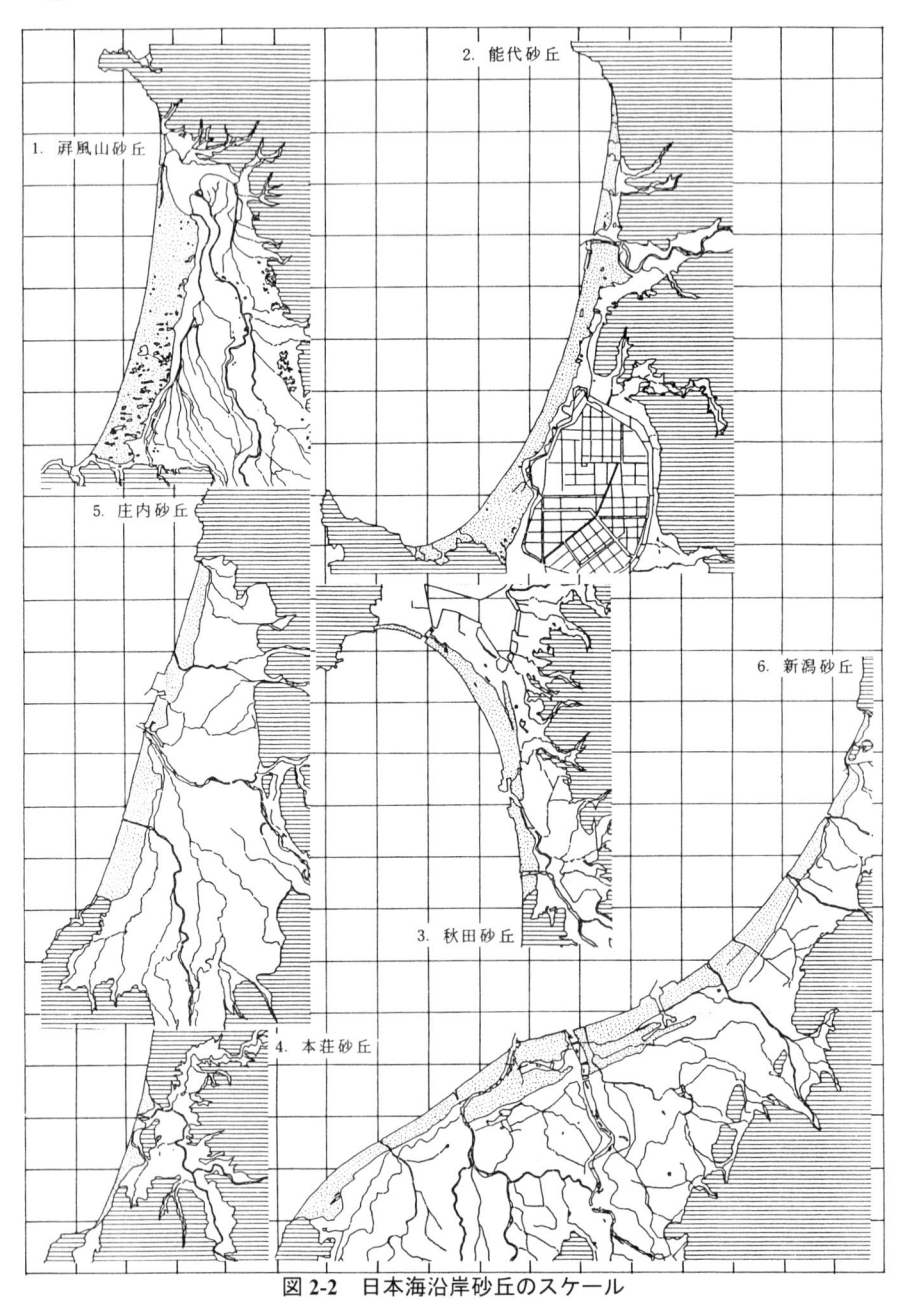

図 2-2 日本海沿岸砂丘のスケール

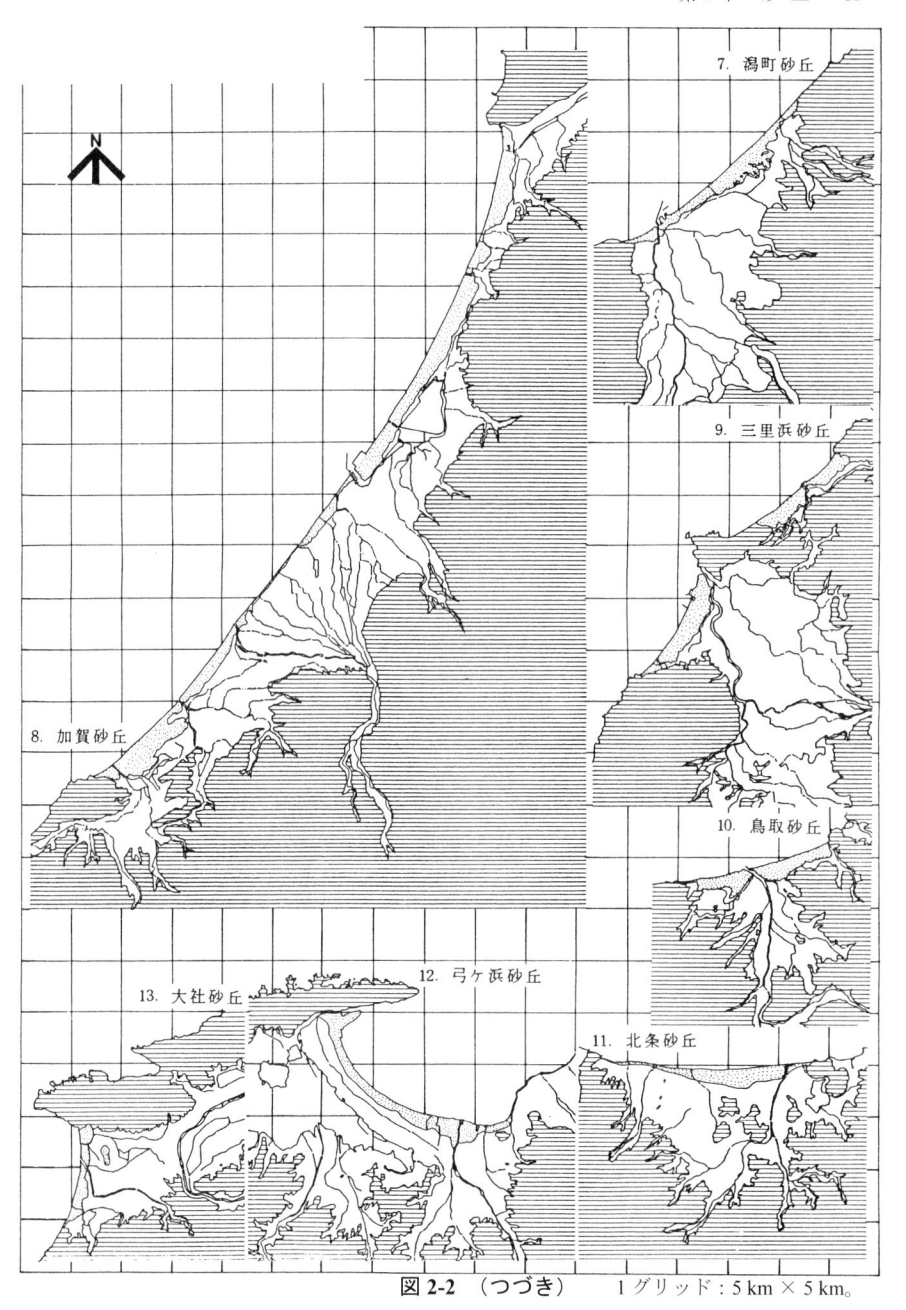

7. 潟町砂丘
9. 三里浜砂丘
8. 加賀砂丘
10. 鳥取砂丘
12. 弓ヶ浜砂丘
13. 大社砂丘
11. 北条砂丘

図 2-2 （つづき） 1グリッド：5 km × 5 km。

みられない。緯度が低い高温多湿の地帯ではどうか。植物が繁茂する速度が砂の移動に勝ち、やはり砂丘形成が阻止される。

　このように海岸砂丘の成長要因、固定要因の微妙な均衡を考えると、砂丘は地球上のごく限定された場所に分布するのである。そしてそこは、季節風が強い時期を除けば、あるいは砂丘さえ固定すれば、人間住居にとって快適な条件が具備されているはずだ。

　ふたたび地球の歴史にもどろう。気象学の教えるところでは、古い砂丘を発達させた氷河期後期ののち、地球上は高温期にはいったという[22]。高温期になれば氷河や氷山が融けて海面が上昇し、汀線は陸地側へ前進してくる。砂浜は海面下にはいり、飛砂現象は生じにくい。高温に助けられて内陸部に植物が繁茂し、洪水もまれに、したがって砂丘形成のための砂の供給も停止する。砂丘上には一層植物の生育条件が整い、森林を含む豊かな植物相が出現する。

　現在の砂漠地帯にも、かつて植物が繁茂していた時期があったという[23]。氷河期と、また逆の高温期である。氷河期には寒帯前線が南下し、また高温期には水分の蒸発がはげしく、いまの砂漠地帯にもよく雨が降ったというのである。気象学でいう「緑のサハラ」の出現である。それが氷河期から高温期へ、逆に高温期から氷河期へ、地球史的な転換期に、いわゆる砂漠化が顕著になる。これと同じように、日本海沿岸の海岸砂丘にも地球史的な時間が刻まれている。かつて固定し、植物が繁茂した砂丘地帯は、きっと快適で実り豊かな居住環境を人類に提供したにちがいない。なぜならつぎのような居住条件を推定しうるからである。

　第一に、内陸部にくらべて気候が温暖なことである。とくに日本海沿岸には対馬暖流が北上し寒暑の差もそれほど大きくない。

　第二に、固定した砂丘はほどよい保水能力を発揮する。海岸砂丘は、人類の居住を拒否する乾燥地帯の砂漠のイメージとは、かなりちがう。発達した砂丘からの勇水によって砂丘の内陸側に砂丘湖が形成されることさえある。新潟県潟町砂丘の朝日池や鵜ノ池、青森県屏風砂丘の袴形池、牛潟池などがその例である。その周辺では小規模な農耕も可能である。砂丘の内側、外側両水面からの幸も豊富である。

　第三に、固定した砂丘自体、強い季節風や高潮、洪水などの災害にたいして、防風垣、防潮堤、河川堤の役割を果す。地盤面も安定している。環境デザイナー

のI・L・マクハーグ（Ian L. McHarg, 1920～2001）の表現を借用するなら、砂丘こそ人類の居住環境の鎧であり、自然界からの贈りものである[24]。

　そして第四に、交通の便がよい。内陸各地が山あいに孤立しがちなのにたいして、砂丘から潟湖の水面を利用して内陸の各地へ直行することができる。砂浜の道は平坦で、海岸線を最短距離で結んでいる。そのうえ浜辺を利用して海外との交易さえ可能である。すなわち文化的結説点としての役割を担うことができる。

　地理学の安田喜憲によって、9千年前から6千年前にかけて、北の秋田付近までの日本海沿岸に常緑広葉樹林の繁茂が確認されている[25]。この樹林は別名を照葉樹林という。いうまでもなく日本文化の基層ともいうべき縄文文化の背景である。じじつ、砂丘から縄文中期より古墳時代のはじめにかけての輝かしい文化の跡が発掘されているのである[26]。

5. 荒ぶる砂丘

　いちど固定した砂丘であっても、何らかの要因で大量の砂が供給されると、ふたたび発達しはじめる。すでに固定している砂丘自体が飛砂現象に作用して、いっそう規模が大きい砂丘に発達する。新旧二階建ての砂丘である。日本海沿岸の砂丘のうち、これまでの調査で屏風山砂丘、能代砂丘、本荘砂丘、庄内砂丘、潟町砂丘、加賀砂丘、鳥取砂丘、大社砂丘などが、この二階建て砂丘であるとされている。古砂丘と新砂丘の間にはさまれている腐食した植物や縄文期の遺物がその証しである。

　もし古砂丘が崩壊したときは、新砂丘のみの構成となる。あるいは土地の隆起や土砂の沖積作用によって汀線が海の沖合に後退していく場合には、内陸側の古砂丘列にたいして海側の新砂丘の例を加えることになる。

　大量の砂の供給は、いかにして再開されるか。ひとつに地球史的な変化により、古砂丘形成時と同じ気象条件が再現されるからである。内陸部の植生が劣化し、洪水がおこりやすく、また砂丘自体の植生も後退する。同時に海水面が低下し、広大な砂浜が露出して飛砂現象が起こりやすくなる。

　他の条件としては、内陸部の人為的な開発行為が考えられる。耕地の拡大、樹木の伐採[27]、それに鳥取砂丘について地球物理学の竹内均が指摘するように[28]、大規模な鉱物資源の採掘も影響する。

かくしてふたたび荒ぶる砂丘が出現する。緑の地表は厚い砂に覆われる。耕地も砂に埋もれる。新しい砂丘の出現は河川をせきとめ、それによって耕地は水面下に没し、ときには海水が逆流する。たとえ季節風は一時的なものであっても、いちど潮水をかぶった耕地はなかなかもとにもどらない。住戸さえ、集落さえ砂に埋まり、砂丘はふたたび人類の居住を拒否する。輝かしい文化を誇った人びとは、居住域をつぎつぎ内陸部へ後退させなければならない。

快適な居住空間を回復するため、荒ぶる砂丘をいかに鎮静するか。それには砂丘発達の条件を一つひとつ克服していかなくてはならない。第一に飛砂の防止である。砂丘植物の生育を助け、防風柵や植樹によって砂の移動を押さえなくてはならない。第二に洪水の防止である。内陸山間部の荒廃を防ぎ、植樹し、河川堤防を改修しなくてはならない。そして第三に破壊された耕地を回復しなくてはならない。

これが人為的になしうる基礎的な条件づくりである。さらにもし、潟湖や湿原の干拓、平野部の用排水工事に成功できれば、単にそれまでの居住域の回復にとどまらない。広大な耕地を獲得して農耕空間を飛躍的に拡大することができる。ただしさきの砂丘鎮静の基礎条件を一つでも欠いたら、快適な居住空間を維持することはできない。たとえ勇敢に平野部に進出しても、ひとたび塩害や飛砂害、洪水があれば、収穫は望むべくもない。

海・砂丘・潟湖・平野・河川、さらにはその上流山間地域は、相互に密接に関連しあっている。安定した居住環境を維持していくためには、この統一的な空間構造を理解しなければならない。

この統一空間を一望でき、西または北西方向から吹いてくる季節風に対峙するところが、砂丘と岬や半島との接合部である。出雲の大社砂丘の場合、ちょうどそこに杵築大社（出雲大社）が立地している。偶然だろうか。

我われは砂丘が存在する地方の伝承をいくつか知っている。第1章で述べた「国引き物語」もその代表である。識者はこれを雄大な漁撈を象徴したもの、あるいは政治的領域の拡大だと解釈する[29]。

子どものころよく聞かされた「因幡の白兎」も思い出される。隠岐島から本土に渡るのにウミザメをだました白兎は、おこったウミザメに自分の生皮をはがされてしまう。傷を負った白兎は海水につかってかえって傷を悪化させたが、通り

かかった英雄の助言で、水生植物のガマの穂綿にくるまれて傷が癒えるのを待つ。多くの解釈は民族抗争であるという点で一致しているという[30]。さらに鳥取地方ではもうひとつ、太陽を金の扇で招き寄せるという傲慢な罪を犯したため、一夜にして広大な耕地を水没させられた湖山長者の伝説が有名である[31]。

　これまでの解釈で正しいのだろうか。砂丘をみてきた私には、砂丘鎮静による居住空間、農耕空間の獲得や維持、荒ぶる砂丘の恐ろしさ、耕地の回復を伝えている物語に思えてならない。これこそ季節風が強い日本海岸に定住しようとした人びとにとって、最大の関心事ではなかったかと考えるのである。

　地球史的に、山陰地方の海岸線は沖の方に大きく後退していた時代があったことが確かめられている。隠岐島とも陸続きであれば、ひょっとしたら朝鮮半島ともつながっていて、陸上の道を往来していたかもしれない。もしそうだとしたら、日本海の侵食と砂丘の発達が重なって、人びとは居住地を内陸部に移していかなければならない。必然的に内陸部の先住民との熾烈な抗争があったにちがいない。砂丘をみていると、そんな想いもしてくるのである。

6. 鎮められた砂丘

　砂丘はときとして田畑を覆い、家いえを呑み、村むらを埋めつくす。この荒ぶる砂丘はいかに鎮静されたか。しかし、それは砂丘の歴史のなかで最近のことである。出雲の大社砂丘を鎮静させた大梶七兵衛の技法は、つぎのように伝えられている[32]。

　1600年代末、彼はまず準備工事として、砂どめの柴垣を築いたという。すると西風は砂をはこんで、この垣を埋める。その上にさらに柴垣を築く。また砂に埋まる。これを数十回繰りかえすと、西風はついに動くことのない砂丘をつくりあげる。

　第二段階は植林である。七兵衛は砂丘の風裏に秋胡子、浜荻などの灌木植物を植える。これらは崩れやすい砂丘面を固める役目を果たす。砂丘、砂丘面ともに固定したところでクロマツの苗を植える。松苗には、夏期の枯損を避けるために、1本ごとに根元に粘土1升くらいを固める。松苗は8本の平行線上に植えられ、今日の八通山林という名に残る。ついに砂丘は鎮静されたのである。

　第三段階が入植である。七兵衛は内陸よりの古志の旧家を離れ、鎮静した砂丘

の風裏にあたる荒木浜に住居を構える。ときに1677年(延宝年間)、七兵衛57歳、荒木浜開拓に着手してから5年目のことである。

　砂丘の鎮静だけで農業が可能になるわけではない。七兵衛はつづけて高瀬川、差海川、十間川といった農業水路を開鑿し、神戸川流域の農業基盤を整えなければならなかった。

　大社砂丘以外にも日本海沿岸の砂丘をたずねると、17世紀から19世紀にかけてかならずといってよいほど、砂丘鎮静の記録にぶつかる。

　鳥取県の湖山砂丘は、山陰地方でもっとも荒あらしい砂丘といわれる。この湖山砂丘に植林を試みたのは、綿屋船越作左衛門、太郎左衛門の両名である。1786年から、ハマスゲ、クロマツを植えはじめ、砂丘が鎮静するまで30年間、植林がつづけられたという。現在砂丘林と同じように、区画された畦畔にも当時の防風防砂林が残っている。

　福井県三里浜砂丘では、1790年ころ僧大道が防砂林の重要性を説き、植林を開始している。大道の場合も、まず柵をつくり、その風かげに背は低いが乾燥に強いねむの木を植え、最後にクロマツの苗を植えた。

　新潟県潟町砂丘への植林は藤野条助があたった。1787年(天明年間)に開始し、失敗を重ねたのち、1791年(寛政年間)に鎮静化に成功した。その方法は、苗木の根を赤土で固めて水もちをよくし、まわりに竹をたてかけ、こもで囲って苗木が砂に埋もれるのを防ぐ、というものである。樹種はもちろんクロマツである。

　秋田県能代砂丘では、いちど1700年に先駆的にクロマツ植林が試みられ、1797年から1804年にかけて藩士栗田定之丞が百万本の松苗を植えて、鎮静化に成功した。

　日本海沿岸のこのほかの砂丘でも、18世紀から19世紀にかけて、砂丘植林の記録を残している。砂丘に挑む個人名があり、植林方法の詳細があり、そしてほとんどがクロマツを選んでいる[33]。もちろん植林だけではない。河川改修、用水路の開鑿、潟湖の干拓といった新田開発が同時に進行している[34]。出雲の大社砂丘の鎮静化に遅れること100年あまり、そのほかの砂丘はいっそう厳しい条件のもとにあったのだろう。とはいえ、大梶七兵衛の先駆性があらためて偲ばれるのである。

　いま各地の砂丘に立ってみると、潮風に直撃されるクロマツは厳しい生育条件

にようやく耐えている様子がわかる。風に押されて幹は斜めに、樹皮は白み、下枝はちぎれている。砂丘の風裏側ではじめて幹は太く、垂直に、黒ぐろとし、また枝ぶりもたくましい。白砂青松 —— それは日本列島沿岸のごく一般的な風景である。松の多くは樹皮が黒いクロマツである。しかし自然植生ではない。なぜクロマツを選んだか。砂丘や砂浜にたちむかった人びとが、自らの営為を誇示するかのようである。その歴史は、せいぜい200年ないし300年このかたの風景である。

7. 砂丘のむら

　砂丘の集落は、原則として砂丘の風裏に立地する。強い季節風を避け、また塩害を防ぐためである。そこでは砂丘からの湧水を得やすいし、また平野部に開拓した耕地との往来も容易である。日本海沿岸の砂丘であれば、民家はちょうど北側か西側に砂丘を背負って南側の太陽に向きあう。まことに快適な居住空間である。地盤条件による制約から、集落は集居または列状の形態をとることが多い。平野型農耕空間における集落の成立時期をたどると、はじめ内陸部の山すそに、ついで砂丘沿い、河川堤防沿い、そして最後に平野中央へ進出する[35]。砂丘鎮静を契機とする平野型農耕集落の成立は、したがって近世以後、いわゆる新田集落が一般的である。

　砂丘の集落といっても、砂丘の真上に集落が立地することは少ない。季節風が強いこと、飲料水を得にくいこと、耕地から離れること … などを考えれば当然である。島根県大社砂丘の杵築、新潟県潟町砂丘の潟町などは、その数少ない例である。

　大社砂丘杵築は、現在漁業集落である（図2-3 A）。稲佐の浜沿いに設置されたコンクリート製の防波堤の内側から砂丘斜面にかけて、集落が広がる。日本海に面する民家の壁面には開口部がない。まったくの板張りである。西からの季節風に対する強固な防備である。コンクリート製の防風壁や、板張り、よしず張りの防風柵もある。したがって浜辺からみあげる集落の外観は、まことに無機的で荒あらしい。あたかも壮大な杵築大社（出雲大社）が群立しているかのようである。

　稲佐の浜といえば、大国主命が大和国と戦うか、それとも屈服するかを思案する、あの「国譲り神話」の舞台である。ここは古代、朝鮮半島や中国大陸と往来するときの重要な港のひとつであったともいう[36]。誇りある歴史を秘めた砂丘

（A） 古代からの歴史を秘めた大社砂丘杵築の集落

（B） 上手を盛り防風柵を設けた潟町砂丘土底浜の民家

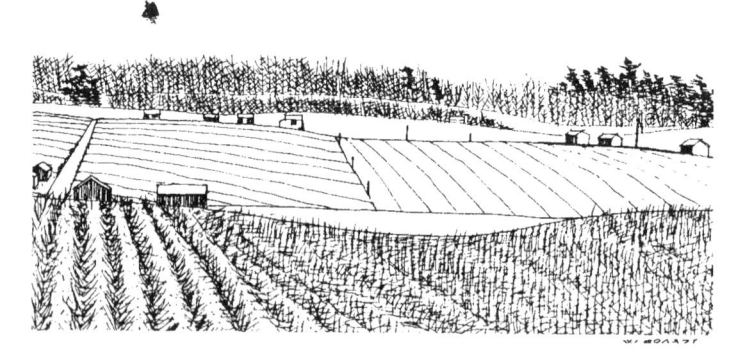

（C） 鳥取砂丘福部のらっきょう畑
図 2-3　砂丘集落の風景

の集落である。

　潟町砂丘の上には犀潟、土底浜、潟町、上下浜といった集落が連らなっている（図 2-3 B）。かつて漁業や製塩業に従事し、あるいは北陸街道の要衝であったところから、宿場町として栄えたところである。なかでも土底浜集落はもっとも海岸線に近い。ここで民家を建てる場合はつぎの手順による。まず古砂丘面が露出するまで新砂丘の砂を除ける。安定した古砂丘面に住宅を建てるためである。除けた砂で屋敷まわりに上手を築く。風上側、すなわち西側と北側をより高く、風上側からみれば軒先近くまで盛る。あたかも小さな砂丘である。風下側、すなわち屋敷の東北すみと南側を低くして、ここに出入口を設ける。土手のうえにはエノキ、ケヤキ、竹、クロマツなどを植え、法面の崩壊を防ぐ。崩壊した土砂はすぐさまかきあげなければならない。怠たれば家屋が砂に埋没する。季節風が強い冬期には土手のうえの樹木の間によしずをめぐらし、いっそう防備を固める。屋敷構えは、砂丘 ― 平野とつながる統一的な風土空間の縮小景をなしている。

　現在、土底浜の住戸は厳しい季節風を避けて、浜辺から順次内陸側に移動しつつある。海岸べりの住戸はすでにわずかである。かつて栄えた漁業や製塩業が後退したからである。そして何より日本海の侵蝕が激しい。民家が移転したあと、北西側の鉤の手の土手とわずかな樹木が点在するのみである。その昔、ここで製造された塩が山あいの街道を通って奥深い信州に送られ、終点に塩尻という地名を残した。砂浜に点在する住居趾からそんな歴史を、いったい誰が想起できるだろう[37]。あまりに性急な時の流れである。

　このほかの砂丘集落においても、荒あらしい日本海や産業化の波を契機に、以前の経済基盤を転換してきている。漁業や製塩業は衰退し、代って農業に依存するようになった。砂丘集落の農村化である[38]。しかしそれがまた砂丘に住む人びとにとってどんなに困難なものであったか、想像にあまりある。

　砂地は元来保水力が弱く、旱害をうけやすい。栄養分の保持もむずかしく、塩害、風害、飛砂害がつきものである。しかし農業条件をまったく欠いているわけではない。すなわち日本海沿岸は海洋の影響で、同緯度の内陸部より気温が高い。積雪も内陸にくらべれば少ない。地温も温かく、砂地のなかの空気の流通もよい。したがって作目は制約を受け、農法上の工夫が欠かせないとはいうものの、農業の可能性は大きい。今日砂地の農業で、つぎのような作目が選択されている[39]。

スイカ、メロン、イチゴ、タバコ、ブドウ、ナシ、ネギ、ラッキョウ、キュウリ、ナス、ナガイモ、バレイショ、ラッカセイ…

　砂丘地の圃場は、なだらかな曲面をえがいて、固有の風景を出現させる。防風ネット、防風林、スプリンクラーなどが敷設され、化学肥料も普及している。つい最近まであった、連日崩れる高畝に砂をかきあげ、そこに穴のあいた桶で散水する、という独特の農法はどこにもみられなくなった。あまりの苛酷さゆえに女の寿命を縮め、「ヨメゴロシ」とまで形容されたかつての農業を偲ぶよすがはない（図2-3 C）。

8. 周縁に生きる人びと

　岩石は崩壊して砂になる。砂が集積して砂丘を形づくる。もし砂丘のままの状態が長時間続けば、圧密によってそれは岩石にかえる。この地球史的に悠長な周期性をもつ砂を利用して、人類はごく短い時間を測る方法を思いついた。砂時計だ。そこでヨーロッパでは、砂は転じて時間、命数、寿命を意味する。"The sands are running out"といえば「時間がない、寿命がない」ということである[40]。

　乾いた砂をどんなにきつく握りしめても、形が崩れる。かつて「すなになる」といえばむだにする、ふいにする、役に立たなくするという意味であった。「すなを噛む」「すなを掴む」などの表現もある[41]。白い砂は神道的に清浄の象徴であり、古代以来貴人の通り道に敷いて身分の象徴とする。伝統建築では砂壁、砂切り、砂子地、砂地業、砂しっくい、砂摺り、砂雪隠…をあしらう[42]。「砂肌」「砂のもの」といえば茶の湯、生け花の用語である。「鳴き砂」に耳を澄ます人もいる[43]。

　辞書には、砂丘とは「風のために吹き寄せられた砂のつくる小丘。海岸・大河の沿岸または砂漠地方に多く生ずる[44]」とある。しかしこれまで考察してきたところによれば、砂丘は孤立した存在にとどまらない。海 — 砂丘 — 潟湖 — 平野 — 河川 — 山岳と相互に関係した自然現象の一部である。同時に農耕社会の歴史を通じて人類の営為が重ねられた風土空間の一部である。

　ただ我々の多くは、日常的に砂丘の存在を忘れている。砂丘は風土空間の周縁であり、辺境である。だから昔から多くの人びとは、荒ぶる砂丘には決して近

づかなかった。もし荒ぶる砂丘という周縁空間にたちむかう人がいたら、彼は悲劇の英雄であり、孤独の生涯を覚悟しなくてはならない。大社砂丘の鎮静に生涯をかけた大梶七兵衛にしてそうである。入植に際して農民は飛砂害を恐れて集まらず、はじめは流刑囚など、半ば強制された43戸が移住しただけで、労働意欲も低かったという。七兵衛は自分の偉業の完成を見届けないまま、行末を心配してこの世を去らなければならなかった。七兵衛と労苦をともにし、その遺志を継いだ養子忠左衛門は、七兵衛の死後たった4カ月で夭逝した。新開地に約束されていたはずの年貢米の軽減を願い出た咎で打首になった、とも伝えられる。ともに1689年のことである[45]。

　文化人類学の山口昌男は、「中心」と「周縁」を対置し、さらに「周縁」と「始原の時」を重ねあわせる[46]。歴史家の高橋富雄は、辺境概念を「荒野＝アメリカ型」と「荒ぶる人たち＝ヨーロッパ型」に類型化する。そして「辺境がつまり国家をつくり、国民をあらしめた」として歴史を解明する[47]。しかし、荒ぶるのは地政学的な辺境ばかりではないだろう。

　周縁に、辺境に旅立つものには、ただ中央にあって己れの正統性のみを主張してやまない傲慢な人びととの対立はなかったか。ただ辺境を恐れ、侮蔑し、無関心を装う大多数の人びとの態度に、心凍てつく想いはなかったか。すなわち、自ら地政学的辺境におもむく前に、作家安部公房のいう「内なる辺境[48]」に身をおく孤独に耐えなければならなかったのである。周縁に、辺境にむかう人の想いは哀しく、寂しく、侘しい。だから、その心を知る茶人は実際に周縁や辺境に居なくとも、砂の庭を築き、つましい東屋で湯の滾る音を聞く。

　出雲平野の民家では、屋敷まわりに築地を盛り、築地松を植える[49]。潟町砂丘の内陸部高田平野でも、旧家は屋敷まわりに水濠をめぐらし、掘り出したその土砂で身の丈以上の土手を築き、土手の内側に屋敷松を植える[50]。出雲の築地松も、高田の屋敷松も、もちろんクロマツである。540km離れたふたつの平野の奇妙な一致である。そこにはともに、あたかも砂丘鎮静の縮小景をみる。海 ― 砂丘 ― 潟湖 ― 平野 ― 河川 ― 山岳と連なる大世界、大宇宙に相似する小世界、小宇宙である。かつて人びとは縮小景を身近に置いて、往時周縁に、辺境にたちむかった人びとの心情を偲んだのではあるまいか。そして今日でもなお、感性豊かな文人は砂の周縁空間に想いを寄せてやまないのである[51]。

周縁にあるからこそ、世界がわかる。周縁にいるからこそ、風土空間の仕組みを理解できる。

　現在、砂丘は鎮静されたままか。残念なことに「否」である。ただし、荒ぶるのは自然の営力ではない。そこには自動車道がある。港湾がある。空港がある。発電所がある。工業団地や住宅団地、下水処理場、運動場、ゴルフ場がある。さらに土木工事やビル建設のために砂が削りとられる。現代社会の非日常空間がある。砂丘は傷ついている。かつての砂丘とは違って、荒ぶるのは人間の営為である。いまも、砂丘は周縁空間なのであろうか。

　近年砂丘形成のための砂の供給は少なく、日本海は砂丘を侵食している。砂丘地帯の海岸線はどこも、コンクリート製の消波堤や防潮堤、土砂を盛りハマニンニクを植えた防風堤、アルミ製の防潮防砂フェンス、そして新たなクロマツの植栽と、防備を固めている。日本海の荒波は、それらを容赦なく打ちくだいていく。荒寥とした風景である。まるで人間の営為をあざわらうかのようである。そのうえ頼みのクロマツは、西の砂丘地帯から枯れはじめている。そう、築地松にもみた「松喰い虫」の仕業である。砂丘はまた、確かに、荒ぶる砂丘にかえろうとしているのだ。

　砂丘は傷つき、病んでいる。加害者である現代社会もまた傷つき病んでいる。もう一度確認しておこう。砂丘は砂丘だけで存在しているのではない。海 ── 砂丘 ── 潟湖 ── 平野 ── 河川 ── 山岳部と連なる統一空間の一部である。砂丘をただ周縁、辺境、最果ての地と考えるのは、現代社会の傲慢さの現われだ。

　大社砂丘の大梶七兵衛が没してから、まもなく300年の節目をむかえる。そこで環境デザイナーＩ・Ｌ・マクハーグの言葉をふたたび銘記しておこう。

　　　… nature's gift, the dune.[52]　　「砂丘、それは自然からの贈りもの」

[注]
1　『世界大百科事典』(平凡社) の村井勇による。『地学事典』(平凡社) の木村春彦では、「礫とシルトの中間の大きさ (粒度 2〜16分の1 mm) の岩片・鉱物片。シルトや粘土のような可塑性はなく、圧縮作用もうけにくい」、また『広辞苑』(岩波書店) では、「細かい岩石の粒。主に各種鉱物の粒子よりなる。通常径 2 mm 以下、16分の

1 mm 以上のものをいう」とある。
2 彰国社建築大辞典による。建設現場でコンクリートを練る場合、砂のことを細骨材 fine arrigate と呼び、採取場所によって山砂、海砂などに区分する。
3 安部公房（1970）『砂漠の思想』（講談社）p.261-262「砂漠というとすぐ、死や破壊や虚無だけを思いうかべるのは幸福な詩人だけの話で、一般的には、むしろ砂のもっているあのプラスチックな性質にひきつけられるのが普通なのではあるまいか。ちょうど子供たちが、砂場遊びに時を忘れ、世界を創造したような気持ちになるように…」。
4 「水底物質の移動によって生じた川底の長く伸びた波形の盛り上がり…」、『地学事典』（平凡社）礒見博による。
5 「海水の流れによって砂礫が移動したり、浮動したりしながら移動する現象…」、『地学事典』（平凡社）茂木昭夫による。
6 砂嘴＝「沿岸流によって運ばれてきた砂礫が岬や半島から海へ細長く突き出た砂礫の州」、砂州＝「砂嘴の一種で、湾または入江をほとんど閉塞するもの」、『地学事典』（平凡社）茂木昭夫による。
7 多田文男（1943）「鹿島灘砂丘—砂丘崩壊の一例」（地理学評論第 19 巻第 6 号）。
8 新潟県大潟町（1983）『ふるさと大潟町』。
9 潟＝「砂州によって外界から隔てられた海岸の湖」、『地学事典』（平凡社）茂木昭夫による。
10 『世界大百科事典』（平凡社）宝月欣二による。
11 田辺健一（1941）「日本の海岸砂丘の形態的分類並に土地利用」（地理学評論第 17 巻第 5 号）。
12 国土地理院 5 万分の 1 地形図による。
13 佐藤一郎（1983）「鳥取県の砂丘地」（『鳥取県の砂地農業』所収）。
14 貝塚爽平（1977）『日本の地形』（岩波新書）。
15 小堀 巖（1973）「沙漠…遺された乾燥の世界」（NHKブックス）p.11。農学の佐藤一郎も「沙漠化」と表記している。佐藤一郎（1978）「乾燥地農業と沙漠化」（砂丘研究第 24 巻第 2 号）。ただし藤堂明保編『漢和大事典』（学研）によれば、「沙」も「砂」も同音同義。
16 天気図は朝日新聞 1983 年 11 月 16 日〜20 日による。各地の観測は大社町役場（海岸から 500 m 内陸）、直江津湾事務所、秋田県能代地区消防署北分署（峰浜町、海岸から 600 m 内陸）による。
17 積雪と砂丘の発達の関係については一考を要する。約 2 万年、いまの対馬海峡は非常に狭く、あるいはふさがっていたとされる。日本海の水温は低く、したがって降雪は少なかったと推定される。日本海の拡大ともに、対馬海峡から日本海へ暖流が入り、日本海の水温が上昇して水蒸気の蒸発が活発になる。それが季節風に乗って日本列島にやってきて雪を降らす。砂浜への積雪は飛砂をくいとめる。一方内陸部

の積雪は植生を劣化させる。雪融け時に大量の土砂を押しながし、砂丘形成のための砂を供給するところとなる。砂丘の積雪は風上側に少なく、風裏側に多い。砂丘に強い季節風が当たると、多少の積雪なら雪ごと飛砂を生じる。貝塚爽平（1977）『日本の地形』、安田喜憲（1980）『環境考古学事始』、福井英一郎（1936）「砂丘地帯における積雪分布に就て」（地理学評論第12巻第5号）。

18 『広辞苑』（岩波書店）。
19 朝倉正・倉嶋厚（1974）『気象の事典』（東京堂）。
20 廣田勇（1983）『地球をめぐる風』（中公新書）p.5-10。
21 砂丘植物、海浜植物については『生物学辞典』（岩波書店）、『地学辞典』（平凡社、鈴木敬治）、田崎忠良『植物の辞典』（東京堂）、浜田真（1972）『植物達の生』（岩波新書）などによる。
22 鈴木秀夫（1978）『森林の思考・砂漠の思考』（NHKブックス）。
23 鈴木秀夫（1978）前出 p.38-52。
24 I.L.McHarg（1959）"Design with Nature" p.7.
25 安田喜憲（1980）『環境考古学事始』（NHKブックス）
26 佐藤一郎（1983）前出、大潟町（1983）前出、竹内均（1978）『日本列島地学散歩（近畿・中国編）』（平凡社）p.12。前田保夫（1980）『縄文の海と森』（蒼樹書房）。
27 安田喜憲（1980）前出。
28 竹内均（1978）前出 p.11。
29 門脇禎二（1976）『出雲の古代史』（NHKブックス）p.112。
30 山中寿夫（1970）『鳥取県の歴史―歴史シリーズ31』（山川出版）p.23。
31 鷲見貞雄・片柳庸史『鳥取県の伝説―日本の伝説47』（角川書店）p.51。
32 大社町（1966）「大梶七兵衛翁が開拓された八通山林について」、渡辺渡『大梶七兵衛小伝』、石塚尊俊（1958）。
33 田辺健一（1941）前出では、日本海沿岸の砂丘林についてクロマツを主とするもの、クロマツとアカマツの混合するもの、アカマツを主とするものにわけ、屏風山、庄内、新潟砂丘では赤松としている。今日の状況では新潟砂丘の一部にアカマツをみる。
34 菊池利夫（1976）『新田開発』（古今書院）p.278-287。
35 山口弥一郎（1938）「津軽十三湖の開拓風景」（地理学評論第14巻第7号）。
36 門脇禎二（1976）前出 p.38。
37 海をもたない信州では、かつて北の国境から送られてくる塩をすべて「北塩」と呼ぶ。実際の産地は瀬戸内海や能登のもので、これらにくらべて越後産のものはだいぶ品質が劣っている（平島裕正（1975）『塩の道』（講談社文庫））。もしそうであれば、上杉謙信の人道上の故事にも経済学的な再吟味が必要である。武田信玄と上杉謙信の係争中、山国の領民は塩が手に入らず困っていた。それを知った上杉は敵陣にもかかわらず、自分の領内でとれた塩を送り届けるのである。久しぶりの塩に街道筋では塩市が開かれる。最期の地が塩尻という地名として残ったというのである。松

本平ではいまでも塩市ならぬ「飴市」を開いて、敵の武将の人道的な行為を偲ぶのである。

38 長井政太郎（1941）「山形県庄内海岸浜中の経済地理学的考察」（地理学評論第17巻第9, 10号）。
39 佐藤一郎（1980）「砂丘地農業とその特殊性」（砂丘研究第26巻第2号）。
40 オックスフォード・カラー『英和大辞典』（福武書店）。
41 『日本国語大辞典』（小学館）。
42 『建築大辞典』（彰国社）。
43 三輪茂雄（1982）『鳴き砂幻想－ミュージカル・サンドの謎を追う』（ダイヤモンド社）。
44 『広辞苑』（岩波書店）、『地学事典』（平凡社）の礒見博によれば、つぎの通りである。［デューン］（1）一般には、砂漠や海岸にみられる風成の砂丘を意味する。（2）堆積学においては、砂の表面の、風成砂丘上の「細長い山」を意味し、風成砂丘だけではなく、水成の「砂丘」をも包含する。峰の伸びの方向は流れに直交。一般に多数が規則正しく配列する。（3）水成の砂波の一種で、アンチデューンとは反対に、下流方向に向かって進行するもの。
45 注（30）に同じ。
46 山口昌男（1975）『文化と両義性』（岩波書店）、同（1981）「地の冒険へ」（『地の旅への誘い』所収）（岩波新書）。
47 高橋富雄（1979）『辺境―もう一つの日本史』（教育社）。
48 安部公房（1975）『内なる辺境』（中央公論）。
49 拙文（1983）「風を要因とする風土空間の形成」（国土庁農村整備課委託研究）、同（1983）「築地松は防風林か」（日本建築学会大会論文）。
50 二宮書店『日本地誌』九巻（1972）p.303-304。
51 安部公房（1962）『砂の女』、同（1970）『砂漠の思想』、同（1971）『内なる辺境』、森有正（1970）『砂漠に向かって』、井上光晴（1971）「砂丘の死」（『辺境』所収）など。
52 I.L.McHarg（1969）前出 p.7。

第3章

風と水と、地と人と

― 潟の集落 ―

鳥屋野潟の水位を下げることによって造成された現在の水田。人工的にコントロールされた大地だ。

新潟砂丘の内陸側に残された鳥屋野潟。かつて人びとは潟底の泥をさらい、自分の田に盛土した。

　風土空間は、ミステリアスな空間である。大気圏で、そして地底の奥深くで、自然の営力はひとときも休んではいない。そこは定住する人びとにとって、必ずしも約束された土地ではない。もし彼らがそのことを忘れ、傲慢な日々を過ごしていると、時として自然は大災害によってその威力を彼らに悟らしめる。大地震、大洪水、地盤沈下…、いったい海のかなたから吹いてくる季節風には、河川の源である奥深い山やまには、そして足元の大地には何が潜んでいるのだろうか。自然の営力の巨大さに比べて、人間の営為とは、たとえそれが個人の場合であろうと集団の場合であろうと、いかに限られたものか。
　本論では、「多すぎる水」との戦いに明け暮れしてきた潟の集落における、自然の営力と人間の営為の関係を考察したい。

1. 地図にない湖

　地図にない湖といわれた亀田郷——これは、この地域の人びとが自分たちの住むところを表現するとき、好んで用いる形容である。亀田郷とは、人口約47万人（1985年現在）の日本海沿岸最大の都市新潟市の南側に隣接した、いわゆる近郊農村である。その一方を市街地に隣接し、他の三方を阿賀野川、信濃川、それにこれらを結ぶ小阿賀野川の三河川に囲まれている。一辺がほぼ7〜8kmほどの正方形の領域をもち、行政的には新潟市の一部と旧亀田町、旧横越村の三市町村にまたがっている。

　「地図にない湖」と形容される理由は、この地域が日本でも屈指の大河川である信濃川と阿賀野川の河口に位置した低湿地帯だからである。ふだん水田であるところも、ひとたび大洪水にみまわれると、たちまち水面下に没してしまう。水田といっても、かつては膝や場所によっては腰や胸まで泥中に没してしまう湛水田であった。「地図にない湖」と表現することによって先人たちが定住のためにはらった労苦を忘れないための、いましめにしているのである。

　ここは洪水対策や農業用の土地改良事業を通して、行政範囲を越えたひとつの

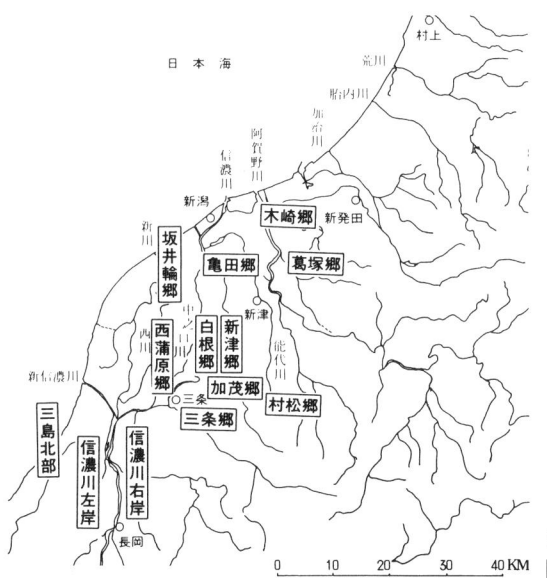

図 3-1　新潟平野のおもな郷の分布
『新潟平野の地盤沈下』などによる。

共同体を形づくってきた。この歴史的な誇りが、他の地域では耳馴れない「郷」という地域単位で呼びならわされてきたゆえんである。その点では、亀田郷の東南、小阿賀野川をこえた内陸部の新津郷も、また亀田郷の南側、信濃川沿いの白根郷も、さらに白根郷の西隣、日本海との間の西蒲原も、また阿賀野川をはさんで亀田郷の北東側に広がる北蒲原も同様である（図3-1）。そして、これらの地域からなる新潟平野の主要部分はすべて、蒲原地方という名の通り、かつては水性植物の生い茂る低湿地帯であった。その広大で豊沃な土地を水田として拓いたのが潟の集落である。

ふつう地形は河川や海岸など、水辺にむかってくだり勾配である。ところが一見して平坦な亀田郷では、周囲の川筋にむかっても、また海岸に近づいても、のぼり勾配である。もっとも低くなるのは郷の中央よりやや北側、近年市街地がその周囲を固めつつある鳥屋野潟である。誇張していえば、亀田郷は周辺の河川沿いをへりに、鳥屋野潟を最低部にした摺鉢状の地形をしている（図3-2）。鳥屋野潟に集中する水は人工的に排出される。いまから20年ほど前、歴史的な土地改良事業の完了によって郷内のほぼ全域が乾田化し、圃場も整えられた。それに市街地が郷内に著しく拡大している現在、かつての「地図にない湖」を想像することはむずかしい。鳥屋野潟の岸辺のほんの一部に、潟の面影を忍ぶことができるだけである。したがって農業を営むときの潟の集落ゆえの労苦も、人びとの記憶から遠ざかりつつある。

この亀田郷に限らず、新潟平野では水田がどこまでも鏡面のように平坦に広がり、遠く地平線に重なっている。整備されて一直線に伸びる農道や畔畔、用排水路が景観上の抽象性、均質性をいやがうえにも強調する。それはあたかも時間をこえた、太古からの、そしてこれからも永遠に続く既定の存在であるかのようだ。

しかし、ひとたび洪水とか地震といった大災害をむかえたとき、人びとは自然界が決してこの地における永遠の定住を保障してくれているのではないということを思い知らされる。自然の営為と人間の営為とが交錯する天地創造のドラマは、まだまだ進行中である。

2. 海と風の贈りもの

景観的には、どこまでもただ平坦にみえる亀田郷であるが、平面的には明確な、

第3章 風と水と、地と人と 63

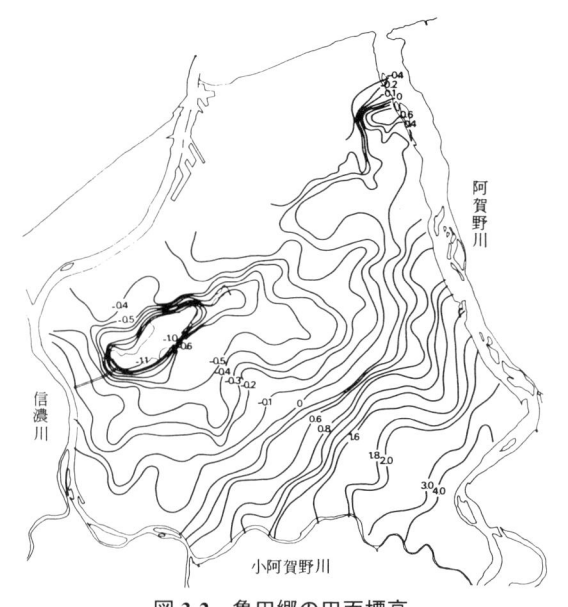

図 3-2 亀田郷の田面標高
亀田郷土地改良区資料による。単位は m。

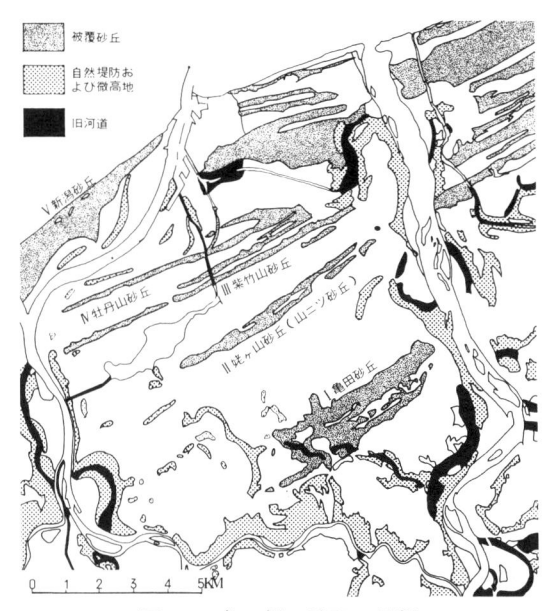

図 3-3 亀田郷の地形の分類

著しく指向性をもった、そして絶対的なともいうべき土地利用上の区分がある。水田、集落、そして畑地の3区分である。それは低湿地特有の地質条件、地盤条件、つまり日本海側の海岸線に平行する数条の砂丘の存在による。すでに確認されている砂丘は五列、以下内陸部から海岸にむかってつぎのように分布する（図3-3）。

第一列は通称亀田砂丘であり、郷の中心地亀田町の市街地もこの砂丘列上にある。前後二列からなり、それぞれの間隔は500〜800m、総幅員1,000m、東西延長約6km、標高17mである[1]。前列には西から「茅野山、日水、手代山、城山、所島、袋津、砂崩、駒込、藤山、平山、笹山」の各集落が、また後列には同じく西から「船戸山、貝塚、稲葉、北山、丸山、茗荷谷、西山、松山、直り山」の各集落が分布している。

第二列が通称姥ヶ山砂丘（山ニツ砂丘ともいう）で、亀田砂丘の北約3kmのところにあり、幅員約300m、東西延長約7km、標高10m内外である。やはり前後二列からなっていて、前列には西から「長潟、姥ヶ山、山ニツ、栗山、中野山、猿ヶ馬場、岡山」、また後列には「石山、下場、中島、児池」などの集落がならんでいる。

第三列は通称紫竹山砂丘で、姥ヶ山砂丘から北約1.2kmにある。信濃川岸から阿賀野川岸まで亀田郷を東西にほぼ横断して、延長は約9kmに及ぶ。幅員や標高は前二列の砂丘にくらべて小規模である。ここでも前後二列で構成され、前列には「鳥屋野、女池、神導寺、紫竹山、紫竹、竹尾、寺山、逢谷内」、また後列上には「鐙、浦山、麓」などの集落の立地をみる。

第四列は通称牡丹山砂丘で、紫竹山砂丘の北約600mにあるが、第三列までの形にくらべてやや不整形になっている。おもな集落は前列に「近江、米山、笹口、馬越、中山、上木戸」、また後列に「上所、天神尾、長峰、山木戸、牡丹山」などが分布している。

そして北上する信濃川がやや東に向きを変えた向う岸、また阿賀野川から信濃川河口にむかう通船川をこえて日本海岸までが新潟砂丘である。数かずの集落の立地を頼りに郷内に四列、郷の外の海岸線に沿って大規模な一列と、つごう5列の砂丘を確かめることができる。

環境デザイナーのＩ・Ｌ・マクハーグが表現したように、砂丘は「自然の贈りもの[2]」、具体的には「海と風の贈りもの」である。砂丘は海流と打ちよせる波のはたらきによって集積された砂が、海面が低下したとき露出し、ここに卓越風

が吹きつけて砂を移動させ、さらに堆積させて形成される。したがって、海面低下の時期をさかのぼれば砂丘形成の時期を推定することができる。地史学的に、地球上には温暖期と大小氷河期がくりかえされてきた。氷河期に海面が低下したときが砂丘形成の大きな契機である[3]。内陸部の砂丘がまず形づくられ、汀線が沖合いに後退するにしたがって砂浜が次つぎ露出し、新たな砂丘が形成される。したがって亀田郷では内陸側の亀田砂丘がもっとも古く、海岸の新潟砂丘がもっとも新しい。それは、堆積物の年代測定や砂丘の土壌化の度合いによっても確かめられてきた。

　もちろん、砂丘はひとり亀田郷内だけの存在ではない。ひろく新潟平野、蒲原平野の海岸線は砂丘によって縁どられている。つまり、南西部の弥彦・角田山塊先端部から北の葡萄山塊南端部にいたる延長約65kmの海岸線はすべて砂丘海岸である（後掲図3-5）。それも並行する砂丘列が弓状に発達しており、ちょうど亀田郷付近で最大幅員約10kmをとっている。この砂丘列は北上するにしたがってしだいに狭まり、葡萄山塊南端で収束している。つまり、村上市岩ヶ崎が砂丘形成上の北の固定点ということになる。

　他方、亀田郷から信濃川をこえた西側では、海岸線の砂丘は連なっているものの、内陸部の砂丘を欠いている。しかし、南西に角田山塊付近には放射状に分岐した砂丘列が残存し、それはちょうど亀田郷の砂丘列と対応している。つまり、ここでの内陸砂丘はいちど形成されたものの何らかの理由で消滅したのであって、亀田郷付近の砂丘列を南西方向に延長した角田山塊北端が砂丘列の南の固定点になる。

　これらふたつの固定点の間に弓なりに発達したのが新潟平野の日本海沿岸の砂丘である。一部河川に削りとられたり、河口で分断されたりしているところはあるものの、成因からみれば一体のものである。そして亀田郷の砂丘は、その一部ということになる[4]。

3. もう一つの贈りもの

　この大規模な砂丘が海岸に沿って形成されるためには、相当する土砂の供給がなくてはならない。海側からの供給はないから、内陸部の土砂が繰りかえし削りとられ、運搬されてこなくてはならない。その営力は大量の水の流れであり、さ

らに定期的にその源となるのは、日本沿岸の場合、約半年間に及ぶ冬期間の降雪、積雪である。

晩秋から初冬にかけて、日本付近では発達した低気圧が西から東へ、数日の周期でゆっくり移動する。北西の大陸側に高気圧、北東部のオホーツク海から千島列島付近に低気圧が位置するとき —— いわゆる西高東低型の気圧配置をみるとき —— 日本列島、ことに日本海沿岸は、烈しい気象現象にみまわれる。大気図上で、高気圧と低気圧の間の等圧線の間隔が狭まり、気圧勾配が大きくなると、強い北西風が吹く。旋風である。

この季節風が、日本海沿岸の浜辺の砂を内陸側へ押しかえし、砂丘形成の直接的な営力となる。

一方、日本海には対馬海峡を経て、引きつづき暖流が北上している。季節的な北西風は、この日本海を通過するあいだにたっぷり湿り気を含むこととなる。ついで、日本海上空、さらには日本列島上空には、シベリア方面から寒気団が南下する。この寒気団の影響のもと、気温が摂氏マイナス25度以下の上空で雪が生まれる。気象衛星からの写真をみると、筋状の雲が大陸沿岸から発達し、幾条にもわたって日本沿岸に吹きつけている。

寒気団が日本海を通り、北日本へ流れこんでくると本州上空では強い北西風が吹き、脊梁山脈の風上側に強い上昇気流が生じて、いわゆる山雪型の大雪となる。これに対して、大陸から日本海の中南部を通って北陸・山陰地方に流れこむと、沿岸・平野部に積乱雲が発達し、里雪型の大雪になるといわれる[5]。一日の積雪が90cmにも及び、これが数日間も続けば2m、3mを超える。

新潟平野の形成にもっとも関係が深い信濃川の中流域、魚沼の人・鈴木牧之（1770〜1842）は、かつてその降雪、積雪のもようをつぎのように記している。

> 我住魚沼郡は東南の陰地にして、巻機山・苗場山・八海山・牛が嶽・金城山・駒が嶽・兎が嶽・浅草山等の高山其余他国に聞えざる山々波涛のごとく東南に連なり、大小の河々も縦横をなし、陰気充満して雪深き山間の村落なれば雪の深をしるべし。我国初雪を視る事遅と速とは其年の気運寒暖につれて均からずといへども、およそ初雪は九月の末十月の首にあり〈旧暦〉。我国の雪は香もう鵞毛をなさず〈ひらひらとは降ってこない〉、降時はかならず

粉砕をなす。風又これを助く。故に一昼夜に積所六七尺より一丈〈2 mから3 m〉に至る時もあり。往古より今年にいたるまで此雪此国に降ざる事なし。されば暖国の人のごとく初雪を観て吟詠遊興のたのしみは夢にもしらず、今年も又此雪中に在る事かと雪を悲は辺郷の寒国に生たる不幸といふべし。雪を観て楽む人の繁花の暖地に生たる天幸を羨ざらんや[6]。

本州を縦断する脊梁山脈の両側では降雪と快晴と、気象現象はあまりに対照的である。これを近代文学の巨匠は「国境の長いトンネルを抜けると雪国であった[7]」と表現した。冬、この山脈を越えるとき、だれもが共通して実感する風土体験である。

この積雪に、樹木は大きな影響をうける。ことに常緑系、広葉常緑樹になれば雪が付着しやすく、風の影響もあいまって成長を妨げられる。落葉系の樹木の枝であっても、積雪に埋れると圧密効果がはたらき、枝を折られる。建築基準法では積雪深 1 cm、単位面積 1 m² あたり 2 kg 以上の積雪荷重を見込むように規定している[8]。2 m の積雪では 400 kg を見込まなくてはならない。しかしこれは便宜的な平均値であって、実際には新雪と根雪では重量が異なる。さらに積雪期間が長くなると圧密作用がはたらき、荷重方向に突起物があれば積雪荷重はそこに集中する。これが樹木にはたらく積雪の圧密効果である。

鉛直に伸びる樹幹は比較的影響が少ない。とはいうものの、傾斜地であれば積雪の斜張力、さらには圧密効果が重なって、樹木は幹ごとなぎ倒される。したがって、積雪地帯の植生はどうしても貧しくなる。春先の雪解けとともに垂直方向に成長をもどすことができれば樹木は生き残る。この関係は樹幹が積雪の季節にその斜張力に耐えられる太さに成長するまで繰返される。だから傾斜地の樹木はきまって根元の幹が曲がっている。雪国の人びとがいう「根曲がり」である。ここまで成長したとき、樹木ははじめて地表の土砂を固定することができる。

ところが今度は、成長した樹木を通じて傾斜地自体が積雪の荷重をうけることになる。それも一時的な雪解けによって、土壌にたっぷり湿り気を与えられたうえでの荷重である。そのうえ部分的には圧密沈下の効果もはたらけば、さらになだれの衝撃もうける。地層の傾斜方向が、積雪の荷重方向と平行した場合、大規模な地すべりを生じる。だから積雪山間地には、きまって地すべり地帯が連なっ

ている。
　このように、日本海を渡ってきた季節風は大量の積雪をもたらし、地形の変化の直接的な営力となる。

4. 大洪水の定期便

　さて、季節がすすみ、立春をすぎれば西高東低の冬型気圧配置がくずれはじめる。もちろん、気温も上昇する。降雪が少なくなると同時に雪解けである。ときあたかも、発達した温帯低気圧が日本海を西から東へ通過し、その進行方向に強い南風が吹く。「春一番」である。古く、九州や瀬戸内海沿岸の船乗りや漁師たちは、しけが多かった冬がいよいよ終り、春がきたと、この風をそう呼びならわしてきた。気温の上昇がさらに加速される。

　春先、日本海側の各地に生じる気温の急上昇を、気象学者はつぎのように説明する。南からの湿った空気が本州の脊梁山脈を越えるとき、風上斜面で水蒸気が凝縮して雲ができる。そのとき、水蒸気は1gについて約600 calの熱を放出する。この熱は、水が水蒸気となるときに体内に隠しもったいわゆる潜熱で、もとをただせば太陽熱である。風上斜面に水蒸気を置きさり、放出された熱だけをもって山をこえるので、風下の山麓では乾熱風になる。いわゆるフェーン現象である[9]。

　さしもの積雪も、これら気温の急上昇にともなって一気に解けだす。なだれをおこす。

　この雪解けのもようを、さきに引用した鈴木牧之はつぎのように描写している。

> そもそも我郷雪中の洪水、大かたは初冬〈陰暦十月の異称〉と仲春〈陰暦二月の異称〉とにあり。…仲春の頃の洪水は大かたは春の彼岸前後也。雪いまだ消えず、山々はさら也、田圃も渺々たる曠平の雪面なれば、枝川は雪に埋れ水は雪の下を流れ、大河といへども冬の初より岸の水まづ氷りて氷の上に雪をつもらせ、つもる雪もおなじく氷りて岩のごとく、岸の氷りたる端次第に雪ふりつもり、のちには両岸の雪相合して陸地とおなじ雪の地となる。さて春を迎へて寒気次第に和らぎ、その年の暖気につれて雪も降止たる二月の頃、水気は地気よりも寒暖を知る事はやきものゆゑ、かの水面に積りたる雪下より解て、凍りたる雪の力も水にちかきは弱くなり、

流れは雪に塞れて狭くなりたるゆゑ水勢ますます烈しく、陽気を得て雪の軟なる下を潜り、堤のきるゝがごとく、譬にいふ寝耳に水の災難にあふ事、雪中の洪水寒国の艱難、暖地の人憐給へかし[10]。

雪解け水を集めた大洪水の定期便である。積雪山間地帯に源をもつ数多くの支流を集めた信濃川や阿賀野川は、大量の土砂をともないながら新潟平野を貫流し、日本海に注ぐのである。

河川工学では河川のある地点を一定時間の間に流れくだった水量を流量という。この流量を、その地点から上流の流域面積で割ると、流域の単位面積から流れだす流量がわかる。これを比流量とよぶ。雪解け水をたたえて日本海に注ぐ河川の特色はこの比流量、およびその季節変動によくあらわれる。

まず比流量の平均値を、脊梁山脈の両側で比較してみよう（表3-1）。

表3-1 日本海側と太平洋側の河川の比流量平均値

	流域	流域面積（km^2）	長さ（km）	比流量（m^3/秒/100km^2）
阿賀野川	日本海側	7,710	210	5.85
阿武隈川	太平洋側	5,400	239	2.84
信濃川	日本海側	11,900	367	5.12
利根川	太平洋側	16,840	322	2.89

日本海の川の比流量は、太平洋側のそれにくらべて二倍近い。

また、比流量の季節変動を対比してみると、たとえば、日本海側、太平洋側ではそれぞれ対照的な特徴を示している。本州の日本海側や北海道ではおもなピークは融雪期にあらわれる。さきに対比した利根川のように、太平洋側に流れていても脊梁山脈に水源をもつ河川でも融雪期に顕著なピークをもつものも多い。四国および本州の太平洋側では梅雨、夏の雷雨、秋霖、台風が重なって、夏から秋にかけて流量が増す。瀬戸内海、九州では梅雨期にピークが現れる[11]。

もちろん日本海の河川であっても、大洪水は雪解けにともなう定期的なものだけではない。太平洋側と同様、ときには梅雨期、台風期の出水もある。そのうえ、このような気象条件とともに地形上の特色もある。一般に日本では河川長にたいして河源から河口までの標高差、つまり河川勾配が、すこぶる大きい。河川は融雪期の定期便として積雪時に削りとられた土砂を運搬し、それと同時に途中の両

岸をも削りとって、運搬するのである。

　ある期間に河川が運搬した土砂の量を流域の面積と観測期間の長さとで割った値を求めると、その河川の侵食・運搬力の大きさを知ることができる。世界的にみて、日本の河川の侵食速度はとくに大きく、なかでも中部山岳地帯では年間、$1 km^2$ あたり $1,000 m^3$ 以上に及ぶという。ちなみにナイル川は同 $13 m^3$、ミシシッピー川でも同 $59 m^3$ にすぎない。新潟平野を経て日本海に注ぐ信濃川は、源をその中部山岳地帯に発している[12]。

5. 地上の島じま

　土砂を満載した大洪水の定期便、不定期便は、山あいを離れて、やがて日本海に開けた入江に注ぐ。まだ新潟平野が形成される以前のことである（図3-4）。西部の弥彦・角田山塊と東部の魚沼山地、新津山地、東山山地、そして北部の葡萄山塊に囲まれた入江である。入江に注ぐのは、北から荒川、胎内川、加治川（旧佐々木川、新発田川）、阿賀野川、そして信濃川、いずれも積雪山間部に源を発し、あるいはそこを経由してくる。そこで急に流れをゆるめると、湾入部を充填するように運んできた土砂を堆積させる。海面すれすれにまで堆積させる。

　堆積した土砂と海との接線では、さきに考察したように海流や波動のはたらきによってなめらかな砂浜が形成される。砂浜が海面上に露出し、そこに強い季節風が吹きつけると、砂が内陸側に押しもどされて砂丘が発達する。角田山塊と葡萄山塊を結ぶように発達した砂丘は、浜堤となって内陸側に広大な低湿地帯、潟を残す。浅瀬はしだいに淡水化し、水性の植物が生い茂る。

　砂丘に出口をふさがれた格好で、河川は潟のなかを蛇行し、洪水時には運んできた大量の土砂を流路の屈曲部に堆積する。水が引くと、そこに微高地、つまり自然堤防が残される。海岸線に平行する単純な形の砂丘とはちがって、自然堤防は河道に沿って蛇行する。流路が変わり、流れがなくなっても、河道跡の両側に微高地も残る。

　砂丘の発達によってたとえ出口を閉がれても、水位を上昇させた河川は砂丘を突破って外海に流れだす。低湿地に注ぐ河川のうち、砂丘を貫通して直接日本海に達するのは信濃川と北部の荒川のみ、他はもともとこれらのいずれかの支流である。洪水時には、土砂があふれ、外海に堆積する。そして新たな海岸線に沿っ

第3章 風と水と、地と人と 71

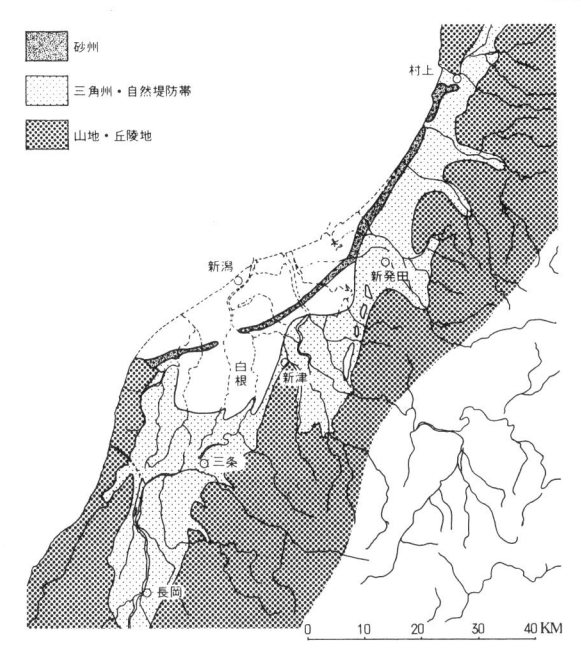

図3-4 新潟平野の6千年前の地形
『日本の平野』による。

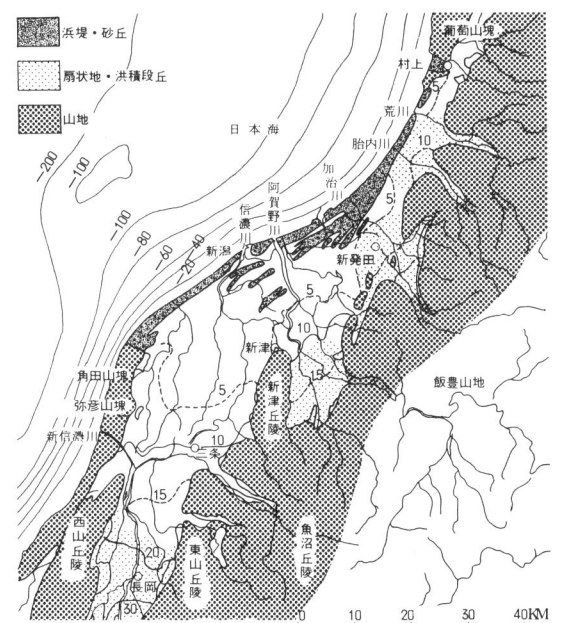

図3-5 新潟平野の地形の分類
『日本の地形』『日本の平野』による。

てふたたび砂丘を発達させ、陸地を拡大させる。新しい砂丘と在来の砂丘の間は後背湿地、潟が残される。これが繰返されると、海岸線に平行して幾条もの砂丘列が並ぶことになる（図 3-5）。

砂丘列、自然堤防群、そして後背湿地 ― 沖積平野の、新たな国土の誕生である。

河川延長や流域面積の大きさから、新潟平野の形成にもっとも寄与したと考えられるのが信濃川である。この信濃川に沿って新潟平野の傾斜をみると、信濃川が魚沼山地を抜けて間もない長岡から新潟市の河口付近まで、直線距離にして約 55 km、この間の標高差が約 25 m、したがって平均勾配は 2,000 分の 1 以下である。さらに標高差 5 m 以下の区間だけをみれば、長岡より下流の三条付近から河口まで約 35 km、したがって平均勾配はじつに 7,000 分の 1 にすぎない。

しかし、この一見水平にみえる沖積平野の一部に、砂丘や自然堤防といった微高地が形成されている。繰返される大洪水にたいして、比較的安全な微高地、つまり地上の島じまこそ、人びとに居住の地を提供してきたのである。

亀田郷の砂丘上の集落についてはすでにみた。河川沿い、河道跡沿いの自然堤防上の集落はつぎの通りである（図 3-3）。まず信濃川沿いに「俵柳、祖父興野、久蔵興野、太右ェ門新田、親松、大島、鳥屋野、出来島」などがある。阿賀野川沿いに「沢海、横越、小杉、蔵岡、細山、江口、本所、中興屋、一日市、津島屋」などがある。また阿賀野川と信濃川を結ぶ小阿賀野川沿いに「木津、二本木、諏訪木、割野、嘉瀬、酒屋、花ノ牧、上和田、和田、舞潟」などが分布している。

流路が変わった河道跡に沿った自然堤防上の集落として、信濃川と小阿賀野川の合流点近くに「平賀、嘉木、曽川、楚川、天野」、亀田郷の内部に入って「丸潟、早通、長潟、鍋潟新田、泥潟、鵜ノ子」、阿賀野川に沿った河道跡の「大淵、西野」、旧阿賀野川の河道である通船川に沿って「海老ヶ瀬、新川（町）、中木戸、下木戸、鷗島、焼島」などがある。同じ通船川に沿った集落でも「杉崎、河渡、藤見、沼垂」などは砂丘上の集落とみた方がよいだろう。

亀田郷の居住域は、新潟平野の他の地域と同じように、これまで砂丘や自然堤防といった微高地、つまり地上の島じまに限定されてきた。そこでは屋敷と屋敷がたがいに密着しあったいわゆる集居形態をとっている。ここに地上の島じまの集落名を列挙してきた理由はほかでもない。砂丘の集落名には「山」、自然堤防上の集落名には「潟」「川」「通」「島」などが接尾して、沖積平野の構造にたい

する先住者の鋭敏な感覚をうかがうことができるからである。

さて、以上のように地球史的な沖積平野の形成、砂丘や自然堤防など地上の島じまを頼りにした人びとの居住をたどると、7世紀に記録されたという天地の創造神話を思いおこさずにはいられない。

日本書記にいう。

> 古に天地未だ剖れず、陰陽分れざりしとき、渾沌れたること鶏子の如くして、溟涬にして牙を含めり。其れ清陽なるものは、薄靡きて天と為り、重濁れるものは、淹滞ゐて地と為るに及びて、精妙なるが合へるは搏り易く、重濁れるが凝りたるは竭り難し。故、天先づ成りて地後に定む。然して後に、神聖、其の中に生れます。故曰はく、開闢くる初に、洲壌の浮れ漂へること、譬へば游魚の水上に浮けるが猶し。時に、天地の中に一物生れり。状葦牙の如し。便ち神と化為る(13)。

中国大陸の古伝承を組みあわせたものとも指摘されてきたわが国の創造原理は、つぎの四つの基礎的な考え方から成立っている。つまり、

1. 混沌として浮動するもの（雲や潦脂）の中に、
2. トコタチ（大地、土台）が出現し、
3. 泥の中に、
4. アシカビ（具体的生命）が出現した

という四要素である(14)。一つひとつの語意の解釈をさておいて、繰返し読んでいると、これまでみてきた沖積平野の形成過程の情景と重なるように思えてならない。日本書記とならぶもう一つの古典古事記の記述はつぎのようだ。

> 是に天つ神諸の命以ちて、伊邪那岐命、伊邪那美命、二柱の神に、「是の多陀用弊流國を修め理り固め成せ。」と詔りて、天の沼矛を賜ひて、言依さし賜ひき。故、二柱の神、天の浮橋に立たして、其の沼矛を指し下ろして畫きたまへば、鹽許々袁呂々迩（此の七字は音を以ゐよ）畫き鳴して（鳴を訓みてナシと云ふ）て引き上げたまふ時、其の矛の末より垂り落つる鹽、累なり積もりて島と成りき。是れ淤能碁呂島なり(15)。

まさに、沖積平野の形成過程の記憶が、そしてたよりない生まれたばかりの地上の島じまにおける人びとの生活のはじまりが、さらに、国土創造への人びとの積極的なはたらきかけが、物語られている —— そう考えられて仕方がないのである。

6. 多すぎる水

　亀田郷の耕地は深さ1m以内に泥炭層をもつ低位泥炭土壌、細粒グライ土壌・グライ土壌・重粘土などや重粘質の土壌におおわれているという。すでに農学者が評価しているように厚い沖積土であれば当然有機質に富み、農耕のための潜在的な地力を期待できる[16]。気象条件をみると、年降水量は1,822 mm（新潟市）、とりわけ冬期の積雪は内陸部の長岡などとくらべて4分の1から3分の1程度にすぎない。日降水量10 mm以上の日数は63日（同じく新潟市）、長岡市の3分の2である[17]。

　新潟平野にかぎらず、海岸部の沖積平野は豊沃な土壌をはじめとして作業性や気象条件、交通条件などにおいても、本来農耕のための好条件をもっている。問題は洪水の危険や地下水位が高いなど「多すぎる水」の存在である。農耕のための好条件を生かすためには、この「多すぎる水」の問題を解決することが前提となる。「多すぎる水」は長らく人びとの定住を拒みつづけてきた。だから沖積平野に人びとが進出し、本格的な農耕生活を開始したのは比較的新しい時代とされている[18]。

　戦国期、1500年代後半に定住が開始されたという亀田郷の歴史は（図3-6）、新潟平野の他の地域、あるいは他の沖積平野と同様に、その「多すぎる水」との戦いの歴史であったといっても過言ではない[19]。

　「多すぎる水」に対して、要は水面と田面の標高差を大きくし、蒸発散によって土中の湿度を減らすことができればよい。そうすれば重粘質の土壌にも亀裂が生じ、透水性・通気性が増大して、肥沃な耕土となるはずである。もちろん作業効率も向上する。

　第一の試みは盛土によって耕土を通常の水位より少しでも高くすることである。ときには砂丘をくずし、ときには未耕作の低湿地の底泥をさらい、その土砂、泥土を田船を使って自分の田に運びこむのである。だれもが自分の努力で地盤面を高くすることができるわけで、入植当初からつい数十年前まで、亀田郷で営々

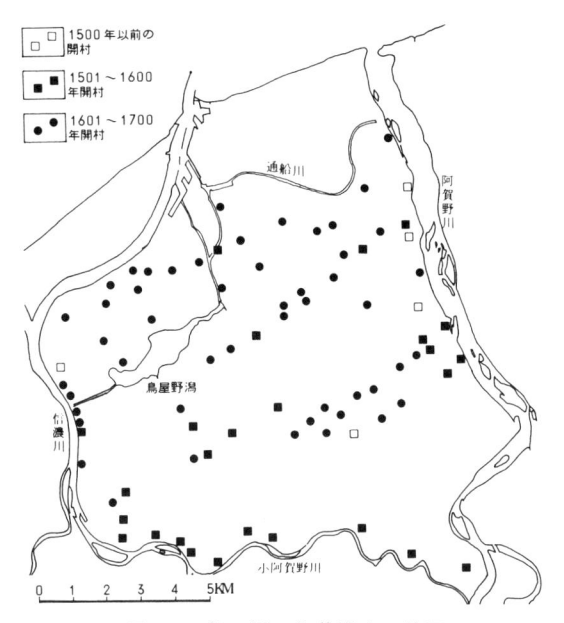

図 3-6 亀田郷の集落進出の状況

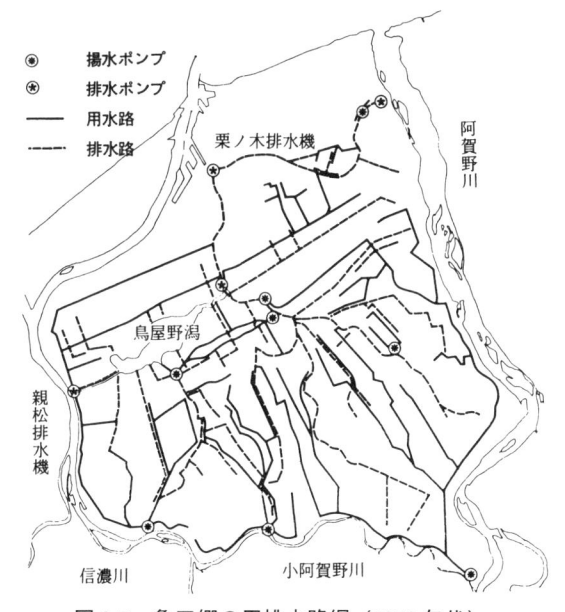

図 3-7 亀田郷の用排水路網（1970 年代）

と続けられてきた重要な農作業の一部であった[20]。いまの鳥屋野潟は、そのときの共同の土取場だった。

ただせっかくの盛土も、1年もたたないうちに圧密効果によって水面下に没し、まして洪水ともなればふたたび土砂が低湿地へ引きもどされてしまうのであった。

第二の試みとして、河床を下げ、流水を滞留させることなく外海に導くことによって水位そのものを下げ、あわせて洪水の危険も防ごうとした。もちろんそれは大規模な土木工事になり、さきの盛土の場合とちがって社会的な共同作業が前提となる。

信濃川にはじめて人工的な改修が加えられたのは1582(天正10)年から1597(慶長2)年で、長岡・燕・新飯田付近の流路が改修された。ついで白根郷において中ノ口川と信濃川の分流(1597、慶長2)、亀田郷関係では阿賀野川にたいする松ヶ崎放水路の掘削(1726、享保11)、小阿賀野川の改修・拡幅(1734、享保19)がある。阿賀野川はそれまで、海岸砂丘の手前で北東方向からの旧加治川と合流して左折し、現在の通船川に沿って進み、沼垂(ぬったり)付近で信濃川に並行して日本海に出ていた。それが砂丘を割りこんだ松ヶ崎放水路によって、直接日本海に流出するようになった[21]。

新潟平野ではほぼ100年を周期に大規模な河川改修が試みられている(図3-8)。19世紀に入ってから西蒲原における新川放水路の掘削(1820、文政3)、20世紀に入ってから加治川放水路の掘削(1913、大正2)、信濃川にたいする大河津分水路の掘削(1922、大正11)などが竣工している。最近では旧信濃川にたいする関屋分水路も開削された(1972、昭和47)。

かくして新潟平野の海岸線のわずか100kmの区間に、現在では14本もの人工の水路が開削されており、なかには当初計画されてから完成まで数百年に及ぶものもある。耕土のかさあげ、水路の開削などによって低湿地の干拓もすすみ、北蒲原の紫雲寺潟、白根郷の白はす潟、西蒲原の鎧潟など古地図に記録されていた大小の潟湖が消え、耕地となっている。亀田郷関係でも、元禄期のものといわれる古地図をみくらべると長潟、面潟、丸潟、へら潟、添潟、たて込潟、浦通潟などが埋めたてられた。

このような干拓とあわせて圃場の排水路も整備される。もちろん、その末端では自然河川に放流するが、そこでは水門を設けて河川の増水時に排水路への逆流

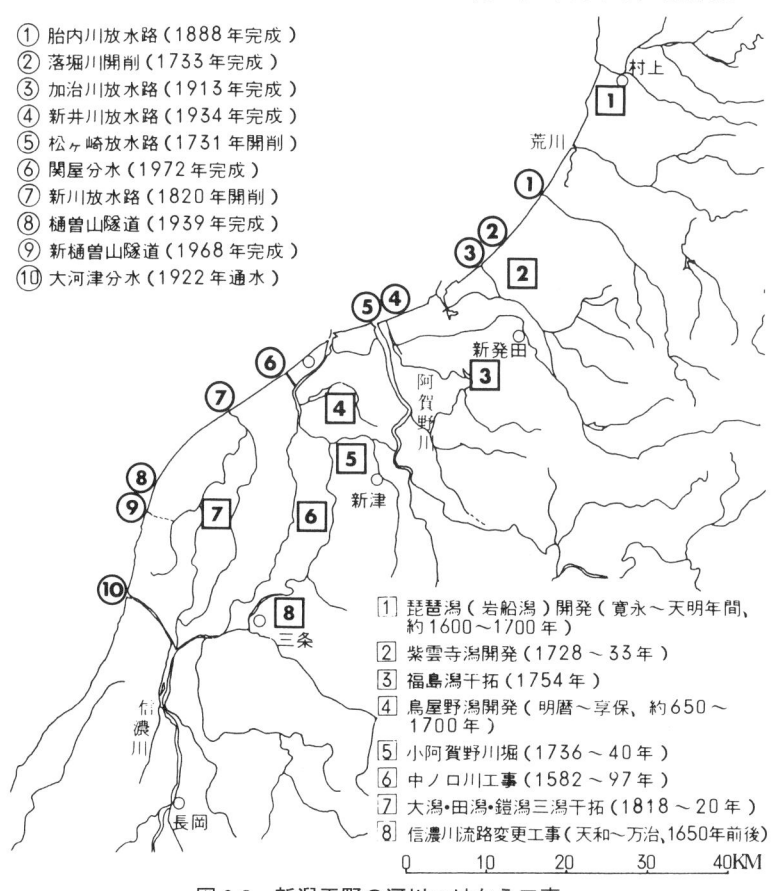

① 胎内川放水路（1888年完成）
② 落堀川開削（1733年完成）
③ 加治川放水路（1913年完成）
④ 新井川放水路（1934年完成）
⑤ 松ヶ崎放水路（1731年開削）
⑥ 関屋分水（1972年完成）
⑦ 新川放水路（1820年開削）
⑧ 樋曽山隧道（1939年完成）
⑨ 新樋曽山隧道（1968年完成）
⑩ 大河津分水（1922年通水）

1 琵琶潟（岩船潟）開発（寛永～天明年間、約1600～1700年）
2 紫雲寺潟開発（1728～33年）
3 福島潟干拓（1754年）
4 鳥屋野潟開発（明暦～享保、約650～1700年）
5 小阿賀野川堀（1736～40年）
6 中ノ口川工事（1582～97年）
7 大潟・田潟・鎧潟三潟干拓（1818～20年）
8 信濃川流路変更工事（天和～万治、1650年前後）

図3-8　新潟平野の河川つけかえ工事
『日本の平野』『新潟県の歴史』による。

を極力防がなくてはならない。自然河川の増水期間中には排水機能がまったく阻害されてしまう[22]。

そこで第三の施策として、明治期、さらに水位を低下させるために動力を使ったポンプ排水を試みた[23]。郷内には小区域ごとに普通水利組合を結成し、1910年前後（明治末期）から排水ポンプが設置されていく。その動力源は、ところによって蒸気機関、石油発動機、電力と様ざまであったが、1930年代には全体がほぼ電力にきりかえられた。はじめ地区内38カ所に及んだ排水機の運転方法は、逆水扉門からの漏水や地下水の上昇にともなって自然に湛水した分だけ排水する

ものであった。ふつうは排水経費を節約して稲の草丈がのびると湛水深を増していくもので、これが近代社会に入ってからの「地図にない湖」という風景の実態だったのである。

それも土地の高低を利用して区域ごとに囲い堤を築き、他からの浸水を防ぎながら自らの排水をはかるという排他性の強いもので、ひとたび洪水がくると、隣接集落の囲い堤が切れるのを願うしかなすすべがなかった。どうしても信濃川、阿賀野川、小阿賀野川に囲まれた亀田郷全体の統一的な水管理が必要であった[24]。

その結果導入されたのが、海面下 56 cm の水管理、栗ノ木排水機の設置である（完成 1948、昭和 23）[25]。亀田郷の水をいちど鳥屋野潟に、さらに栗ノ木川に導き、そこに排水機を設置して信濃川に排水した。もちろん、亀田郷を取囲む河川の水を自由に郷内に流入させたのでは、排水機に要求される能力は厖大なものになってしまう。そこで信濃川、阿賀野川、小阿賀野川沿いに巨大な堤防を築き、河川水の浸入を防がなくてはならなかった。かの濃尾平野の治水対策になぞらえていうならば、かつての水利組合ごとの水管理は「小輪中」、郷全体を大堤防で囲んだ一元的な水管理は「大輪中」あるいは「完全輪中」ということができる。

しかし、これで亀田郷の「多すぎる水」のすべての問題が解決されたわけではない。すでに白根郷や西蒲原などの周辺地域では湛水田から湿田へ、湿田から半湿田に、さらに乾田へと、着実に乾田化が進んでいた[26]。それにくらべて最下流の亀田郷の土地改良事業は遅れがちであった。乾田化から耕地整理へ、今日の圃場をみるためには、さらに水位を下げ、計画排水量が毎秒 60 m^3、海面下 1 m 75 cm の水管理を可能にする親松排水機の設置を待たなければならなかった（完成 1968、昭和 43）。

7. 地底の島じま

沖積平野の誕生に海側や山側からの作用がはたらいていたように、平野の開発はそこに住む人びとだけの努力で完結していたのではない。海岸から季節風にのった大量の飛砂が続き、山からは大量の土砂をともなった洪水が繰返されていたのでは、平野での定住は不可能だったにちがいない。そのためには海岸近くに住む人びとによる砂丘の沈静や、山間部に住む人びとによる地形の安定が大前提となったはずである。

日本列島をとりまく海岸線のうち、浜辺の飛砂防止の方法はふつう植林によるもので、新潟砂丘の場合も例外ではない。いまの新潟市郊外の砂丘について、飛砂防止の最初の記録は 17 世紀前半（1617、元和 3）、浜辺に沿ってぐみを植えたと伝えられるものである。その後も河川のつけかえなどによって砂丘が発達し、飛砂被害も繰返されているが、19 世紀半ば簀立て、ぐみ・ねむの木などの灌木類植付け、さらに松苗 30,886 本の密植といった本格的な砂防工事を実施し（1844 〜 1851、弘化元〜嘉永 4）、当時の市街地や港を飛砂被害から守っている。その後も防風防砂林の育成が続けられ、ほぼ完全に砂丘が沈静したのは明治期にはいって 1900（明治 33）年のことであった[27]。

一方、平野部にくらべて積雪量が多い山間部では、食料や生活資材を確保するため棚田を開き、山林を育てた。その結果なだれや地すべりを防止し、保水能力を高めて、下流域の大洪水の発生を和らげてきたのである。

いま、亀田郷に縦横に設けられた農業用の道路に車を走らせていると、ときどき地底からのはげしい衝撃を受ける。一見平坦でなめらかに舗装されているはずの道路での不思議な体験である。やがてそれは、用排水路や橋梁など構作物の上を通過するときのものだと気づく。もちろん建設当初にはなめらかな走行ができたにちがいない。年月が経つうちに地業を尽くした構作物と、前後するふつうの盛土部分とで沈下の度合いにちがいを生じ、この段差ができたものと推定される。

大規模な河川改修や海面下の水管理で、この地が元来潟の集落であったことを忘れさせてしまいそうな乾いた圃場——しかしその沖積平野の地中のすがたは、一体どうなっているのだろうか。

新潟平野に関して蓄積されてきた地質学的な知見はこうだ[28]。

新潟平野の地盤構成を地上から地底にむかって模式的にみると、まず最上部層は、現在の地上の地形にあらわれている平野部や砂丘地帯などで、土質・層厚とも観測地点ごとに複雑な構成になっている。

つぎは上部砂層で、中粒ないし細粒の砂層で、ところによって礫も混在する。海面下 25 m、層厚 20 m 程度である。

その下が上部粘土・砂互層、砂質土層や粘性土層が混在し、層厚は約 15 m である。

ここまでが、いまから約一万年前、洪積世の大氷河がとけ去り、海面の高さが

現在にほぼ等しくなったあとの沖積世の堆積層で、厳密な意味での沖積層である。

さらに深度がさがると下部砂層である。中粒の砂層を主体とするが、やはり粘性土層も混在する。海岸付近で海面下 30 〜 35 m、層厚 25 m 程度である。

その下が下部粘土・砂互層で、ここは上部粘土・砂互層と似た構成であり、海面下 30 〜 45 m、層厚 25 m 程度である。

ここまでが、いまから約 2 万年前、海面が現在より 120 m も低かったと推定される最終氷期以後の堆積層で、従来呼びならわされてきた沖積層である。

そしてその下の最下部層が基盤土層としてのいわゆる洪積層で、亀田郷の南西部側海岸付近でもっとも深く海面下 160 m、北東側で同じく 120 m に達している（図 3-9）。つまり従来からいいならわされてきた沖積層でいえば、新潟平野の場合 160 〜 120 m もの厚さがあるということであり、日本でもっとも深く、また世界的にもまれな深さだと指摘されている。このような土砂の堆積を可能にしたのは、一つには角田・弥彦山塊が日本海に突出し、魚沼丘陵や蒲原丘陵との間の活発な褶曲運動によって湾入部が形成され、土砂の流出を防いだからである[29]。そしてもう一つには、内陸部からの大洪水の定期便・不定期便にのせられて、大

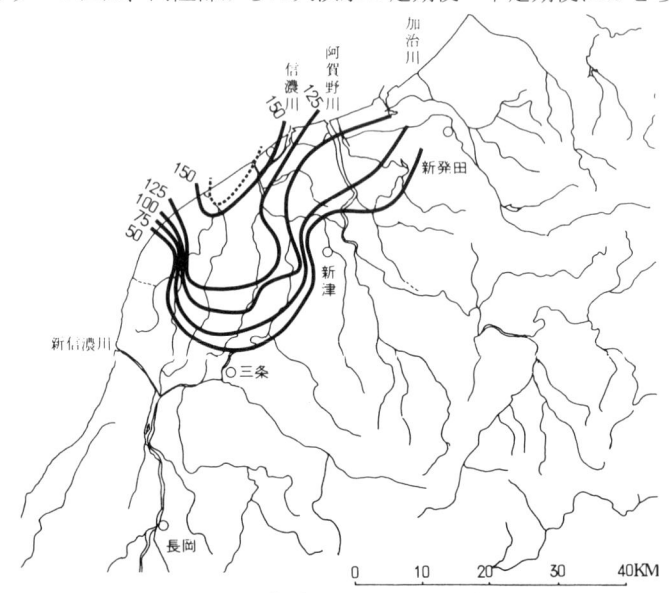

図 3-9　新潟平野の地層の深さ
『新潟県の地盤沈下』による。単位は m。

量の土砂が供給されたことによるのである。

したがって、ひとくちに沖積層といってもその地盤構成はけして均一なものではない。地上の平野に砂丘や自然堤防、対する後背湿地といった微地形があるように、地表から地底にいたる鉛直方向にも不均一性が存在する。それも、古い年代の堆積物が最低部に、上層になるほど新しいという単純な「層序の原理」がかならずしも成立たない。土砂を削り取った河道跡が沈降することもあれば、比較的比重が大きい砂丘や自然堤防の方が後背湿地より沈降速度がはやいこともある。内陸部の古い砂丘列が亀田郷の南西部、白根郷付近では消えているが、その多くは沈下した結果とみてよいだろう。砂丘や自然堤防を「地上の島じま」としたのにたいして、それらが沈降したものを地中の、あるいは「地底の島じま」と呼ぶことができる。地底の風景には、時空を超えた天地創造のドラマが秘められている。

つい最近まで田園地帯そのものであった亀田郷にも、隣接する新潟市から都市化の波が打ちよせている。農業に従事しない都市人口が、農業人口をはるかに超えてしまった[30]。すでにこれらを砂丘や自然堤防といった地上の島じまに収容する余裕はない。海岸砂丘を取崩し、低湿地を埋立てて人工の島を造成しているのである。それは大規模な河川堤防とともに第三の地上の島じまともいえる。海面下の水管理のもとにあるのは、いまや農耕空間だけではない。この人工の島じまにのった都市空間も同様である。幹線交通施設や高層の建築物は、堅固な支持地盤を求めて地中の、あるいは地底の島じまの所在さえも探っている。

田園空間として亀田郷は乾田化にも、耕地整理にも成功し、農業生産性を飛躍的に向上させることができた。そして都市空間としても、人びとの関心を呼ぶ。繁栄を極める亀田郷——この海岸沿いの沖積平野は、人びとに永遠の安住を約束してくれたのだろうか。

8．揺れる大地、沈む大地

1964（昭和39）年6月16日13時1分40秒、この地を襲った新潟地震の震源は北緯38度4分、東経139度2分の日本海粟島沖、地震の強さマグニチュード7.7、新潟市内の震度は5であった。安定しているはずの地上の島じま、そして地底の島じまは、地震の振動によってにわかに液状化した。そこに支持地盤を求めて建設されていた構築物は傾いたり、沈んだりした。地底から噴出した土砂が道路を

塞ぎ、圃場を埋めた。幸いに地震の規模のわりには人命への損傷は少なかったものの、都市基盤、農業基盤の被害は深刻であった[31]。

　地上の構築物は材質や規模、形態によってそれぞれ固有の振動周期をもっている。そして地盤を通じて伝えられる地震の振動にたいする応答によって被害が大きくもなれば、また小さくすることもできる。地震工学者は、地上・地中の微地形ごとにも、地震の振動に対応した固有の卓越周期が存在していると指摘する[32]。つまり潟の集落のように微地形が集積している沖積平野の地底には、いわば「地震道」が走っているというのである。だから地上に構築物を配置するときには、またその材質、規模、形態を選択するときには、静力学的な鉛直方向の地耐力ばかりではなく、「地震道」の存在をも考慮しなくてならない（図3-10）。

　地震とならんで、ここには沖積平野の宿命ともいうべき地盤沈下がある[33]。

　新潟平野では、1898（明治31）年の観測開始以来32年間に12 cm、年間平均にして4 cm近い土地の沈降が、すでに認められていた。1951（昭和26）年の観測でも、年間5〜7 mmくらいの沈下量である。ところが1955（昭和30）年の測量によって、沈下の速度が年間1.2 cmと目立って大きくなっていることがわかった。さらにその後急激に沈降速度が増して、1958（昭和33）年には年間22 cm以上、それもかなり広い範囲にわたって沈下し、とくに激しいところでは年間40 cmも沈下した。当然各地に排水不良が生じ、大雨ともなれば常時浸水するところもあらわれ、海岸沿いの防波堤は海面すれすれにまで沈下した。

　この大規模な地盤沈下が顕在化した時期は、水溶性の天然ガス採取にともなう大量の地下水の汲みあげが盛んになったときと重なっていた。そこでこれが災害のおもな原因と断定され、1959（昭和34）年以後天然ガス採取が規制されると、ひとまず沈下量は縮小していった。

　とはいうものの、もともと沖積層は自然に収縮し、圧密沈下する。それも天然ガスを採取した深い堆積層で直接収縮するとは考えにくく、問題はむしろ堆積時期が新しい浅層の収縮沈下にある。だから管理水位を低下させて乾田化をはかっていることも、少量とはいえその後の地盤沈下の要因になっているはずである（図3-11）。もし都市側からの要請にこたえて地上の島じまを拡大するため、さらに管理水位をさげるようなことがあれば、浅い堆積層の収縮をいっそう加速することだろう。

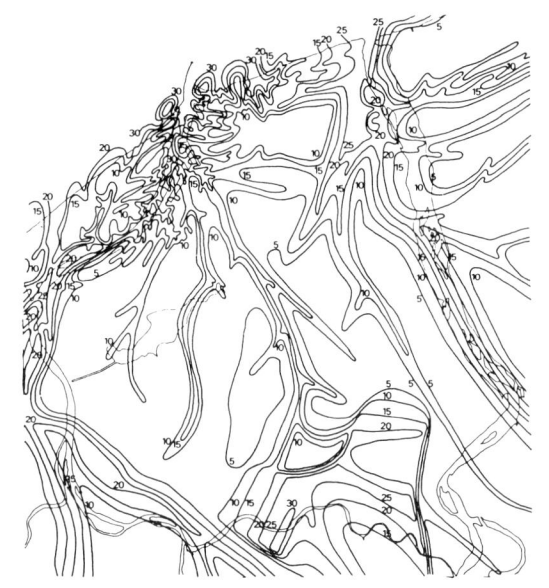

図 3-10 亀田郷の地耐力分布
建設省『新潟平野の地盤』による。単位は m。

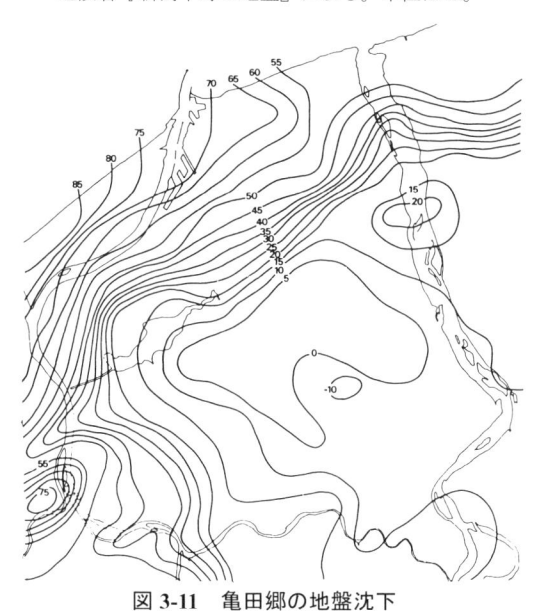

図 3-11 亀田郷の地盤沈下
北陸農政局『新潟平野の地盤沈下』による。単位は m。

ときあたかも新潟地震直後の 1966（昭和 41）年 7 月 17 日、亀田郷の北東方向にあって日本海に注ぐ加治川で、絶対安全と思われていた堤防が決壊した。原因は梅雨末期の集中豪雨による洪水であった。左岸の破堤で新発田市、豊栄町（当時）など 9,000 ha が、また右岸からの氾濫流は加治川村、紫雲寺町の 2,700 ha に湛水した。湛水日数はそれぞれ 19 日間、15 日間にも及んだ。ところが復旧工事後の翌 67（昭和 42）年 8 月 29 日、前年の破堤地がふたたび破堤した。急きょ現地を訪れた河川工学の高橋裕は、2 年続きの出水が予想をこえたものであることを認めると同時に、出水確率のみに依拠した治水思想そのものを批判した[34]。

これまでの治水思想とは、まず出水確率を確かめ、それに対応する堤防断面を設計する。出水量が大きければ堤防も巨大になる。新潟平野では現在の流路にしたがい、しばしば巨大堤防を築いてきた。ところが沖積平野の河道は歴史的にさまざまな変遷をたどっている。いまの流路に旧河道が交差している場合もあれば、人工的な堤防自体に地震の振動が及び、あるいは不均等な地盤沈下が影響することもある。洪水の前に巨大堤防自体が変形する。もともと地上に構築した巨大堤防のみによって洪水を防ぐということは不可能に近いことなのだ。

砂の堆積が盛んだった海岸部にも、20 世紀になって異変を生じた[35]。1900（明治 33）年新潟港では、河口の水深を確保するため信濃川河口の左岸から海にむかって突堤を築いた。ところがそれによって西への砂の供給が断たれると、河口から西側一帯に海岸侵食が進行した。また 1924（大正 13）年、信濃川中流に大河津分水が完成すると、河口より東側でも年間 10 m もの海岸侵食があり、さらに 1950 年代にはさきにみた天然ガスの採取による地盤沈下と重なった。1866（慶応 2）年の記録では、砂丘上の町場から海岸まで、2,000 m も歩かなければならなかったという。それが 1889（明治 22）年から 1955 年（昭和 30）年までの 66 年間に 360 m、年平均 5.5 m の海岸侵食があり、それがさらに上記のような後退をみるようになって、流失したり移転を余儀なくされたりする民家も出てきたのである。

その後、鋼矢板の打込みや潜堤・縦堤の敷設といった近代工法による護岸工事によってようやく海岸に砂が滞留しはじめた。しかしこれも束の間、近年砂丘を掘込んだ東新潟工業港が阿賀野川河口の北東部に配置され、突堤が構築されると、ふたたび海岸が決壊しはじめた。

確かに潟の集落、亀田郷は自然の恩恵、海と風の贈りものを最大限に生かしてきた。ことに近代技術によって得たものも大きい。しかし最近の状況にてらして、いくつかの疑問に突当らざるをえない。短期的にはともあれ、高さ十数mの砂丘を地底に沈めてきたような沖積平野の歴史的な営みをみるかぎり、農耕空間、居住空間としての脆弱性は、むしろ増幅されているのではないだろうか。はたしてここは約束された土地か。「地図にない湖」とは遠い神話に過ぎないのだろうか —— 本論のおわりに、あらためてこの命題を提起しておこう。

　揺れる大地、沈む大地 —— 沖積平野はその創造の歴史を完了したわけではない。大地の生成のドラマはまだ進行中である。私たちがそのドラマの主役かどうかはべつにして、そこで何がしかの重要な役割を演じてきたのだ。勝手に役からおりて観客側にまわるわけにはいかない。ここを自動車で走行しているときの地底からの衝撃は、まさにそれに警鐘を鳴らしているように思えてならない。

[注]
1　砂丘の認定においては、主として河内睦雄ほか『新潟市の地盤地質と新潟地震による被害』（名城大学理工学部研究報告六号）による。以下の砂丘列についても同じ。
2　I.L.McHarg（1969）DESIGN WITH NATURE p.7.
3　海岸の変遷および沖積平野の形成については、主として貝塚爽平（1977）『日本の地形』（岩波新書）pp.78-191。
4　主として河内睦雄ほか、前出による。
5　木下誠一（1984）『理科年表読本 雪の話、氷の話』（丸善）p.52。
6　宮栄二監修『校註北越雪譜』（野島出版）p.14。
7　川端康成（1948）『雪国』。
8　建築基準法施行令第86条。
9　倉嶋厚による。
10　前出『北越雪譜』pp.25-26。
11　阪口豊、大森博雄、高橋裕（1986）『日本の川〈日本の自然3〉』（岩波書店）pp.213、222。
12　阪口豊ほか（1986）前出 pp.229-230。
13　坂本太郎、家永三郎、井上光貞、大野晋校註『日本書紀上〈日本古典文学大系67〉』（岩波書店）p.76。
14　前出『日本書紀』註解 p.77。
15　倉野憲司校註『古事記祝詞〈日本古典文学体系1〉』（岩波書店）p.53。

16 亀田郷計画青木委員会（1974）『明日の亀田郷のために』pp.29-37。
17 『理科年表 1984年版』（丸善）による。
18 縄文期、弥生期の定住状況については小林弌編（1959）『亀田町史』、田村順三郎編（1950）『近世大江山村郷土史　第一巻』、同編『資料大江山村史』による。
19 開村の時期については前出『近世大江山村郷土史　第一巻』による。
20 『亀田郷水防水利の歴史的展開―旧亀田郷水害予防組合資料の調査』（1978 新潟県文化財調査年報　第17巻）「… 四月中旬ヨリ五月中旬ニ至リテ前年夏季ニ於テ堤腹ニ積堆シ置キタルモノヲ雪汁出水ヲ利用シ小舟ヲ以テ之テ田面ニ散布ス（明治期の客土）」、そのほか前出『亀田町史』pp.394-404 など。
21 前出『近世大江山村郷史　第一巻』pp.6-8、前出『資料大江山村史』pp.305-325。
22 前出『資料大江山村史』p.18。
23 前出『亀田郷水防水利の歴史的展開』。
24 前出『資料大江山村史』pp.238-239、前出『亀田郷水防水利の歴史的展開』、亀田郷土地改良区鳥屋野工区（1980）『鳥屋野の土地改良』pp.69-95、なお囲い堤の構築の記録は近世初期にまでさかのぼる（前出『亀田町史』p.431）。
25 前出『亀田町史』pp.431-432、前出『鳥屋野の土地改良』pp.103-112。
26 信濃川の変遷や白根郷の開発については、主として古島敏雄（1967）『土地に刻まれた歴史』（岩波新書）pp.186-213。
27 主として新潟市（1966）『新潟市地盤変転史』pp.24-26。
28 主として建設省計画局・新潟県『新潟地区の地盤〈都市地盤報告書　第16巻〉』、そのほか西田彰一（1969）『新潟平野の形成過程とその問題点』（日本地質学会）、和田温之・柴崎達雄・歌代勤（1969）『地盤沈下研究からみた新潟平野における晩期第四系の諸問題』（日本地質学会）などによる。
29 主として成瀬洋ほか（1985）『日本の平野と海岸〈日本の自然 4〉』（岩波書店）p.62 による。
30 拙論（1983）『都市化にともなう農村地域構造の再編性に関する地域計画的研究』（東工大学位論文）pp.48-77。
31 主として河内睦雄ほか　前出、西田彰一・茅原一也『新潟地震被災地の自然的条件』による。
32 小林啓美（1974）「地震動災害から定めたマイクロゾーニング」（前出『明日の亀田郷のために』所収）、同じく亀田郷の地盤と構築物の関係を論じたものに羽倉弘人（1974）「亀田郷の地盤と建築物の構造計画」（同所収）がある。
33 中野尊正、小林国夫（1959）『日本の自然』岩波新書、pp.111-114、新潟県（1960）『新潟周辺農地地盤沈下の概要』、科学技術庁資源調査会（1964）『新潟平野の地盤沈下』、北陸農政局（1971）『新潟平野の地盤沈下』。
34 高橋裕（1971）『国土の変貌と水害』（岩波新書）pp.77-87。
35 前出『新潟市地盤変転史』pp.38〜40、前出『日本の平野と海岸』、pp.57-58。

第4章

解読格子の仮設

― 条里制の集落 ―

約 100 m × 100 m の坪区画の境界は幅員約 3 m。
ここに水路や農業用道路が設けられる。1200 年
間維持されてきた圃場形態である。

条里制の水田。約 100 m × 10 m の田面境界は隣地どうし、
毎年更新されるため鋭敏である。

　理解がむずかしい異なった文明社会について、文化人類学者はその文明に固有な思惟面、実践面の内容より、まず差異の弁別法に着目するという。それも差異の内容より、差異の存在そのものによって文明の体系を構成するいわば暗号解読格子を見出すのだ。レヴィ＝ストロース（1908 ～ 2009）はつぎのように解説した。

　　はじめは何のことやらさっぱりわからず不分明な流れのように見えたテキストでも、解読格子をあててみると区切りや対照が導入できるようになる。……何らかの弁別的差異の体系を用いれば……内容的には理論上無限の変化がありうる社会学的問題を組織化することが可能になるのである[1]。

　この考え方は、同じ民族、あるいは異なった時代の文明を理解しようとするときにも有効ではあるまいか。また同時代であっても、解読格子をひろく共有することによって目標実現のために「協働の知恵」を発揮することもできる。さらに一度採択された解読格子は歴史的に継承され、その民

族の思惟面、実践面での規範となりうるはずである。

　条里制は、かつて北は秋田平野や仙台平野を結ぶ線、南は鹿児島県の川内平野まで、日本の主だった平野で施行され、1200年にわたって継承されてきた耕地の区画法である。それはきっと、農耕空間の構造契機を解き明かしてくれる解読格子の役割を果しているにちがいない。条里制は形態そのものが格子状だ。しかしその条里制も、近年の市街地開発や土地改良事業によってほとんどが姿を消そうとしている。幸い滋賀県愛知川町には、今日も農業基盤として機能している数少ない条里制が残っている。条里制に関する現状の観察と文献的な検証、そして考古学的な発掘成果の三者をてらしあわせながら、歴史的に培われてきた農耕空間の構造契機を探ってみたい。

1. 土地に刻まれた解読格子

　条里制は日本古代社会に実施され、今日まで継承されてきた耕地の区画、地割法である。それは概略つぎのような構成である。

　まず、ほぼ平坦な土地に600数十mの間隔で、たてよこ等分した格子状の条里基準線を引く。この条里基準線に囲まれた正方形を里あるいは狭い意味での条里区画という。条里区画のたて系列・よこ系列それぞれに通し番号をつけ、一方を条、他方を里といい、条・里番号を組みあわせて区画位置を特定する。

　つぎに条里区画の一辺をそれぞれ6等分ずつ、合計36等分したものが坪区画、一辺が約110m、面積1haあまりの正方形である。坪区画界に幅員約3mの外畦畔をとって、農業用の道路や水路を配置する。

　坪区画内は短冊状に十等分し、面積10aあまりの単位圃場、田面区画を得る。田面は、必要に応じて中畦畔によってさらに区分される。

　このように条里制は耕地位置の表示方法であると同時に、農業基盤としても機能する。抽象的な前者の機能面に着目する場合がひろい意味での条里区画、また後者の、とくに田面を区切る形状に注意する場合が条里地割である。解読格子としての条里制はその比喩的な意味だけではなく、景観的な形態そのものが格子状である。

条里制が施行された時期について、歴史学者の意見はわかれるが、大方は7世紀から8世紀前半にかけて、ことに最盛期は和銅—養老年間（708～724）というのが有力な見方である[2]。歴史の教科書にいう大化の改新が645年、大宝律令の制定が701年、養老律令の制定が718年、ときあたかも律令時代のはじまりの時期でもある。722年 百万町歩開墾計画、723年 三世一身の法、743年 墾田永年私財法…、いずれかが大規模な条里制施行の契機だったのではないかと考えられる。

百万町歩開墾計画までは、条里制施行と関係が深いと思われる公地公民制、班田制を維持発展させることが政策目標である。しかし、かならずしも末端まで足場をかためていなかった律令制下の地方支配のもとでは、耕地の拡大は思うようにいかなかった[3]。後半の三世一身の法、墾田永年私財法とつづく耕地拡大を刺激するための政策変更は、地方権力との妥協の産物であり、班田制そのものの崩壊を促すものにほかならなかったのであろう。

したがって国レベル、郡レベルの広大な条里地割の工事が着手されるのは8世紀前半の一時期、しかしそれが有効に機能しはじめるのは、皮肉なことに律令制が崩壊していく8世紀中葉からのちのことであった可能性が大きい。条里地割が施された耕地は、以後、少なくとも1200年近く継承されてきた。

地理学の渡辺久雄の貴重な研究成果[4]によれば、条里制の施行範囲は近畿地方を中心に南は鹿児島県の川内平野まで、北は秋田平野と仙台平野を結ぶ線までひろがる。ときの政治権力に近い近畿地方では平野部のほとんどに、また遠隔の地では地方政治の中心である国府の所在地周辺に分布する。つまり条里制は農業技術の普及という側面だけではなく、律令体制を支える財政基盤そのものとしての役目を担っていたのではないかと推定される。

農業史の古島敏雄（1912～1995）は名著『土地に刻まれた歴史』の中で、条里制についてつぎのように解説している。

> 今日の農業生産力発展のための国の政策的努力に関心をもつ人々や、明治以後のわが国農業発展のあとに関心を持つ人々のなかには、条里制の田地の姿をみた時、その成立を明治以後と思う人もあるだろうと思う。歴史地理学の研究がこれを千年以上昔の事業とすることを知った時には、驚きの念を生じてよいのではないかと思う[5]。

一般に農業集落はつぎの二つの視点によって類型区分される。その一つは集落における住戸の分布形状によるもので、ふつう塊状村（集居集落）、列状村（街村）、点状村（散居集落）に三区分される。もう一つは集落が立地する地形条件にもとづくもので、海岸部から内陸部にむけて砂丘の集落、潟の集落、沖積平野の集落、扇状地を含めた洪積台地の集落、そして山間の集落というように分かれる。これら集落の成立を制約したのは「多すぎる水」、ときには「少なすぎる水」である。そこには社会経済史的な背景、水利を中心とした技術史的な背景があり、そのうえ人びとの自然観とか風土観といった環境認識の変化が投影されていたことも忘れられない。いずれの形態、いずれの立地条件を選択するか、そこには歴史的な特殊性が存在していたわけである。条里制の集落はしばしば塊状形態をとり、また沖積平野に立地するが、後世の新田村の列状または点状の村落形態とは対照的で、もともと恵まれた立地条件をもっていた。

これからみていく滋賀県愛知郡の条里制も、集落形態は塊状村、立地するのは愛知川、宇曽川に挟まれた沖積平野である。

2. 生きている歴史遺産

1200年の間継承されてきた条里地割は、いわば生きている歴史遺構である。それが施行された当時、精密な測量にはじまり、整地や水路の開削など大土木工事が不可欠であったにちがいない。ところがこの条里制に関する歴史的な記録は必ずしも充分発掘されているわけではない。条里制という用語自体、それが施行された時代の確証はなく、後世からの呼称である。したがってこれまでの条里制研究では一方で現存する条里地割にてらしながら、他方で地名に残された条里制に関連する呼称や断片的な記録をつなぎあわせて往時の姿を復元することになる。

だが、この条里復元作業はかなり困難をともなう。というのも、今日まで条里地割が残っているところでも条里呼称は長い歴史的な過程ですでに絶え、また条里を細分する坪呼称もそのほとんどは条里制とは直接関係のない固有の小字名に変っているからである。当初開発を予定して条里区画の線引きをしておきながら、何らかの理由で地割・坪付けが未施行の区域も少なくない。そのうえ近年では新たな土地改良事業によって条里遺構が改変されており、さもなければ平野部の好条件によって都市的な開発も盛んである。往時の姿を残した条里地割に出あうこ

とができるのは、いまではむしろ幸運であるといわなければならない。

さて、これからみていく条里地割は滋賀県愛知郡、琵琶湖の東側にひろがる近江湖東平野の中央部にある。やや複雑になるが、まず郡境の確認からはじめよう。最初に愛知郡の北辺だが、旧愛知郡と旧犬上郡の境は今日の彦根市境より北にある。約30年まえ、昭和の町村合併によって旧郡内の一部が彦根市側に編入されたためである。南辺は愛知川をはさんで神崎郡と接しているが、ここでは旧愛知川が中流域から湖畔まで現在より北側を流れており、したがって条里制施行当時の旧郡境は今日の愛知郡領に大きくいこんでいたことになる。

この愛知郡条里については、すでに昭和のはじめ、いまから60年ほどまえに復元が試みられている[6]。繰返しになるが、その方法は平安期から足利期にかけての田券や神社寺院の記録をもとに、当時残っていた囲場形態にてらしたものである。そして坪ごとの小字名のなかから条里関連の呼称を抽出し、条里基準線の位置を限定した。

それによれば条は旧犬上郡境から南の神崎郡境まで1条から15条まで、里については東側の山岳部のすそのを起点に西側の湖畔まで1里から最大22里まで設定されている（図4-1）。ただし南の11条から15条までは、平野部が愛知川に沿って東南側にひろがっているのにあわせて1里ずつ起点をずらしている。結局、条里設定区域は最大で南北15条（約9,900 m）、東西26里（17,000 mあまり）の規模である。以上の条里設定区域のうち、実際に田面を区画する条里地割が施行された区域と、当初条里基準線を引いて条里区画番号はつけたものの坪区画、田面区画までにはいたらない条里地割の未施行区域がある。すなわち現在の秦荘町西部と愛知川町を結ぶ線より以西は条里地割の施行区域、反対側の秦荘町東部、湖東町、愛東町にかかる東南山麓部一帯は条里地割の未施行区域である。したがって条里地割の施行区域に限ってみればその範囲は最大で南北13条（約8,600 m）、東西17里（約11,300 m）にとどまっている。

あらためて文献的に確かめてみると、愛知郡条里は当時の文献集『平安遺文』に延べ69箇所が登場し[7]、そのうちもっとも古いのは延暦15（796）年発行の「近江国大国郷墾田売券」で、場所は10条5里35坪というから現在の湖東町菩提寺集落付近と推定される（図4-1）。つまり、遅くとも8世紀すえには耕地の位置を示すのに条里呼称が用いられ、その後の文献でもそれが継承されている。ただ

しこれらの記録は時間的に9世紀に集中し、またそのほとんどが愛知川中流域の右岸沿い、のちにふれる「愛知井水掛り」の地域にかたよっている。さきに列挙した8世紀前半の条里制にかかわる政策施行時期との間に空白があり、これらの文献だけで条里制の施行開始時期をおしはかることはむずかしい。

かつて歴史学の石母田正（1912～1986）は、その著書『中世世界の形成』を三重県の伊賀地方で発見された歴史資料の解読からはじめた。そして、

> 所領目録の記載の仕方から吾々は少なくとも二つの所領の形態を区別し得る。… 即ち（A）「一処小田村　田参町肆段　在条里坪付」なる記載の方法と（B）「一処猪田郷　四至　東限阿我條格　南限防道岡　西限治田村　北限大内堺」なる記載方法である[8]。

として、村落形態に2つの類型があることを提示した。このA「条里坪付あり」、B「条里坪付なし」の類型区分と本論の愛知郡条里についての考察とをくらべると、A類型は条里区画設定、地割施行区域に相当するものと推定される。だがB類型は条里区域設定、地割未施行区域なのか、条里区画そのものが未設定だったのか不明である。

愛知郡の東部で土地改良事業に着手する十数年ほどまえまで、条里地割の未施行区域では地形がいりくみ圃場は不整形で、山林も散在するなど、整然と形状が整った条里地割の施行区域とは対照的な景観を呈していた。ところが土地改良事業が完了した今日、条里地割の施行区域・未施行区域の境界を外見的に区別することはほとんどできない。

愛知郡、それに北側の旧犬上郡、南側の旧神崎郡にはそれぞれ独立して条里区画が設定されている。神崎郡条里との境は、愛知川の往時の流路にしたがって現在の郡境より北側の愛知郡側に大きくくいこんでいる。いずれにしても条里区画された領域は郡レベルにある。すでに提唱されている開発規模による条里の類型[9]、すなわち、

1　数郡にまたがる大規模条里（国規模）
2　一郡の主要平野をカバーする中規模条里（郡規模）
3　小規模条里（郷ないし村規模）

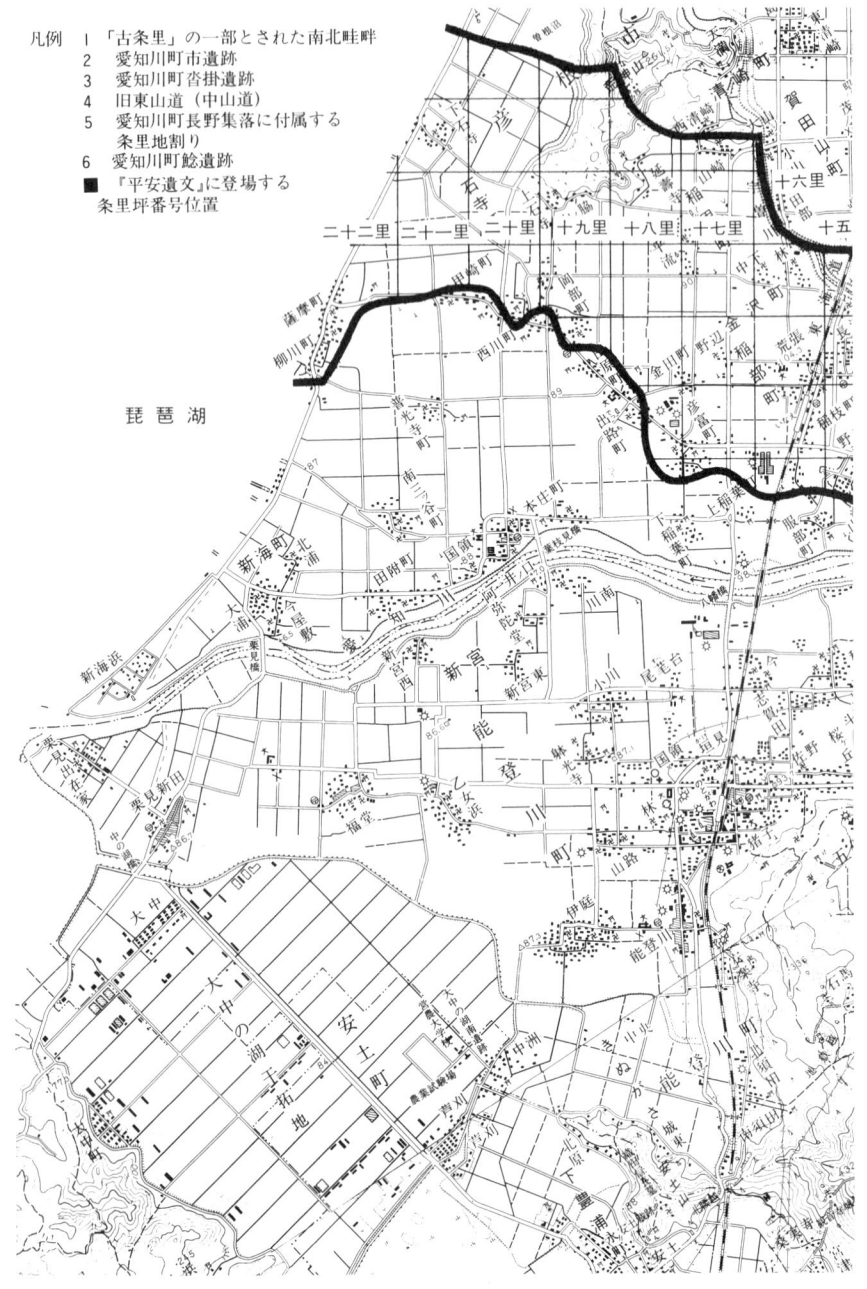

凡例 1 「古条里」の一部とされた南北畦畔
2 愛知川町市遺跡
3 愛知川町沓掛遺跡
4 旧東山道（中山道）
5 愛知川町長野集落に付属する条里地割り
6 愛知川町鯰遺跡
■ 『平安遺文』に登場する条里坪番号位置

図 4-1　愛知郡

第 4 章　解読格子の仮設　95

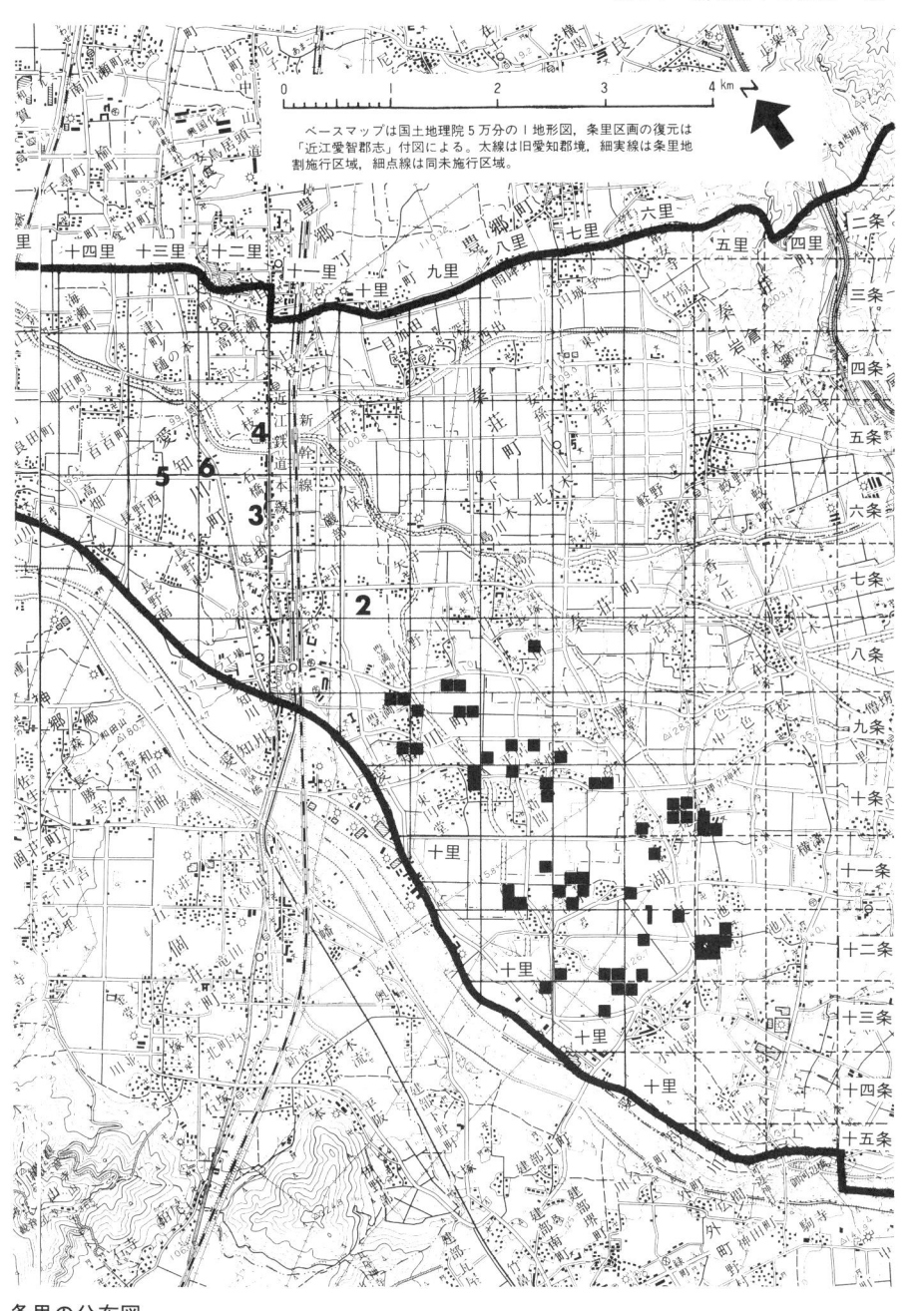

ベースマップは国土地理院 5 万分の 1 地形図，条里区画の復元は「近江愛智郡志」付図による。大線は旧愛智郡境，細実線は条里地割施行区域，細点線は同未施行区域。

条里の分布図

にてらしてみると、愛知郡条里は二番目の中規模条里（郡規模）に相当する。とはいうもののこの地方の条里区画の設定区域は琵琶湖東部の平野全域、旧近江国（現在の滋賀県）12 郡のうち南の栗太郡から北の浅井郡まで 7 郡に及んでいる[10]。奈良県の大和盆地[11]のように数郡にわたる国レベルの統一的な条里区画の設定ではないが、それに近いひろがりがある。

3. 消えゆく条里

　条里制は計画論的にみて、きわめて均質な空間認識が前提になっている。だから条里制が適用されたのは、ふつう地盤面が平坦な平野部である。ところが外見的に均質な平野部でも、微細にみていくといわば地質学的に不均質な空間の集合であることが多い。たとえ一度は均質な条里区画の設定を試みたとしても、地形条件や土壌条件によっては条里地割を施行することが不可能な場合が生じる。これがこれまでみてきた愛知郡で条里地割の施行区域と未施行区域が生じた原因だと考えられる。

　さらに現代の土地改良事業の進行状況をみると、その不均質性はいっそう明確になる。もともとこの事業は愛知郡、神崎郡を含めた愛知川流域の県営事業である。愛知川上流の山間部に永源寺ダムを建設し、そこから一元的に農業用水を供給しようとしたもので、計画当初の考え方は対象地域を均質にとらえている点で、条里制施行の場合とよく似ている。土地改良事業の進行状況と条里地割の施行区分とあわせ、東側の山麓部から西の湖岸まで概略つぎのような地帯区分を得る。

　第一ゾーンはさきにみた秦荘町から湖東町、愛東町領域で、条里地割が未施行、土地改良事業を実施済みの区域である。条里地割が未施行だったのは地形がいりくみ、勾配も大きく、土壌はいわゆる「白田地（やまっち）」、そのうえ水利が困難であるという悪条件が重なったからで[12]、本格的な開田は近世以後のこととともいわれる[13]。土地改良事業のメリットはとくに大きかった。

　第二ゾーンは愛知川町の中央を縦断する旧中山道あるいはこれに平行する東海道新幹線以東の地域で、条里地割を施行済み、また土地改良事業も実施済みの区域である。ここからは地形もごく平坦で、条里地割を施行したものの、用水の確保に非常に苦労したと伝えられる。したがってここでも土地改良事業のメリットは大きかった。

第三ゾーンはJR東海道本線以東、おもに愛知川町西部地域で、条里地割を施行済み、土地改良事業は未着工の区域である。これからみていくように、ここは南を愛知川に、北を宇曽川にはさまれ、愛知川の豊富な伏流水を生かした水利が可能で、愛知郡のなかでは条里制がもっともよく機能してきた地域といってよいだろう。いまのところ、水源の水量にやや不安がある土地改良事業をみあわせている。

　第四ゾーンは残りの湖畔までで、条里地割を施行済み、土地改良事業も実施済みの区域である。地下水位が高く、水利には困らなかったものの、逆に「多すぎる水」に悩まされてきた。集落の立地は愛知川が形成した自然堤防上か、湖岸に発達した砂丘上に限定されており、飛砂防止のための湖畔のクロマツ林をみるとむしろ近世の集落の面影が感じられる。やはり土地改良事業のメリットは大きく、その着工が愛知川水系でもっとも早かったところである。

　土地改良事業が実施済みの区域、つまり第一ゾーン、第二ゾーンと第四ゾーンでは、すでに歴史的な条里地割の姿はほとんどみられない。今日その面影をもっともよく残しているのは第三ゾーン、愛知川町西部の大門（長野東）、長野（長野西）、長野出町、川原といった集落に付随する圃場に限定される。広大な愛知郡条里のうち、現在ではここが研究者にとってほとんど唯一の「幸運な」調査可能地区である。

　ここに、すでに昭和初期に試みられた復元条里をあてはめてみよう（図4-2）。

　住戸が密集する長野集落は復元条里の6条13里のほぼ中央に位置し、また11里と12里の境界線は旧中山道に重なる。歴史地理学の足利健亮によれば、旧中山道の前身は古代官道東山道である[14]。つまり直交する条里基準線の一方は、しばしば平野部を最短距離で直進した古代の国土幹線に重ね合わせたのではないかと推定される。愛知郡条里ばかりではない。北側の犬上郡条里も、南側の神崎郡条里も、当時の東山道という共通の基軸にのっている。ここに、国家事業の施行者がもっていた強い意志を感じないわけにはいかない。あとは測量図に示された規則正しい畦畔に合せて基準線を機械的に延していけばよい。さらに条里基準線をたてよこ六等分ずつ、36坪にわけると、長野、大門集落以北にひろがる圃場の畦畔と、みごとに合致する。

　条里制での坪番号のふり方には、一般に「連続式（千鳥式・香ノ図式）」「平行式」の2類型があり[15]、愛知郡条里は後者の平行式で、近江盆地一帯の他の条里と

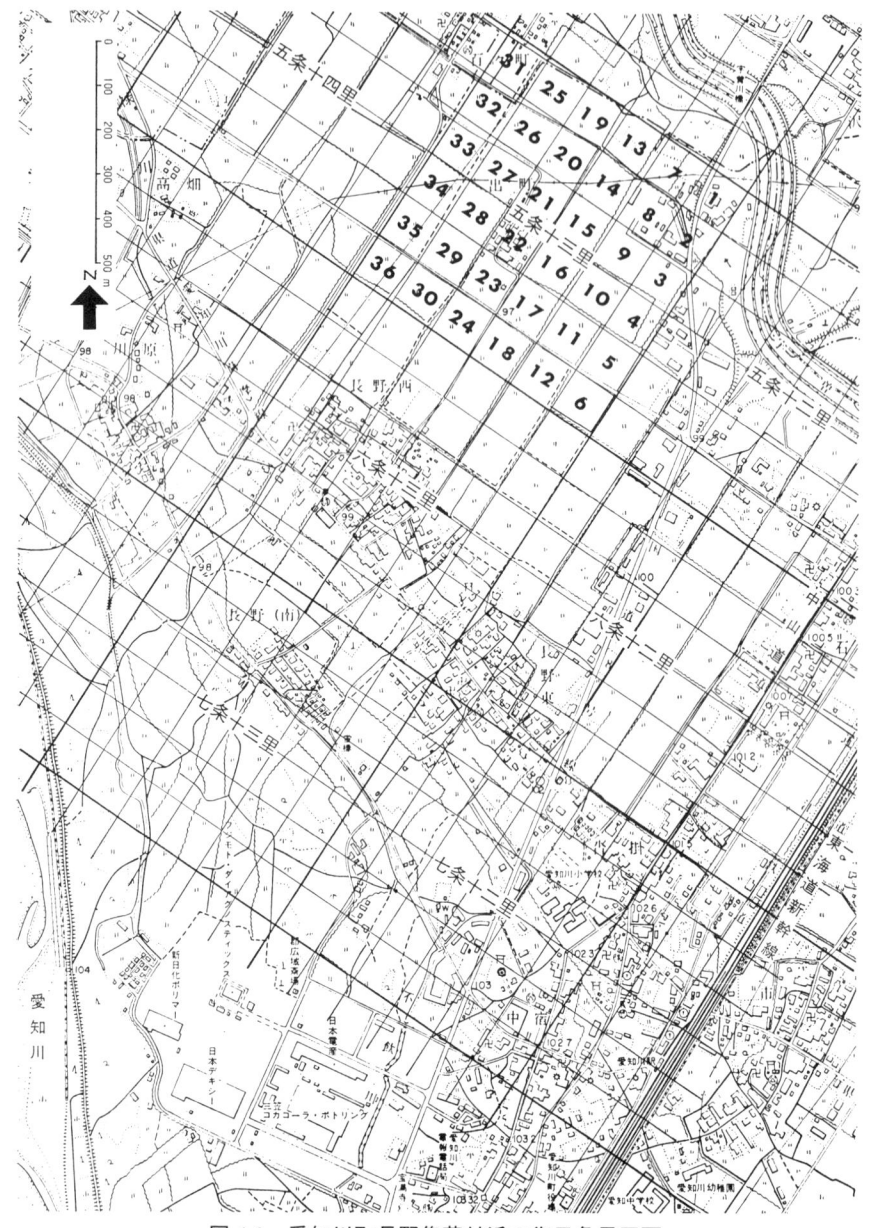

図 4-2　愛知川町長野集落付近の復元条里区画
太線は条里区画、細線は坪区画、五条十三里のアラビヤ数字は坪番号。

共通することが知られている[16]。すなわち右上、北東すみを起点に下方に向けて1坪から6坪まで数え、行をあらためてまた右上から7〜12坪を数えて、最後に南西すみの36坪にいたるものである。対象地付近で小字名[17]と対照してみると、6条12里の第6坪が「六ノ坪」、5条13里の第10坪が「十ヶ坪」と合致する。ここではたった2カ所だが、条里地割とともに1200年近くのあいだ継承されてきた地名である。

長野、大門両集落以北の規則正しい条里地割と対照的なのが、これらの集落の南、愛知川との間の耕地形状である。ほとんど条里地割の痕跡はみられない。ここはこれまで愛知川の氾濫原であり、また表土（土地のことばで「あま土」）が浅く、条里区画の設定区域であったにしても条里地割が未施行だったのか、一度施行されたあと河川氾濫によって破壊されたものか、わからない。

長野集落、大門集落はかつて愛知川が形成したと思われる微高地に立地し、律令期以来愛知郡下で中心的な役割をはたしてきた歴史を誇る。出屋敷、出町などは近世以後の比較的新しい集落である[18]。

4．埋れゆく井堰

愛知川は、ふつうの河川の常識からみると不思議な表情をもっている[19]。鈴鹿山系から湖東平野に流れでるときは勢いがよい流れも、中流域にさしかかるとしだいに細くなる。そして旧中山道の御幸橋付近からは、表流水がほとんどみられない。せいぜい川原の低地に水面をみる程度である。この辺になると、河床の標高はまわりの田面標高より高く、いわゆる天井川の様相を呈し、川の水は伏流水となって地中をながれている。

一方、山あいを出てから北西方向に一直線に流れくだった流路は、中流域の春日橋付近から北へ方向を転じ、神崎郡側の箕作山、観音寺山、和田山、神郷山を迂回して、琵琶湖に注いでいる。伏流水はこれらの山塊の地中部分、つまり山の根にぶつかり、そこがダムの役割をはたすため愛知川町西部地区で湧水となり、地表に出てくると考えられる。

愛知川町西部で条里地割が歴史的に継承され、さらに豊かな実りも約束されてきたのは、この幸運な地形学的条件に負うところが大きい。一見均質なイメージがもたれる平野部に現実に存在する不均質性は、地上だけではなく地中の状況に

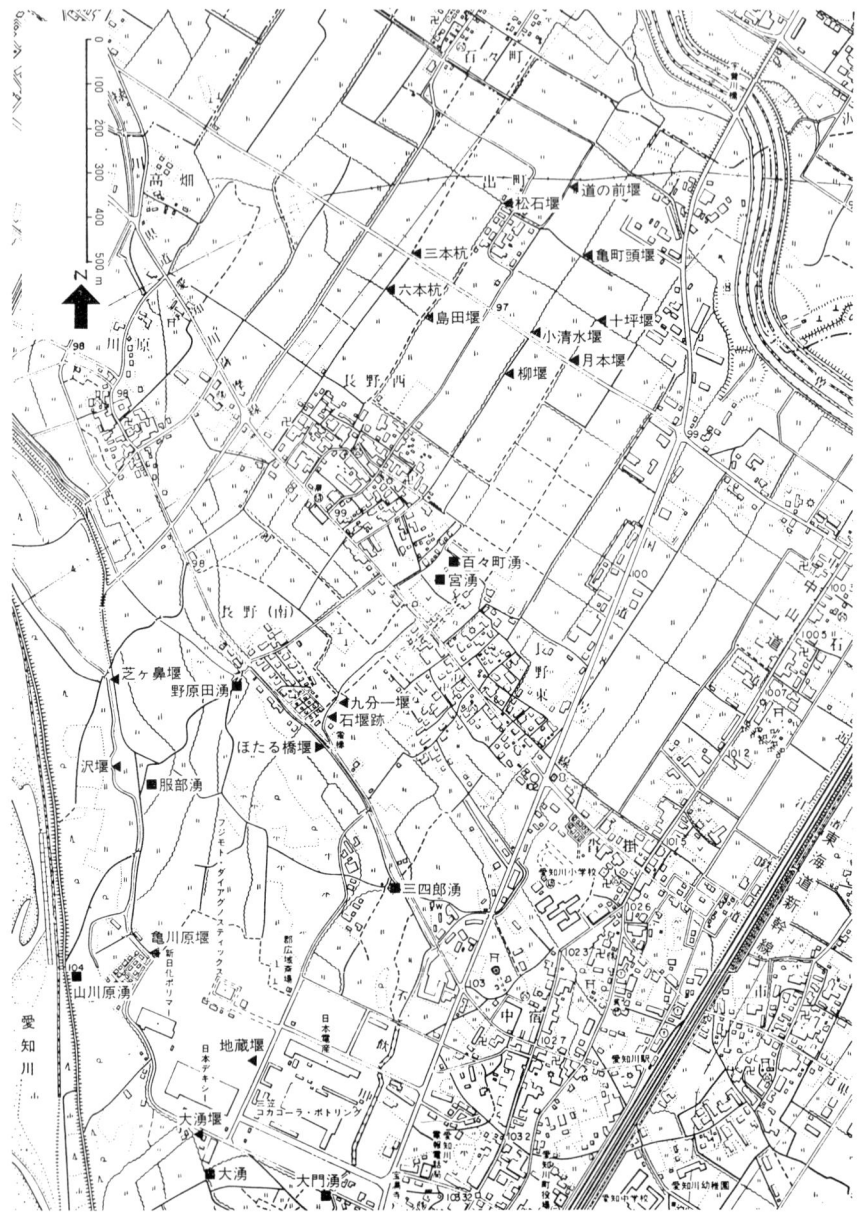

図 4-3 愛知川町長野集落付近の水源（湧）と堰（めんど）

ついてもいえることである。

　田用水の源となる湧水池を、土地の人びとは「湧(ゆ)」と呼ぶ。その多くは愛知川沿いの、かつてその氾濫原だったところに分布する（図4-3）。規模がもっとも大きいのが大湧(おおゆ)、かつて70aと広大なものであったといわれるが、いまは16aほどに縮小している。ここに愛知川からの分流不飲川(のまずがわ)の一部も流入し、この一帯の田用水の源になっている。

　このような自然湧水のほかにも、人びとは水量を確保するために「湧壷(ゆつぼ)」と呼ぶ人工的な湧水池を掘っている。その構造はアカマツ材を組んで水面下に埋めこみ、まわりに栗石(くりいし)を詰めて土砂が崩れるのを防いだものである。枠組みの大きさは湧の面積によって異なり、たとえば野良田湧は幅3.7m、奥行2.7m、深さ1.2m、また大隴神社境内の宮湧は幅3.2m、奥行3.7m、深さ1.9mといったぐあいである。

　湧水池からの田用水は出屋敷周辺長野・大門両集落南側の圃場形状が不整形な水田地帯を潤し、集落を通過する間は生活用水としての機能をはたす。そして長野・大門集落をぬけると、いよいよ宇曽川(うそがわ)までの間の条里地割が施された水田を潤すことになる。

　もともとの水路は用排水を兼ねたものである。条里地割のなか、約110m間隔で配置された坪四周を囲む格子状の外畔畦に沿って流下する。外畔畦の交差部には堰（土地のことばで「めんど」）が設けられ、ここで落差をつけて用水、排水をわける。

　測量図から田面標高をみると[20]、隣接する坪どうしの標高差はごくわずかである。長野集落ぎわの塚町（6条13里第14坪）の標高が97.3m、北へ7坪分離れた北屋敷（5条13里第13坪）では94.9m、標高差は2.4mである。この間の平均勾配は約1,000分の3である。また東西方向について大門集落の北、国道8号線近くの横田（5条12里第35坪）の標高は97.1m、西へ6坪分離れた下沖（5条13里第35坪）で95.9m、標高差は1.2m、この間の平均勾配は約1,000分の2にすぎない。

　このようなきわめてわずかな標高差のなかで用水量を配分するため、堰の構造はいきおい繊細なものにならざるを得ない。ふつう堰の名称には島田堰、柳堰、月本堰など受益坪の名が冠されている。その一方でそれによらないものもある。九分一(くぶいち)堰は、かつて水争いがあったとき長野分9割、大門分1割という分水の判定結果にもとづくものと伝えられる。三本杭、六本杭はそれぞれ水路に打ちこんだ木杭の本数で、これによって分水量を調整した名残である。他の堰でも、いまでこそまわり

をコンクリートで固め、堰板の枚数で簡便に調整しているが、以前多くは自然石を用い、取水量の衡平をはかるため石の重さまで取りきめられていたという。

さらに用水側の水位をできるだけ保持するため、水位の低い一般水路とぶつかったとき懸樋(かけひ)(単に樋ともいう)を用いた立体交差が試みられる。その材質は古くからのものは石材、木材、素焼の土管などを用いたものがあり、最近ではコンクリート製、鉄板製など、これまたさまざまである。

比較的水量が豊富であった愛知川町西部でさえ、このように水管理は緻密さをきわめる。まして用水源を天水ため池にたよらなければならなかった東部秦荘町一帯では、人身事故をともなうような水争いが絶えず、農業用水にかかわる緊張は、今日の想像をはるかにこえるものであったらしい[21]。

条里地割が継承されている愛知川町西部地区の水事情に、近年大きな変化がみられる。一つは用水源に関するもので、伝統的な湧水池の比重が減じ、しだいに動力ポンプを設備して地下水を直接汲みあげることが多くなっている。自然湧水にくらべ、機械力の方がより大量に、より簡便に、より安定的に水を供給することができるからである。ことに愛知川河畔に進出した工場群によって用水路が分断されて以来、この傾向がいっそう促進されている。

もう一つ、用水・排水がしだいに分離され、そのネットワークが複雑さを増している。上流の田の排水を直接受水するのをできるだけ避けるためである。

生活用水は、もちろんすべて上水道に頼り、道路わきの水路は単にその排水溝になっている。

かつての人知を尽くした水利施設も、いまや「埋れゆく井堰」になりつつある。

5. 形状の確認

条里制が施行された水田地帯を歩いてみて、条里基準線や条里区画そのものを直接目にすることができるわけではない。条里区画を36等分し、約110m間隔の畦畔で格子状に仕切られた坪区画、それをさらに10等分した田面区画にいたってはじめて視覚的に確かめられる。600数十m角の条里区画を一望するにはあまりに大きく、また地上に特別な刻印を何も残していない。

坪区画は周囲を原則として外畦畔で縁どられる。わざわざ「原則として」とことわったのは外畦畔を欠いた坪区画境界もあるからだ。すでにみてきたように、

水路や道路はこれまた原則としてこの外畦畔に配置される。例外的に田面区画内を通過する水路もある。外畦畔に囲まれた田面は10等分され、その一枚一枚、登記方法からいえば一筆一筆は外畦畔に接する。そこから用水の供給を受けると同時に苗や肥料を搬入し、逆に収穫物を搬出する。かつて収穫時に稲を天日乾燥させ、脱穀作業をしたのもここである。またよく大豆を植え、養蚕が盛んだったころは畦畔木として桑が植えられたこともあったという。土地の所有区分でいえば水路や通路を含めた外畦畔は共有地、田面は私有地である。

　これまで田面を区画するのに2つの方法があるとされてきた[22]。一つは長地型（ながちがた）と呼ばれ、坪区画の一方向だけを10等分するもので、1区画はたてよこの比が10対1の細長い形状をとる。もう一つは半折型（はんおりがた）、坪区画の一方向を2等分し他を5等分する。1区画のたてよこは5対2で、合計10区画、したがって一枚の田面区画の面積はいずれの方法をとっても等しい。

　以上の外畦畔、中畦畔の構成を、条里景観がよく残っている愛知川町長野集落北部（5条13里および6条13里の一部）で確認してみよう（図4-4）。ここを含めて、愛知郡条里ではすべて一辺が100mあまり、他が10mあまりの長地型で分割されている。外畦畔の四周を歩いていくと、1辺に沿っては1枚の圃場が連続し、他辺に沿っては短く10区分されているのを数えることができる。

　現在長野集落には、明治期以来区長（自治会長）引継ぎの土地台帳が存在する。第一は1877（明治10）年発行の『測量地図[23]』、第二は同年作成とみられる『長野村小字地図[24]』、そして第三は1883（明治16）年長野村戸長役場発行の『境内道巾調記[25]』である。いずれも当地ではもっとも権威ある土地台帳とされ、今日でも所有地の境界争いがあったとき、これらの土地台帳にもとづいて区長が仲裁にあたっているという。これらの資料にもとづいて、近代農法以前の圃場形状を復元できる（図4-3）。これと、さきにみた現在の圃場形態とを比較すると、新しい事業所や道路拡幅部分を除いて110年まえの状況が今日までよく継承されていることを確認できる。

　条里区画の最小単位である短冊状の田面区画どうしは幅40〜50cmほどの中畦畔（土地のことばで「ほた」）によって区切られる。それは隣接する所有者どうしの利害の仕切り機能を担わされ、毎年田植に先立って更新されてきた。外畦畔が長い年月の間に変形し、やや蛇行しているのとは対照的に、更新が繰返されてき

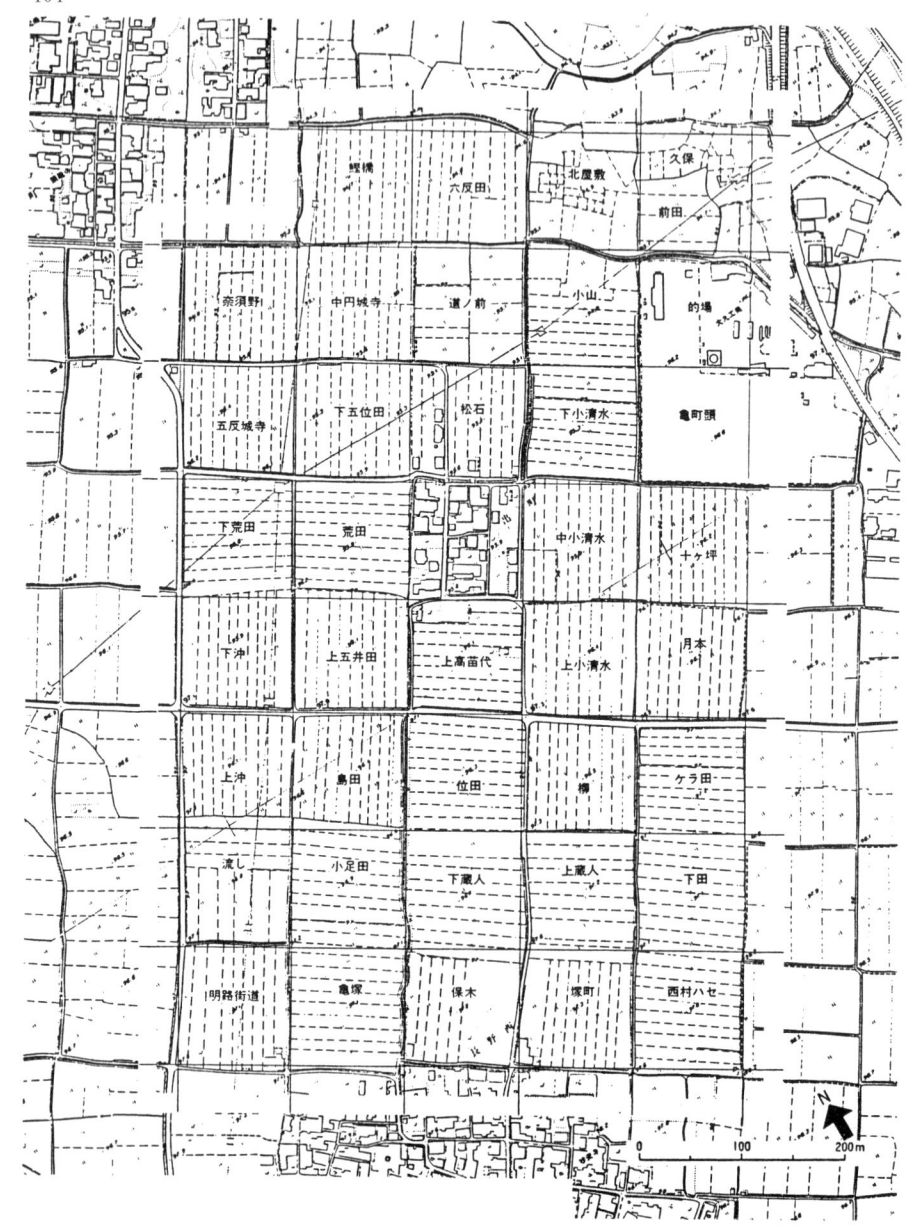

図 4-4 愛知川町長野集落付近の条里地割り現況図（1988）
2,500 分の 1、1,000 分の 1 測量図による。坪ごとの地名は小字名。

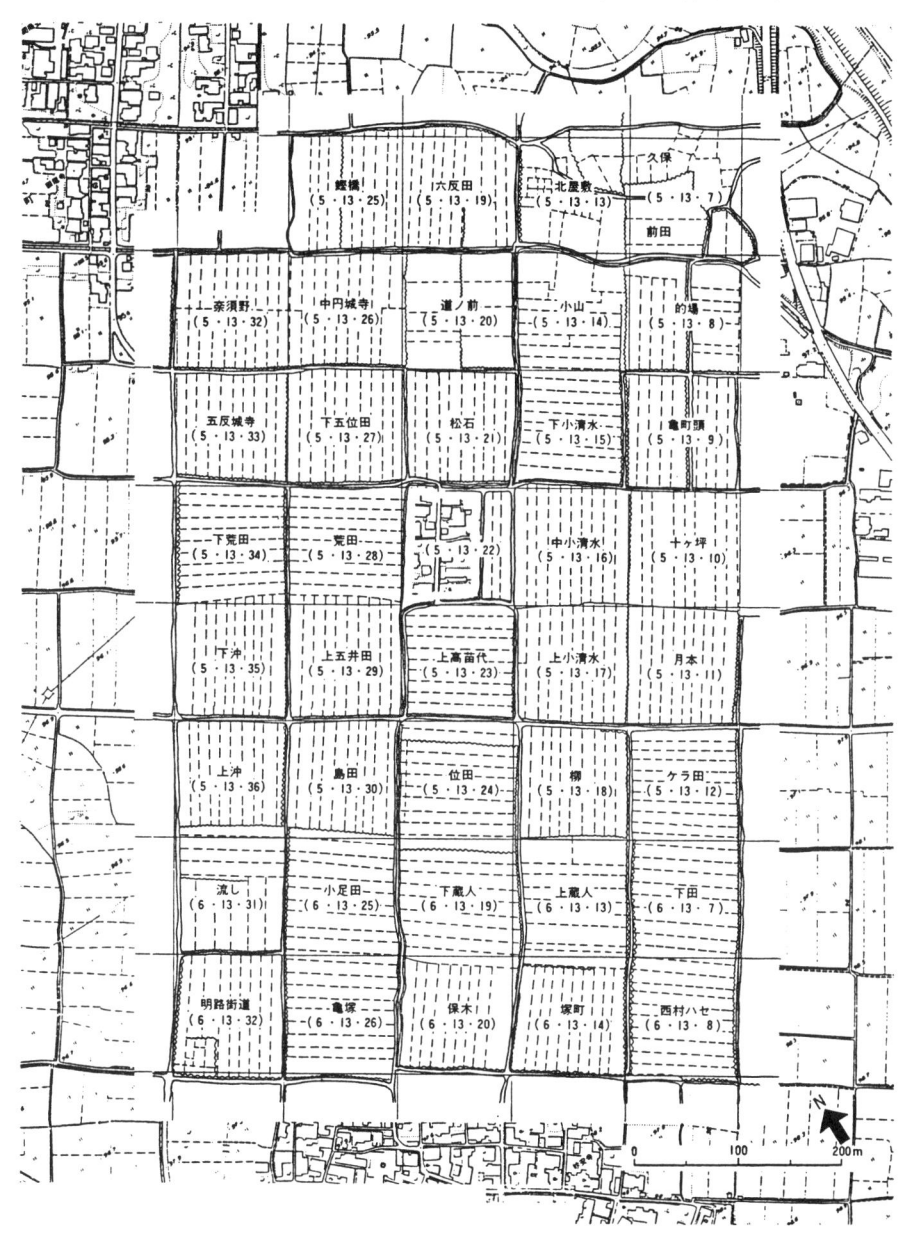

図 4-5　愛知川町長野集落付近の条里地割り明治期復元図
『長野村小字地図』（1877）による。小字名の下は条理坪番号。

た中畦畔は一直線に緊張し、つねに新鮮さを保っている。共有地である外畦畔では共同で川掘り（溝さらい）や道普請はしても、畦畔そのものを更新することはない。また共有地である外畦畔とちがって、中畦畔は私有分としていずれかの田面区画に属し、その管理は所有者側の義務とされてきた。できるだけ収穫量を確保しようと、私有地の中畦畔は最小限に削られ、いっそう緊張度を高める。一枚の圃場のなかで勾配が大きいときは、長辺の途中に「中ぼた」「下ぼた」などと呼ぶ法面のついた畦畔を設けて段差をつける。

　いま道路拡幅などによる形状変化が小さい小字十ヶ坪（5条13里第10坪、図4-6）を例に田面区画ごとの登記面積を列挙すると、1216、1140、1186、1163、1140、1137、1077、1176、1054、1107（単位はm^2）である。したがって坪区画内の延べ面積は11,396 m^2、田面区画の平均面積1,140 m^2である。水路の有無、改良農道の有無により外畦畔の状況はさまざまで、他の坪区画を一律に論じることはむずかしいが、田面区画の状況に大差はないとみてよいだろう。圃場からの排水は、ふつう取水側とは反対側の水位の低い水路に出す。ところが隣接する坪ど

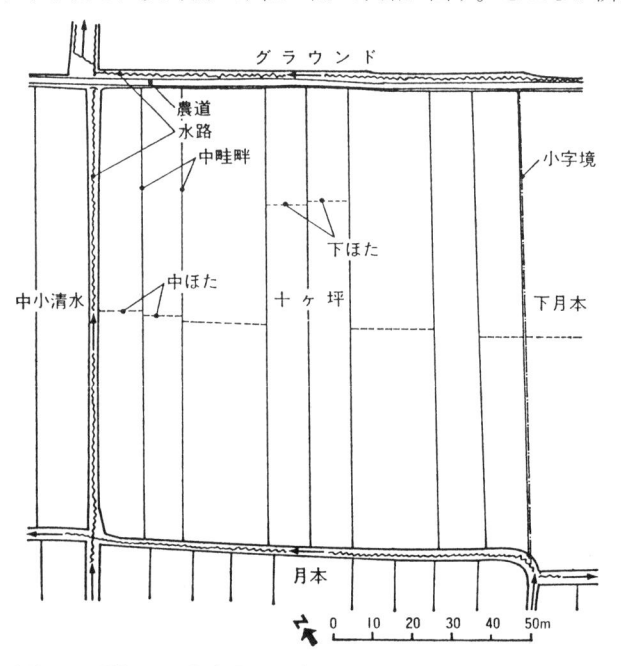

図4-6　愛知川町大字長野小字十ヶ坪の田面形状（1988年）

うし外畦畔を欠き、したがって水路をとることができない場合があり、直接下の田に排水しなければならなくなる。このいわゆる田越しの排水は下の田にとっては用水となるわけで、以前は上の田の肥料分も流れこんでくると喜んだものだという。そこで田面標高を少しでも下げ、上の田から用水が入りやすくする努力もあったのである。だが近年のように大量の化学肥料を投入し、また大量の農薬を散布するようになると、下流ではそれを嫌い自分の田面を割いてわざわざ用水路を引く場合もみられる。これが前節でもふれた水路ネットワークの複雑化にもつながっている。最近機械力を導入するため中畦畔を取りのぞき、20 a、30 a に合体した大規模区画も出現している。他方所有権を細分化する分筆も生じており、その場合短辺側の外畦畔からの取水が欠かせないため、長辺方向にさらに細長い区画をとることになる。

　さきに紹介した明治期の測量図によって、小字十ヶ坪の当時の状況を復元できる（図 4-7）。

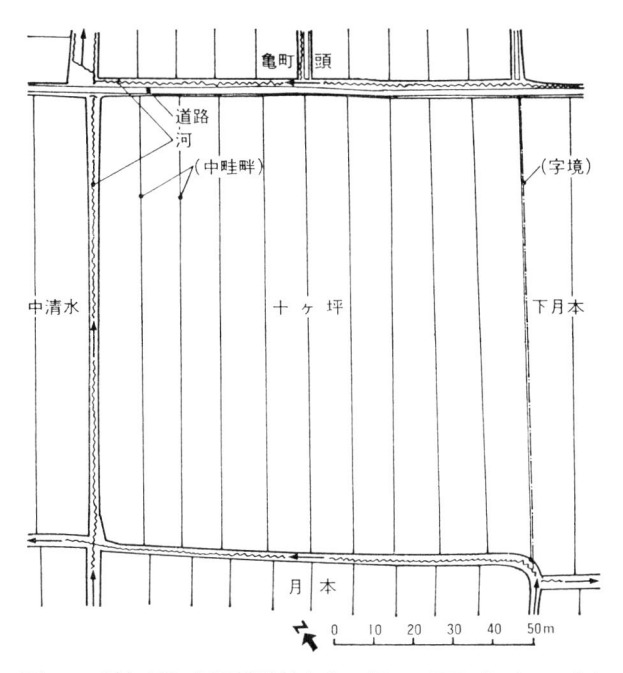

図 4-7　愛知川町内旧長野村字十ヶ坪の田面形状（1877 年）

6. 復元の試行

　いくつかの前提を仮設しながら、計画時にさかのぼって条里制区画・地割の復元を試みよう。

　仮設すべき第一の前提は田面区画の形状に関するものである。すでにふれたように、今回の対象地では坪区画の1方向だけを10等分し、1区画のたてよこの比が10対1のいわゆる長地型が卓越している。このほかに坪区画の一方向を二等分し他を五等分して、一区画のたてよこ比5対1の10区画半折型がある。ふつう長地型、半折型が混在し、いずれが先行したか論者によって意見がわかれるが、ここでは最近の論調を参考にして、長地型のままで作業をすすめたい[26]。

　仮設しなければならない第二の前提は、使用尺度の問題である[27]。ときどき概説書にのっている後世の曲尺[28]による復元は論外として、都城の条坊制や地方の条里制を論じた岸俊男は当時の使用尺度として、

$$1 歩 = 高麗尺（令大尺）5 尺$$
$$= 唐大尺（令小尺）6 尺$$

を唱える[29]。それぞれの実寸法を確かめると、これまでの曲尺を介した寸法、つまり、

$$大尺 1 尺 = 曲尺約 1.17 尺 = 約 35.45 \text{ cm}$$
$$小尺 1 尺 = 曲尺約 0.98 尺 = 約 29.64 \text{ cm}$$

を採用して、

$$大尺 1 歩 = 同 \quad 5 尺 = 約 1.77 \text{ m}$$
$$小尺 1 歩 = 同 \quad 6 尺 = 約 1.78 \text{ m}$$

となり、岸のいうように両者ほぼ同寸法である。いま大尺に依拠するとして、田面区画の長辺は、

$$大尺 60 歩 = 同 300 尺 = 約 106.2 \text{ m}$$

したがって田面一区画の面積はつぎの通りである。

$$\text{大尺 60 歩} \times 6 \text{ 歩} = 360 \text{ 歩} = \text{約 1,128 m}^2$$

　ちなみにさきの 60 歩＝約 106 m は、岸俊男らによれば都城の条坊寸法に相当するという[30]。

　ここで、愛知郡条里について現在入手できる縮尺 1 万分の 1、2,500 分の 1、1,000 分の 1 の測量図[31]にてらしてみると、畦畔間の実測距離は 110 m 前後、まだ田面区画寸法との差は大きい。そこで外畦畔の幅員に関して第三の前提を仮設しなくてはならない。

　外畦畔のあつかいについて、これまで三つの論調がある。一つはさきにみた岸俊男[32]らによるもので、外畦畔の寸法を捨象して田面区画をそのまま坪区画と見なす考え方である。これで一応文献上の検討をすすめることは可能だが、現存する地割の解釈には不充分である。第二の考え方は渡辺久雄[33]らによって代表されるもので、田面区画面積に余裕をもたせて外畦畔間の距離を決め、あとから適宜田面区画や水路、通路を配置したとする。これは確かに現存する外畦畔幅や田面区画のバラツキをよく説明する。だが班田制において、耕作者の専用部分である田面区画の衡平性、互換性、普遍性こそ何より優先する命題ではなかったか。6 年に 1 度という頻繁な口分田の収授を前提にすると、はじめから田畑のバラツキが許容されていたとは考えにくい。

　そこで第三の考え方として、歴史学の木全敬蔵が提起したように一定の外畦畔幅を想定する[34]。共用部分である外畦畔幅の決定要因は何か。直接的には、木全が指摘するように道路幅、水路幅がある。そのほか、圃場まわりの作業性や田面を均した場合の法面処理も要因となる。さらに工事にともなう誤差も、この共用部分で吸収しなければならない。ただし木全のいうように「約 3 m」というだけでは、状況追認の感をまぬがれない。

　そこで理解しやすい概数として外畦畔幅 2 歩（約 3.54 m）としたらどうか。田面区画に外畦畔分をたした外畦畔の心心間距離は、

$$\text{大尺 60 歩} + 2 \text{ 歩} = 62 \text{ 歩} = \text{約 109.7 m}$$

となる。これは大和条里や湖東条里について報告されてきた坪区画 108 〜 110 m 角の範囲内に含まれるものである。さらに坪区画 6 面をあわせた条里区画の一辺は、

$$\text{大尺 62 歩} \times 6 = 372 \text{ 歩} = \text{約 660 m}$$

となる。

本報の各図に提示した条里区画はいずれもこの復元値を適用したもので、縮尺千分の一実測図、五万分の一地形図に表示された条里遺構によく適合する。奈良県の大和国条里で指摘される坪区画の畦畔間距離「109 m」[35]では、実測図に適用した場合誤差範囲以上にずれが大きくなってしまう。大和国条里と愛知郡条里では、地形条件など何らかの理由で畦畔幅が異なっていたと考えられよう。

ここに仮設した三つの前提にもとづいて、条里区画の当初の姿を復元することが可能である（図 4-8、4-9）。

条里区画、条里地割手順をあらためて整理すると、

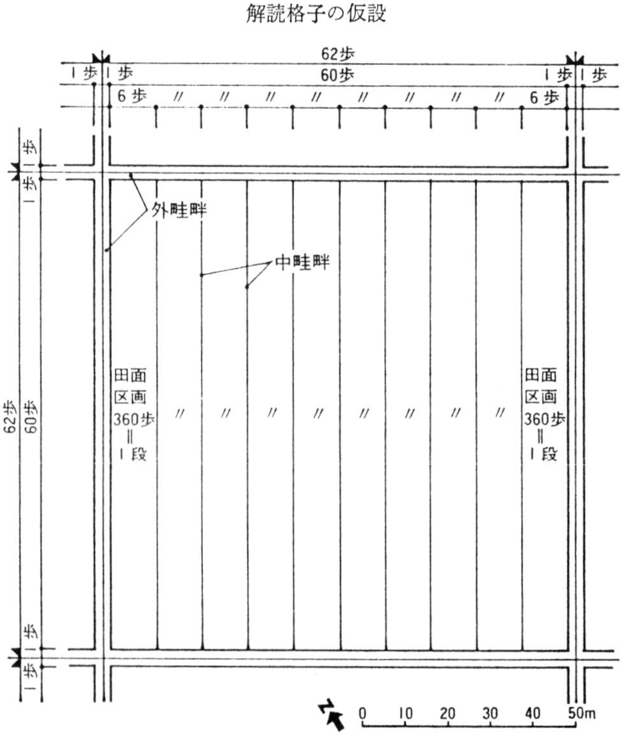

解読格子の仮設

図 4-8　復元条里地割の田面区画〜坪区画

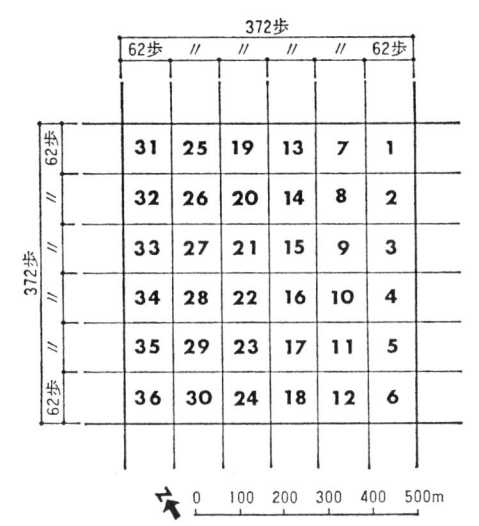

図 4-9 復元条里区画の坪区画（細線）〜里区画（太線）
坪区画内の数字は、里区画内の坪番号。

1　たてよこ 372 歩（1 歩＝約 1.77 m、約 660 m）間隔で条里基準線を引き、条里（里）区画を設定する
2　条里（里）区画それぞれの辺を 6 等分し、1 辺 62 歩（約 110 m）、合計 36 の坪区画を得る
3　坪区画の基準線四辺より内側へ外畦畔分として 1 歩ずつ追いこみ、1 辺 60 歩（約 106 m）の田面区画外郭線を設定、さらにその 1 辺を中畦畔によって 10 等分し、60 歩×6 歩＝1 段（1,100 m^2 あまり）の田面区画単位を得る

の 3 段階である。現実には第一段階の条里（里）区画は想定されたものの、地形条件や土壌条件のために第二段階以下の坪区画、田面区画といった条里地割の施行にまでいたらなかった場合もあったことだろう。

　田面区画は当初 6 年を限って耕作者に貸与される専用部分であり、外畦畔（幅員 2 歩、約 3.54 m）は水路や通路を配置するための共用部分である。地形勾配を調整する法面や工事にともなう寸法誤差なども外畦畔で吸収し、田面区画の衡平性、互換性、普遍性を確保できる。のちに田面区画内の耕地の私有化がすすむと、耕作者はつねに持分の拡大を望んで田面区画境界の中畦畔では緊張が続き、当初

の形状が比較的厳格に保持された。その一方で外畦畔ではときに緊張が弛緩し、田面区画からの侵食があり、水路や法面配置の必要性がなければ、畦畔そのものが隣接する田面区画に再配分され、消失することもあったと推定される。

7. 実行シナリオ

　ここまで考察してきた旧郡単位の条里区画では、その畦畔は南北方向に対して東へ約 31 〜 33 度斜行している。ところがこの「統一条里」に対して、近年同じ愛知郡条里の領域に属しながら異なった方向を主軸にもつ地割の存在が注目されるようになった。

　ところは愛知川中流域の右岸、愛東町から湖東町、愛知川町にかかる地域である。かつて、ここに愛知井とよばれる湧水池から導かれ、ほぼ南北を強く指向する一直線の用水路が存在していた（図 4-1）。そしてこの用水路の受益範囲の一部には、この地方に卓越する旧郡単位に統一された条里とは異なって東西南北方向に主軸をもつ方格地割に近いものが残っていた。

　これに着目した歴史学の中野栄夫は「古条里」と名づけ、郡単位の「統一条里」より歴史的に先行するものではないかという仮説を提起した[36]。ついで地理学の小林健太郎らは同じところで詳細な実測作業をすすめて、いわゆる「統一条里」より区画がひとまわり小さい方格地割の復元をこころみた[37]。

　中野らによって注目された南北地割は、その後の圃場整備事業によって用水路の一部をのぞいてすべてが失われた。そのかわり、ここ十数年琵琶湖の東側でくりひろげられてきた考古学的な発掘調査によって、「統一条里」の下から東西南北方向に規格性をもつ建築物や畦畔、溝などの遺構が多数検出された。とくに愛知川町の愛知井から北上する用水路の延長に位置した市遺跡、その北西へ沓掛遺跡、さらに西へ鯰遺跡と数次にわたる発掘調査の結果は、ほぼつぎの 2 点に集約できる[38]。

　第一に、統一条里の下層から東西南北方向に主軸をもつ畦畔、溝などが検出され、並行して出土した遺物から 8 世紀前半から中葉まで使用され、それ以後埋没している（以下「南北地割」、ただしかならずしも「古条里」の存在を実証する方格地割が確認されたわけではない）。

　第二に、同じく南北方向に主軸をもつ建物群の遺構が検出され、それらはとき

に散居状に分布しながら9世紀から12世紀まで継続し、その後統一条里の方向に沿った中世以後の集居型の集落へと移行している。

以上の特質は愛知郡条里に隣接し、同じ傾斜角をもつ犬上郡や神崎郡条里にも共通して指摘されている[39]。

したがって、歴史学が想定してきた条里制の施行時期とそれに対応した方向に主軸をもつ中世的な集落の形成期を区別しなければならず、最近の考古学的な発掘調査に際してあらたにつぎのような条里制施行シナリオが提起された[40]。

第一のシナリオは、はじめは古代の南北地割のうえに条里呼称のみが適用されたとし、条里制にしたがって実際に地割が施行されたのは中世の集落が成立する9世紀ないし12世紀のことであるとする。

第二のシナリオは、8世紀前半に一部の条里地割の工事に着手し、地域ごとに完成させながら9世紀ないし12世紀の中世集落成立期まで工事がつづけられたとするものである。今日の圃場整備事業ですら完成までには時間がかかる、まして技術が未熟な古代においてはなおさら年月を要しただろうと推定する。

しかし第一のシナリオでは、古代の律令制が崩壊していく9世紀ないし12世紀に旧郡単位の条里地割を一気に完成させる体制があったか、また第二のシナリオについては、はたして3世紀ないし4世紀という長い期間にわたって一つの統一された事業計画を遂行する体制が継承されていたかという疑問が残る。

そこで条里制の重層的な機能、つまり、

1. 圃場の位置を示す座標軸としての役割
2. 農道、水路、法面といった坪区画レベルの農業基盤としての役割
3. 田面が区画され、実際に耕作が行われる圃場としての役割

に着目して、第三のシナリオを提起したい。

すなわち、まず8世紀前半の一時期に統一条里の施行区域内全体に坪区画レベルの主（外）畦畔が完成したとみる。そのときまでは少なくとも律令制下の公地公民思想は生きていた。しかし実質的な田面まで整えるにはさらに時間が必要であり、そして何より地方権力のために公地公民制にかわる動機づけが欠かせなかった。したがって、条里制施行の当初は主畦畔とともに圃場も整えられた区画もあれば、主畦畔だけは完成したものの耕作地は未整備のままの区画もあったの

ではないかと考える。

このシナリオを想定したのはつぎのような工学的な根拠にもとづく。ふつう農業基盤は一体になって機能するもので、部分的に完結するものではない。南北地割をもった既存耕地の再整備や新たな開発地をふくめて、一度にできるだけ全体像に近づけたい。工事に必要な賦役の期間も短いほどよい。

ただし、この基盤整備事業は南北方向に基軸をもつ既存の建築群をさけて、すすめられたのではないか。そのため考古学的に検出されつつある古代集落は9世紀ないし12世紀まで継続し、またさきに歴史学の中野栄夫が提起したように、一部愛知井沿いの南北地割が統一条里から除かれて残存したという説明も可能である。

整備済みの圃場と未整備の圃場の混在について、歴史地理学の金田章裕によれば、条里制では先進地域であったと思われる奈良盆地においてさえ「田畠共に有効に利用する極めて集約的で有利な土地利用形態」ができあがったのは、16世紀も後半のことだったという[41]。これも条里制の施行段階を坪区画整備、田面区画整備、集落整備の三段階にわけた今回の工学的な立場からのシナリオ提起のひとつの根拠になりうるだろう。

南北方向の「古条里」が実在したかという課題とともに、いずれのシナリオが事実であったか、その検証のために今後の考古学的な発掘調査の成果が期待される。しかしこの種の調査が現在の開発事業にともなうものである以上、それが明らかになるときは条里制地割という歴史的な遺産が永遠に失われるときでもある。

8. 共時的理念の継承性

古代に緻密な条里区画、条里地割を成立させた社会経済的な背景は何か。

結論からいえば、これまでの歴史学はその要因を古代律令体制に求めてきた。ここに律とはいまの刑法、令とは同じく行政法に相当し、中央集権的な国家統治を遂行するための基本法典である。

もともと律令制は紀元前3世紀から2世紀の秦・漢以来の中国で発達し、紀元7～8世紀の隋・唐で大成した政治体制だといわれる。これが朝鮮半島（韓半島）や日本列島に伝わり、古代東アジア共通のものになったというわけである。日本

では天智朝に唐代の律令を模し、はじめて編纂が試みられた。いうまでもなく、これがのちにいう大化の改新（645、大化元年）である。ついで天武朝に改定、持統朝の689年「浄御原令」として施行、701（大宝元）年これに律を副えて「大宝律令」として大成、さらに718（養老2）年これを改定して「養老律令」30編950余条とした。

　以上が歴史学の説明、というよりふつう我われが学校の教科書で学んできた歴史上の「出来事」である。

　ところが、いまこれらの律令の条文を直接確かめようにもすでに散逸して久しく、ただ養老律令の注釈書として10世紀半ばに相ついで編纂された『令義解（りょうのぎげ）』および『令集解（りょうのしゅうげ）』から推定するしかないといわれる[42]。

　これら残された資料により、律令体制の根幹をなし条里制とも関係が深いと思われる条項を抽出してみよう。まず戸令にいう。

　　凡戸、以五十戸爲里、毎里置長一人、掌檢校戸口、課殖農桑、…催駈賦役 [43]

50戸で里すなわち村落を形成し、里ごとに長を一人おく、里長は戸籍をチェックしたり農業を盛んにし、賦役の催促にあたらなければならない。

　　凡郡以廿里以下、十六里以上爲大郡、十二里以上爲上郡、八里以上爲中郡、四里以上爲下郡、二里以上爲小郡 [44]

郡は里によって構成されるとし、その数は20里を超えてはならない。里数に応じて大郡、上郡、中郡、下郡、小郡の五段階にわける。これによって国―郡―里―戸と一貫した地方行政体制の確立が意図されたわけである。

　　凡戸籍六年一造、…里別爲巻、惣寫三通、其縫皆注其國其郡其里其年籍、…二通申送太政官、一通留國 [45]

戸籍は6年に1度、里ごとに1巻をあて、それぞれ3通つくり、うち2通は太政官あて、残りの1通は国司のもとにとめおく。

　ここにいう里は、いま我われが検討している条里の里あるいは長さの単位としての里と同じものだろうか——近年の学界の議論はこれに否定的である。当時としても紛らわしかったのか、715（霊亀元）年にははやくも2～3里をまとめて

郷とする郷里制に変り、740（天平12）年にはその郷里制も里を廃止した郷制へと変革が相ついだのである[46]。

以上が地方行政の柱となったいわゆる編戸制である。

つぎに田令をみよう。

　　凡田、長卅歩、廣十二歩爲段、十段爲町、段租稲、二束二把 … [47]

具体的な寸法はのちに検証するとして、田は長さ30歩、幅12歩、つまり360歩で1段、10段で1町とする。そして1段あたりの租税は2束2把、注釈に1段の収量を50束とみなしているから、収穫の4％あまりが税額である。

　　凡給口分田者、男二段、女減三分之一、五年以下不給、
　　… 給訖、具録町段及四至[48]

田は官有（公有）の口分田とし、ふつう男子に2段、女子にはそこから3分の1を減じたものを支給する。5歳以下は不給、いいかえれば6歳以上になったら支給する。支給がすんだら具体的に田の面積と四至つまり周辺の状況を記録する。

　　凡田六年一班、神田寺田不在此限、若以身死應還公田、毎至班年、即從収授
　　凡應還公田、皆令主自量、爲一段退[49]

口分田は6年に1度班ずる、つまり一度官のもとに返したのち、ふたたび支給する。神田・寺田はこの制約をうけない。口分田を耕しているものが死んだ場合は6年に1回の班年のときに処理する。田を返すときは耕作者自ら測量しなおし、はじめの1段にもどしてから退かなくてはならない。

さきに戸令でみた戸籍にてらし、6年に1回の班田収授が行われるとそれにもとづいて田図（地籍図）とそれを帳簿にした田籍が作成され、太政官のもとにおくられる[50]。

以上が律令体制の経済的な基盤となる班田制である。この班田制と条里制の関係はどのようなものか――本論の冒頭でもふれたように、現存する律令制資料のなかに条里制に関する直接的な記述はない。ただわずかに残った班田収授にともなう田図・田籍記録に、条里制の存在を連続的にさかのぼることができるだけである。したがって両者の関係については歴史学の「条里制の施行も班田制の施行

と関連があるらしい[51]」という慎重なものから、地理学における「……班田収授法の実施には表裏一体の関係を持つと考えられることから制度としての条里制の存在は確実といえる[52]」と断定するものまで幅がある。もちろんこれまでのところ両者の関係を否定するものはいない。

では、両者に緊密な関係があったとして班田制が先か、条里制が先か——これも問題である。班田制の施行開始時期は律令体制の成立によってかなり限定される。すると問題は条里制の方だが、もし条里制を班田制のためにはじめて施行したとすると、一時に解決するべき技術上の課題はあまりに大きい。また短期間に全国一斉に農業基盤整備を遂行しうる可能性に疑問も残る。そこで、条里区画に近い地割法は班田制に先行していたのではないかという学説[53]がしだいに支持を得ているわけである。

条里制の社会経済的な特質について、歴史学の栗原益男[54]は唐の律令制までさかのぼり、支配者は政治経済的な基盤を確保するために被支配者である農民を「均等的、個別的、人身的に」あるいは「均質的に」とらえたと指摘している。本論のはじめに、条里制は微細な自然条件のちがいを捨象した「均質な」空間認識が前提になっていることに注意したが、律令制のもとでの社会認識にも同じことがいえそうである。

同じ歴史学の吉田孝[55]は、唐と日本の律令制を比較し、編戸制で日本は唐の律令がもっていた歴史的な背景を考慮した自然区分の側面を除外し、もっぱら人為区分の側面のみを導入したとみた。そして唐の均田制のもとでは既存の田地を調査し登録して田地の占有面積を規制しようとする限田的要素を含んでいたのに、日本の班田制ではもっぱら公田を一定基準で割付ける屯田的要素のみを継授したにすぎないというのだ。栗原のいう唐律令の「均質な」把握の仕方は、日本でいっそう純化されたと、吉田はいう。

> 日本の編戸制・班田制は、一種の軍国体制であり、本来長期間持続することが困難な構造的特質をもっていたことも見落してはならない[56]。

このような特質をもつ律令制のもとで農耕空間を創出しようとするとき、耕作者を構成員とする強固な社会組織が前提になる。そして空間的に均質な条里区画を生む一方で、それとは画然と区分された塊状の集落を形成したといえるだろう。

ここに後世の耕作者と耕地が個別に対応するいわゆる自立小農を前提とした集落空間との対照性をうかがうことができる。

均質な空間認識、社会認識を前提にする条里制は、一元的に緻密な計画理想を掲げて短期間に事業を完遂しようとし、近世以後の農村が時間の経過を重視して漸次的に最終目標に到達しようとしたのと対照的である。時間の経過にたいする言語学の概念を借用するなら、前者を共時的計画原理、後者を通時的計画原理と区分することも可能だろう。明治の農学者 新渡戸稲造 (1862～1933) は、かつて近代農村のあり方として集村か、散村かという課題を提起したが[57]、あらためて近年政府が推し進めてきた耕地整理、土地改良事業をかえりみると、その政治思想は近世以来の農耕空間を持続的に継承するものというより、むしろ古代に類似しているように思えるのである。

さきの吉田孝の指摘にもあったように、たしかに古代律令制はその一面性、理想性ゆえに現実とのギャップは大きく、皮肉なことに政治体制が完成されると同時に崩壊の第一歩が踏みだされた。では条里制の耕地や集落はどうだったか――本論で解明してきたように、その計画性、理想性ゆえにこそ1200年という長年月にわたって継承されてきたのである。今日その姿を目にする機会はきわめてまれになったが、貴重な歴史的遺産であるといわなければならない。

[注]

1　Lévi-Strauss, C (1962) LA PENSÉE SAUVAGE（大橋保夫訳『野生の思考』(みすず書房) p.89)。
2　吉田孝 (1976)「律令制と村落」(『岩波講座　日本歴史3　古代3』(岩波書店) 所収) p.186。歴史学の岸俊男は条里制に先行する代制地割の存在を示唆している。岸俊男 (1987)「日本都城制総論」(『日本の古代　第九巻　都城の生態』(中央公論社) 所収) pp.76-80。
3　米田雄介 (1979)『古代国家と地方豪族』(教育社) p.2。「律令制下の地方支配は、地方豪族たちの権力を無視することはできず、むしろ彼らの権力に依存するところも少なくなかった…」　森田悌 (1986)『日本古代の耕地と農民』(第一書房) pp.58,59「水田維持のためには絶えず功力を投下し潅漑施設の整備や整地・除草その他の作業を行う必要があるが、収公の時が近づくと自から開いた田にかかる功力の投下を怠り「開地復タ荒ル」という事態になったのだと考える。…水田の増加を図るという看点からすると、永年私財田として百姓の墾田保持を認めない限り、一般

4 渡辺久雄（1968）『条里制の研究 —— 歴史地理学的考察』（創元社）pp.319-328。
5 古島敏雄（1967）『土地に刻まれた歴史』（岩波書店）p.78。
6 滋賀縣愛智郡教育會（1929 / 1981 復刊）『近江愛智郡志巻一』pp.117-130、同付図—近江國愛智郡条里図。
7 『平安遺文』15・16・22・33・44・47・49・50・62・65・87・88・89・114・116・117・120・123・128・131・132・135・140・144・147・149・150・151・159・187・954・(2401)・3152・4443・4901 号文書による。
8 石母田正（1946）『中世的世界の成立』（伊藤書店）p.4。
9 吉田孝（1976）前出 p.173。
10 原田敏丸・渡辺守順（1972）『滋賀県の歴史』（山川出版社）pp.39-45。
11 古島敏雄（1967）前出 付図。
12 『近江愛智郡志巻一』前出。
13 湖東町在住の郷土史家西澤源治氏の教示による。
14 愛知郡条里と近江東山道の関係については、足利健亮（1982）「古代がつくった景観」（『歴史がつくった景観』（古今書院）所収 pp.58-73、同（1985）『日本古代地理研究』pp.328-330 を参照した。
15 谷岡武雄（1970）「条里制と古代集落の復原」（『郷土史研究講座 2 古代郷土史研究法』朝倉書店所収）p.64。
16 『近江愛智郡志巻 1』前出。
17 1,000 分の 1 測量図による。
18 愛知川町史談会編『愛知川町の伝承・史話』愛知川町教育委員会。
19 以下愛知川町西部の水利施設については愛知川町長野農業組合編（1984）『埋れゆくゐぜき』による。
20 愛知川町 2,500 分の 1 管内図による。
21 安孫子壮年会・安孫子編纂委員会（滋賀県秦荘町、1985）『安孫子史』pp.47-82。
22 渡辺久雄（1968）前出 pp.105-106、谷岡武雄（1970）前出 pp.68-70。
23 甲乙丙三巻からなり、地番つまり一筆ごとに 1 ページを費やして所有者、地目、形状、主要寸法、面積を記入してある。とくに条里地割が施されたところでは畦畔の所有・管理分まで記載されている。
24 1 ページにつき縮尺 600 分の 1 で小字ごとの土地利用区分、分筆状況を図示したもので、さきの『測量地図』を小字ごとに編集しなおしたものと推定される。凡例区分は「田、河及溝渠、道路、宅地、畑、薮、林、堤塘」の 8 種類の色わけがなされている。
25 ここでも小字ごとに道路幅員、水路幅員がそれぞれの延長とともに記載されている。
26 現在のところ大方は何れの型式が先行したか、それとも並行したか、速断を避けている。渡辺久雄（1968）前出 pp.275-277、岸俊男（1987）前出 p.77。半折型先行説は『令

集解』田令田長条の「凡田、長卅歩、廣十二歩爲段」(『新訂増補国史大系 23 令集解前編』(吉川弘文館) pp.345-346) をよりどころにし、また田面を 100 m 以上にわたって平坦にしなければならないという技術上の難点も考える。最近発掘された圃場あとも、短区画であるという (鬼頭清明 (1985)『古代の村―古代日本を発掘する 3』(岩波書店) pp.126-127)。ただそうであったとすると、いつ何のために、それもなぜ一斉に長地型に移行したか説明が必要である。もともと長地型は用排水の便があり田面区画を細分割するのにも都合よい。地形的に傾斜しているところに半折型が集中しているという指摘も見逃すわけにはいかない (岩本次郎 (1987)「半折型地割の再検討」『奈良県史 4 条里制』(名著出版) 所収 pp.680-684)。

27 最近では伊東太作「土地と建物の尺度」、木全敬蔵「城坊制と条里制」(ともに『季刊考古学』第 22 号 ,1988, 所収)。
28 曲尺でも江戸時代に享保尺、又四郎尺、両者の折衷尺の 3 種があり、1875 (明治 8) 年度量衡取締条令によって折衷尺が採用された。曲尺 1 尺は約 30.303 ㎝。
29 岸俊男 (1987) 前出。『令集解』田令田長条の「以高麗五尺、准今尺、大六尺相当 (p.345)」、『令義解』雑令の「凡度地、五尺爲歩、三百歩爲里 (『新訂増補国史大系 22』(吉川弘文館) 所収 p.333)」にもとづく。
30 岸俊男 (1987) 前出、木全敬蔵 (1988) 前出。
31 愛知川町管内図 1 万分の 1、2,500 分の 1、および愛知西部地区圃場整備事業平面図 1,000 分の 1。
32 岸俊男 (1987) 前出。
33 渡辺久雄 (1968) 前出 pp.273-281。
34 木全敬蔵 (1988) 前出。
35 木全敬蔵 (1987)「条里地割の計測と解析」(『奈良県史四条里制』(名著出版) 所収)。
36 中野栄夫 (1975)「近江国愛智荘故地における開発と潅漑」(『地方史研究』138 号所収)。
37 高橋誠一・小林健太郎 (1977)「愛知川扇状地北半部の開発と条里」(『滋賀大学紀要』27 号 所収)。
38 葛野泰樹 (1983)『市遺跡発掘調査概要Ⅰ』(愛知川町教育委員会) pp.1、21、西野辰博 (1984)『市遺跡発掘調査概要Ⅱ』(愛知川町教育委員) pp.1、西野辰博 (1985)『沓掛遺跡、市遺跡Ⅲ発掘調査概要』(愛知川町教育委員会) pp 1、31- 32、喜多貞裕 (1986)『愛知川町埋蔵文化財概要報告書第 4 集』(愛知川町教育委員) p.21、喜多貞裕 (1989)『鯰遺跡発掘調査報告書』(愛知川町教育委員会) pp.10、11。
39 田中勝弘「残存条里と集落遺跡」(『滋賀県考古学論叢第二集』1985 所収)、宮崎幹也「犬上川左岸扇状地における律令期集落の発生と展開」(『滋賀県埋蔵文化財センター紀要二』1986 所収)、同「条里遺構の調査と現状」(『滋賀県文化財保護協会紀要第二号』1989 所収) など。
40 田中勝弘 (1985) 前出「残存地割りという現代的な資料と集落遺跡という過去の資

料とを有機的に関連付けることによって、条里開発の過程や条里集落の様相等が追及できるのではないかと考えるのである。… 集落遺跡を … 事例的に追求することによって、統一条里が段階的に施行され、今日に至ったものであること …」を指摘している。

41　金田章裕（1985）『条里と村落の歴史地理学研究』（大明堂）pp.492-495「条里地割内部においても、荒地や畠が多く、また現作率低いといった不安定な土地利用を余儀なくされていた … 。… 遅くとも16世紀末頃には、田畠共に有効に利用する極めて集約的で有利な土地利用形態となった」、森田悌（1986）前出 pp.50, 51「古代の水田の景観を具体的に画くことは困難であるが、現今の整然とした美田と異なりかなり雑然ないし荒れた景観を有し、熟田と非熟田水湿地の間に余り差が無かった …」と推定している。ただし、主畦畔と田面区画の関係について、今日主畦畔のみで田面区画を欠いた遺構は確かめられていない。

42　井上光貞（1976）「日本律令の成立とその注釈書」（『日本思想史大系3』（岩波書店）所収）p.734、青木和夫（1967）「律令国家の権力構造」（『岩波講座日本歴史3　古代3』（岩波書店）所収）p.3。
43　『新訂増補国史大系23 令集解前編（以下単に令集解）』（吉川弘文館）p.259。
44　『令集解』pp. 260-261。
45　『令集解』p. 283。
46　編戸制、郷里制の変遷いついては吉田孝（1976）前出による。
47　『令集解』pp.345-346。
48　『令集解』pp.348-349。
48　『令集解』pp.362-364。
50　竹内理三（1978）「国政文書」（『日本古文書学講座＜古代編Ⅰ＞』雄山閣出版所収）p.145。
51　吉田孝（1976）前出 p.143。
52　渡辺久雄（1968）前出 p.179。
53　岸俊男（1987）pp.76-80。
54　栗原益男（1982）「唐における律令制の変質」（『東アジア世界における日本古代史講座7　東アジアの変貌と日本律令国家』学生社所収）。
55　吉田孝（1976）前出。
56　吉田孝（1976）前出 p.189。
57　新渡辺稲造（1898 / 1976 復刊）『農業本論』（『明治大正農政経済名著集7巻』農文協所収）pp.237-245。

第5章

孤立定住空間の通時的理念

― 生きられた散居集落 ―

岩手県胆沢平野の民家。一戸一戸の孤立する民家のまわりを
うっそうとした屋敷林が囲んでいる。

胆沢平野の散居集落。一戸一戸の農家がほぼ等間隔で離れている。

　本書では、これまで、海岸線から内陸部に向かって、海岸砂丘、潟（低湿地）、一般平野部と、地形条件のちがいに着目しながら田園風景をみてきた。とくに、前章で、古代律令期に、北端部を除く本州と四国、九州の平野部で実施された条里制にもとづく大規模な水田開発をみた。この平野部からさらに山地に近づくと、山の裾野に、一般平野部より勾配が急な扇状地が発達していることが多い。これからみていく岩手県の胆沢扇状地も、その一つである。
　地下水位が低く、農業を営むためには大規模な水利事業が前提になる扇状地が開拓されたのは、近世以後のことと推定される。戦国期が終わり、平和が担保される時代になってはじめて、人びとは大規模な水田開発に挑戦できたはずである。
　扇状地では個々の農家が離ればなれに散在する散居形式をとっているところが多い。この時代、なぜ、人びとは分散したのか。逆に、前の時代には、

なぜ分散できなかったのか。もちろん、戦乱から開放された近世に、安全な社会が実現したことが大きい。しかし、それだけではあるまい。家族労働に基盤をおく農民の新しい生き方や自然観が反映されたのではないか。散居集落に秘められた「歴史の始まり」の記憶を呼び覚ましたい。

1. 扇状地の散居集落

　岩手県胆沢平野——この扇状地は、奥羽山脈を源流とする胆沢川が、盛岡から一関まで南北に開けた北上盆地に流れ出たところに発達している。ちょうど盆地を南下する北上川に向かって直交し、土砂を堆積しながら北上川を盆地の東縁に押しやり、扇状地を発達させてきた。

　ここでは、約50万年前から北に傾く地殻変動があり、隆起や沈降を繰り返してきたという。当初南東方向に流れていた胆沢川は、しだいに北寄りに流路を変え、そのたびに、いくつかの段丘が刻まれていった。そのため、扇状地の南辺寄りの標高がもっとも高く、扇状地の北辺を流れる、現在の胆沢川沿いがもっとも低い。つまり、西側扇頂部から東側扇端部に向かって標高が低くなると同時に、南辺から北辺に向かって低くなっている。

　扇形の半径は約20 km、扇端部は北上川の氾濫原に接し、切り立った段丘状になっている。扇状地の中心角は約35度、扇頂部の標高は約250 m、また扇端部のそれは30ないし40 mである。したがって、平均勾配は100分の1程度である。扇状地の面積は約15,000 ha、日本列島で最大級の規模で、行政区域は、北は金ヶ崎町に接し、そこから南へ旧水沢市、旧胆沢町、旧前沢町にまたがっている。

　扇状地の地質をみると、段丘崖を除いて、平坦部では厚さ約20 cmの腐食質に富む表土が覆い、その下は1ないし1.5 mまでグライ層、部分的に泥炭層が露出している。このような土壌の下には砂礫層が堆積しており、雨水のほとんどは伏流水となって扇端部に向かうことになる。

　すでに、日本列島の主要な平野部には、律令時代に条里制が施行されたことをみてきたが、洪水の危険が高いうえに表流水が乏しい扇状地の開発はむずかしく、たとえ条里番号を付ける「坪付け」が行われることはあっても、地割そのものが施工されることはほとんどなかった。一般平野部に比べ扇状地の開拓は大幅に遅

れ、社会的な安定と大規模な用水路開削技術の発達を待たなければならなかった。いや、律令期、近畿を中心とした政治権力は、この最果ての地まで及ばず、条里制が施行されることはなかった。

胆沢平野における定住開始はいつごろからだったか。

扇状地の開拓史をさかのぼると、言い伝えでは、もっとも古いのが茂井羅堰の開削で、1500年代後半、元亀年間（1570～73）のことだったという。ただし、文献に登場するのは1600年代になってからで、この地方で、古い言い伝えが信じられているわけではない。しかし、室町幕府の滅亡すなわち中世の終焉が1573（天正元）年、豊臣秀吉による検地が1582（天正10）～98（慶長3）年、同刀狩が88（天正16）年であった。このような時代背景を考えれば、茂井羅堰の開削に関する言い伝えは、必ずしも荒唐無稽とはいえない。戦国期、戦乱に明け暮れた近畿や関東から離れた東北の地で、大規模な田園開発が先行していたかもしれないということは、もっと議論されてもいいのではないか、と思うのだ。

この地で記録に残っているものでは寿安堰の開削がもっとも古い。1618（元和4）年、伊達家家臣後藤寿安により着工され、1631（寛永8）年に寿安の後継者の手で完成されたという。日本では珍しい、クリスチャンネームの用水路である。寿安堰の記録だけでも、中世から近世へ、胆沢平野の開発は、まさに新時代の最先端をゆく事業だったのではないか、と思われる。

扇状地に残された段丘崖の高台から見下ろすと、農家が一軒一軒、規則正しく一定の距離を保って分散してい

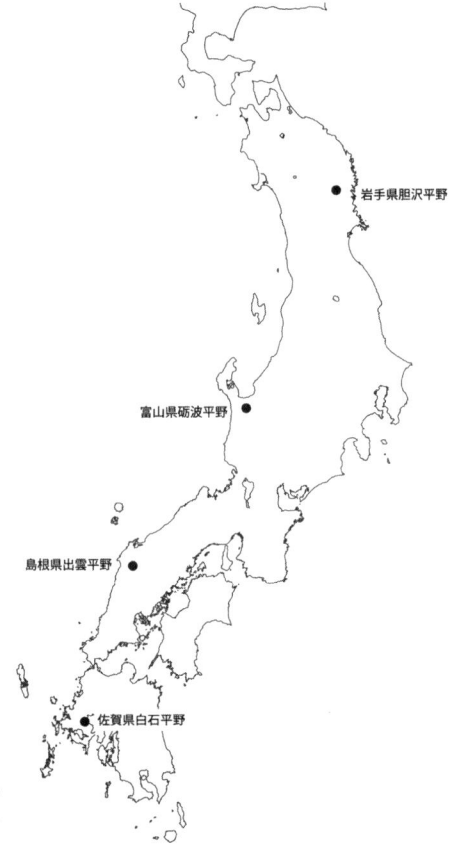

図 5-1　平野型散居集落の分布

る。いわゆる散居集落である（図5-2A、表5-1A）。

　さきにみた条里制の集落の場合、中世の面影を残す集居集落だった。住戸は寄り添い、守りを固める。条里制そのものは古代までさかのぼるが、中世から近世へ、集落の姿は、変革期の戦乱のなかで、農民たちは自己防衛を余儀なくされた状況をよく物語っている。これに対し、扇状地では農家は一定の距離を置いて離れている。まったくの無防備である。扇状地の散居集落、それは、新しい時代のはじまりを雄弁に物語っているような気がしてならない。

2. 大開拓時代と扇状地

　北上盆地を北上すると、北上川に向かって大小の扇状地が発達しており、盛岡市付近にまで、盆地全体に散居集落が分布している。散居集落は、決して胆沢平野だけではない。

　胆沢平野と並び、日本列島を代表する扇状地、富山県の砺波平野、そしてすでに築地松に注目した出雲平野ではどうか。

　砺波平野は中部山岳地帯から流れ出し、日本海に注ぐ庄川によって形成された扇状地である（図5-2B）。記録によれば、大洪水によってしばしば流路を変えてきた庄川は1630（寛永7）年以後流路がほぼ固定、その後1651（慶安4）年から1655（明暦元）年にかけて加賀藩が二万石用水路を開削、さらに1670（寛文10）年に同じく加賀藩が庄川上流部の改修を実施している。つまり、胆沢平野よりやや遅れて1600年代半ば以後、加賀藩の主導で開拓が進められたということができる。そして、その集落形態が、胆沢平野と同じ散居型である。というより、散居集落といえば砺波平野の方がよく知られ、散居集落研究の発祥の地でもある（表5-1B）。

　島根県出雲平野では、すでにみてきたように、中国山地から穴道湖に注ぐ斐伊川、日本海に直接注ぐ神戸川が扇状地ないし沖積平野を形成している（図5-2C）。とくに、両河川の源流がある中国山地では、製鉄業のため山が荒れ、激しい洪水が繰り返されてきた。1635（寛永12）年、松江藩によって斐伊川大統合計画が立案され、1657（明暦3）年に完成、また1677（延宝5）年には大社砂丘の沈静化に成功し、同年農業用水高瀬川も開削されている。つまり、砺波平野の場合と同時期、1600年代半ばには定住が開始されたと推定される（表5-1C）。

A　岩手県胆沢平野　　　　　　　　　　B　富山県砺波平野

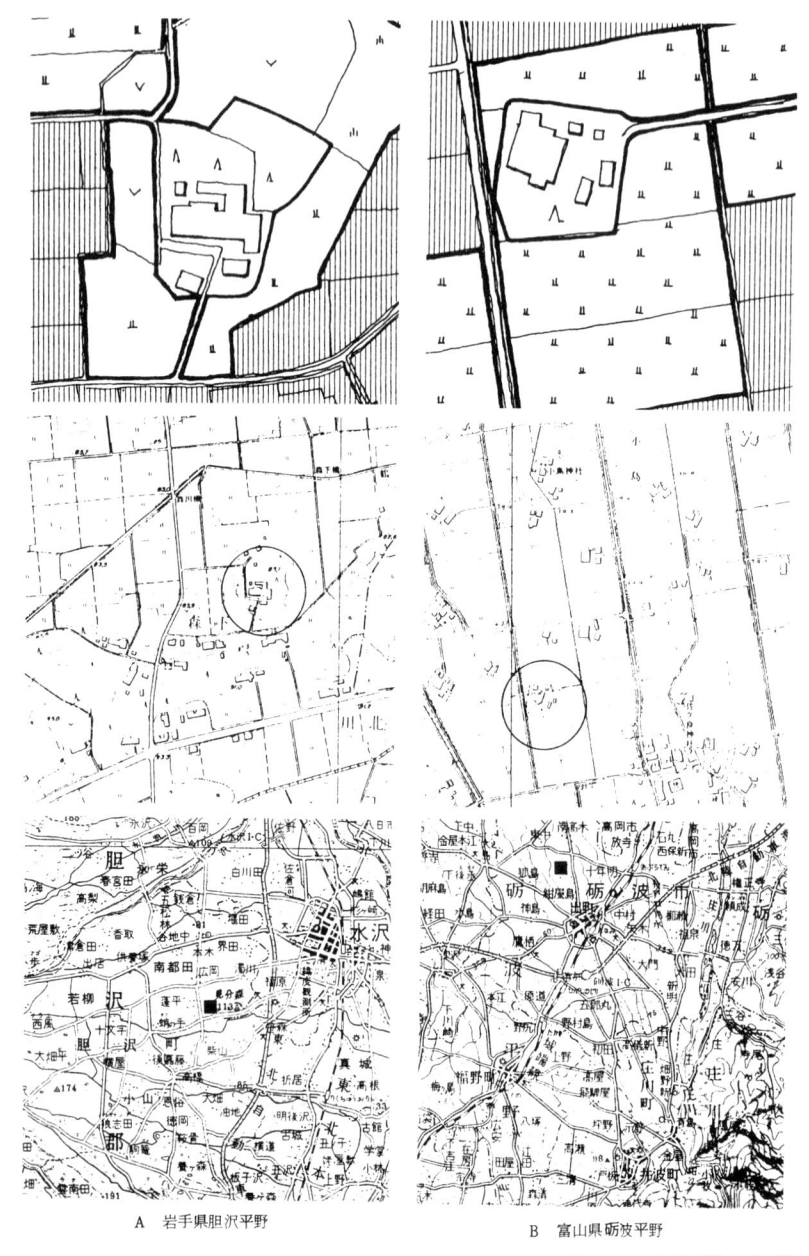

図 5-2　平野型散居集落

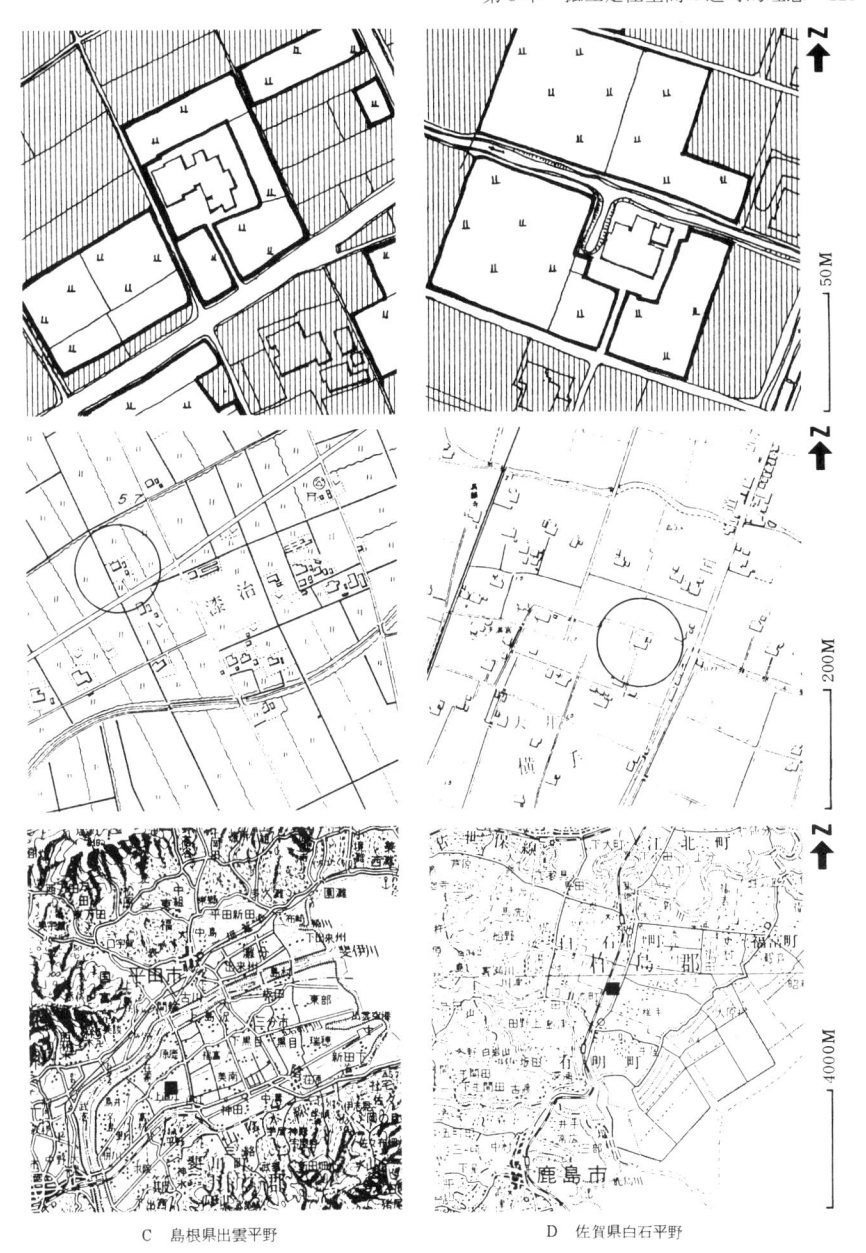

第5章　孤立定住空間の通時的理念　129

C　島根県出雲平野　　　　　　　　　　D　佐賀県白石平野

の地理的概況

表 5-1 平野型散居集落の諸指標

	A 岩手県胆沢平野	B 富山県砺波平野	C 島根県出雲平野	D 佐賀県白石平野
1. 分布範囲	岩手県胆沢町 金ヶ崎町の一部 水沢市の大部分 前沢町の一部	富山県砺波市 高岡市・小矢部市の一部 福野町、井波町 福光町、城端町の一部	島根県斐川町 出雲市の一部 平田市の一部	佐賀県白石町
2. 地形 （河川名）	扇状地平野 （胆沢川）	扇状地平野 （庄川）	扇状地平野および沖積平野 （斐伊川）	沖積平野 （六角川）
3. 卓越風向 （風名）	北西 （西風＝ナライ）	南、南西 （井波風）	西、北西 （ー）	北西 （ー）
4. 屋敷林名 （おもな樹種）	イグネ （スギ、キリ）	カイニョ、カイニョウ （スギ、ケヤキ）	築地松 （クロマツ）	ー （マキ、ヒイラギ）
5. 住居形式 （間取り）	（寺造り）	屋根の形によってアズマづくり、マエオロシ	反り棟づくり （四ツ間取り）	クドづくり （二棟づくり）
6. おもな耕地地目	水田・畑・草地	水田	水田	水田
7. 平均耕地面積（1985年） 農家数 耕地面積 （集落名）	148.4 アール/戸 39 戸 5,789 アール （胆沢町南部第 8 集落）	109.9 アール/戸 53 戸 5,823 アール （砺波市小島集落）	101.9 アール/戸 2,904 戸 2,958 ヘクタール （斐川町全域）	115.7 アール/戸 43 戸 4,976 アール （白石町大井集落）
8. 集落成立事情 近世（1600年以前）の遺構・おもな水利事業など	1618〜1620 （元和 4〜6）年 寿庵堰開さく	1630（寛永 7）年 大洪水、庄川現在位置に固定 1651〜1655（慶安 4〜明暦 1）年 加賀藩開作法施行 二万石用水開さく 1670（寛文 10）年 加賀藩庄川上流改修 1743（寛保 3）年 二万石用水、新用水口	1635（寛永 12）年 斐伊川大統合計画 1657（明暦 3）年 斐伊川大統合完成 1677（延宝 5）年 大社砂丘沈静 1831（天保 2）年 農業用高瀬川開さく 新川（斐伊川分流）開さく	江戸期初期 杵島山麓に永池を設け、白石平野を灌漑 1800（寛政 12）年 焼米堤の着工 1958〜1959（昭和 33〜34）年 白石町内で深井戸を掘る
9. 備考 地域地区指定 地域開発など	農業振興地域 東北自動車道	農業振興地域 都市計画区域 北陸自動車道など	農業振興地域 都市計画区域	農業振興地域 都市計画区域（一部）

以上の事例から明らかなように、大規模な扇状地の開発は、近世初期に、それも藩営事業として進められたと推定される。

では、散居集落は扇状地にのみ特有の住戸分布形式だろうか。あるいは、入植時当初から散居形態を採用していたのだろうか。

扇状地以外の例として、筑紫平野の西側の一角を占める白石地域は有明海に面した海岸沖積平野だが、一部で散居集落が卓越している（図5-2D）。つまり、散居集落は、かならずしも扇状地に限られているわけではない。ここ有明海沿岸は干満の差が大きく、通常の低湿地帯と違って、比較的地盤が安定しているものの、ふだん農業を営むための水が十分ではなく、その一方で洪水や高潮などの災害が多発しやすく、多すぎる水にも悩まされるという土地柄である。そのため、1600年代に入り、佐賀藩は大規模なクリークを開削し、その水位を調節することによってときには用水路として、またときには排水路として、大規模な新田開発を進めてきた。そして、クリークの川浚いを定期的に実施することによって貯水量を確保するとともに、川底の肥沃な土砂をかきあげて水田に客土し、日本列島でも屈指の生産性を誇ってきたのである（表5-1D）。

筑紫平野の集落形態について、これまで西部の六角川を境に、その東側は集居形態が卓越し、また西側つまり白石地域は散居形態をみるといわれてきた。ただ白石地域を見渡すと、たしかに散居形態が優越するものの、一部に集居集落もあれば、海岸線に近い、新しい開拓地には列状集落もみることができる。また、すでに律令時代に条里制を施行するにあたってクリークを導入していた筑紫平野の東側、築後地域や佐賀地域では集居集落が卓越し、筑紫平野全体を見渡すと、地盤条件や開発時期によって、さまざまな集落形態が採用されてきたようすをうかがうことができる。

以上から、散居集落は必ずしも扇状地に限られるものではなく、近世初期の新田開発地帯によくみられる集落形態であるということができる。

ただし、扇状地にせよ、あるいは沖積平野や干拓地にしろ、最初から散居集落だった確証はない。これらの地域が洪水や土石流、海岸平野であれば高潮に襲われ、壊滅的な被害が繰り返されてきたことを考えれば、歴史的に災害と集落再編を繰り返しているうちに、今日みるような散居形態が完成されたのではないか……と推定されるのである。

3. 開発主義から精農主義へ

　今日につながる日本の農村景観の大きな転換点は、これまで近世初頭、戦国時代末期から江戸時代始めの時期とされてきた。つまりこの時期、洪水の危険が多い沖積平野や過度に水が多い湿地帯、逆に過度に水が少ない洪積台地や扇状地も農耕空間として開発され、その結果、耕地面積が飛躍的に拡大したのである。

　近世史の大石慎三郎（1923～2004）はこの間の事情をつぎのように語っている。

> 戦国末期から江戸時代初頭にかけて大規模の用水土木工事が各地で行われ、その結果わが国農業の中心地帯は、溜池灌漑による小盆地的平野地帯および枝川的小規模流水を灌漑源とする谷戸地帯から、大河川の下流域に展開する広大肥沃な沖積層に移るわけである。わが国の耕地総面積が江戸時代の初頭の終わりごろ（1660年ころ）には室町時代の約3倍にもなるのは、そのためであって、それはまさに"革命的"ともいうべきもので、その社会的効用ははかりしれないものがあった[1]。

　日本列島で、このような耕地面積の飛躍的な拡大がもたらされたのは、治水・灌漑工事の飛躍的な発達があったからである。それは、古代から徳川時代の終わりまでに日本で実施された主要な土木工事のうち、用排水関係のものがこの時期に集中していることからもわかる[2]。

　この、日本列島全体でいっせいに着手された治水・灌漑工事を支えたのは誰か。大石のいう「それまで在地小領主たち（またはそれに類似する上層農民たち）のもとで半奴隷的従属状態におしこめられていた直接生産者である下層農民たち[3]」しか考えられない。

　では、なぜ、彼らは命がけの工事に従事したか。きっと、彼らに「半奴隷的従属状態」からの解放が約束されていたからにちがいない。自立を約束された下層農民が存在してはじめて大規模な耕地の開発が可能であったし、耕地面積の拡大によってさらに農民の自立が促されたという効果もあったのであろう。

　しかし、それまでの全国の耕地面積がかなり限定された期間に3倍にもなった[4]という、あまりにも急激な新田開発が、さまざまな歪みを生じたことは容易に想像できる。とうとう1666（寛文6）年、幕府は次のような触書を配布して

農政上の大転換をはからなければならなかった[5]。

　　覚　山川掟
　一、近年は草木之根迄掘取候故、風雨之時分、川筋え土砂流出、水行滯候之間、自今以後、草木之根掘取候儀、可為停止事、
　一、川上左右之山方木立無之所々ハ、当春より木苗を植付、土砂不流落様可仕事、
　一、従前々之川筋河原等に、新規之田畑起之儀、或竹木葭萱を仕立、新規之築出いたし、迫川筋申間敷事、
　　附、山中焼畑新規に仕間敷事、

　つまり、土砂流出の原因となる草木の伐採を制限して植林を奨励し、また、新田開発のために竹木や葭萱を育成して川筋を変えることを禁じ、さらに、山の荒廃を招く焼畑を制限したのである。急ぎすぎた開発事業は、かえって多くの災害を招いたわけで、各藩による行過ぎた新田開発競争にブレーキをかけざるを得なかった。これをさきに引用した大石慎三郎は「幕府がそれまでとってきた"開発万能主義農政"から本田畑を中心とする"園地的精農主義農政"に方向転換」と表現した。つまり、

　　耕地面積を増やすことによってではなく、ゆきとどいた配慮と、より多くの労働力を投入することによって単位面積の農地から一粒でも多くの収穫を得ようという本田畑中心の"精農主義的な農法"へとその重点が移ってゆく……[6]

　この精農主義を体現してみせたのも、もちろん開発を担った農民たちであった。今日にいたる農村景観の形成契機として、これまで近世初頭の検地にもとづく「村切り」、治水・灌漑工事による新田開発、さらに小農の自立があげられてきた[7]。自立小農とは、近代になってから経済学者たちが名づけた、家族労働による農業経営に基盤を置く農民たちである。1600年代前半の治水・灌漑工事など営農上の諸条件の成立と同時に、1600年代後半の「園地的精農主義」によって、量的拡大一辺倒だった農耕空間は、より限定的、完結的、循環的なそれへ、大きく転換していった。

4. 孤立定住空間の誕生

　先に引用した大石慎三郎は、江戸時代の歴史的な特質として、一般人における家族の成立をあげ、注意を促している。すなわち、

> われわれ庶民大衆が家族をなし親子ともども生活するようになったのはこの時期以降、具体的には江戸時代初頭からのことである。人間であるからにはだれしも親はあったはずであるが、親子の生活が家というものを通して継承されるようになったのは、戦国末・江戸時代初頭以降のことである。この意味では家を媒介にしての庶民の歴史がはじまるのは、古代邪馬台国前後からのことではなくて戦国時代末以降のことなのである[8]。

　家族の誕生―― このことこそ、近世の田園風景の形成にとって、もっとも重要な契機だったのではないだろうか。当時の人口のほとんどを占めた自立小農は、この家族が単位になっていた。この時代、小農に今日的な意味での土地所有が認められていたかは議論のあるところだが、少なくとも彼らは生涯を通じて同じ土地を耕し、さらに、それを子々孫々に引き継がせることができた。

　さきにみた700年代、律令時代の班田制では土地は公有され、「男子に二段、女子にはそこから三分の一を減じたものを支給する。五歳以下は不給」[9]とされ、土地は「男子」や「女子」といった個人を単位に国家から直接貸し出されたが、住宅や集落の存在がはっきりしない。家族という単位では貸し出されておらず、集落が形成されていたかさえ、はっきりしない。律令時代、厳然とした圃場区画が施工されたにもかかわらず、条里制初期の風景に住戸や村落の存在、そして何より耕す人びとの姿が見えにくいのである。

　戦国時代から江戸時代にかけての家族の成立は、集落の景観形成にどのような影響を与えたのか ―― 17世紀後半から18世紀にかけて、農法や農民の生き方を論じた農書の記述を手がかりに、景観形成の様子をたどっていきたい。

　農書とは、農業経済史の古島敏雄の定義によれば「江戸時代に著わされた、わが国農業の技術的側面を中心として記述された著書[10]」である。農法、農耕思想を説いた多くの農書が、近世を通じて知られているが、とくに「開発主義から精農主義へ」転換した幕府の「山川掟」以後に書かれたおもな農書に、次のよう

なものがある。

　　百姓伝記（三州横須賀藩の村役人著、1680年ころ成立、三河地方の農法）[11]
　　会津農書（佐瀬与次右衛門著、1684年成立、会津地方の農法）[12]
　　農業全書（宮崎安貞著、1696年成立、全国の農法）[13]
　　耕稼春秋（土屋又三郎著、1707年成立、加賀地方の農法）[14]

　農書は、身近な経験にもとづく記述を主体としており、たとえば『会津農書』のように、

　　偏〈＝編〉集の最初に内外の二義を含む。内にハ我子孫に伝へ、田家の記録もなし、其業に至らしめんかため、是一ッ也。外にハ職分の勤を励し、居村麁耕の輩〈＝この村の農業技術の未熟な者たち〉に教しめんかため、是二ッなり[15]。

といい、自分の経験を伝えようとする相手は、まずは自分の子孫、さらに対象を広げても、せいぜい近隣の若者に限っている。いってみれば、私的な覚書の体裁をとっているが、自らの体験が人間の生き方としての普遍性があると自負していたからこそ、書物としてまとめようとしたに違いはあるまい。

　さて、いずれの農書も冒頭で、むやみに耕地を広げることをきびしく制限している。『会津農書』の記述はこうだ。

　　田畑の内にある石倉を取捨、あせほとりを切ひろけ、棘株を切り取、或ハ圃作をぬき、或ハ新田を好事ハ末也。第一の本田畑を究て、其農隙に子僕の多き者の末を働て始終の益となす事ハ勿論也[16]。

「田畑の中に集めた石ころの取り捨て、あぜのほとりの切り広げ、いばらの株の切り取り、あるいは耕作の手間を抜くこと、新田開発をすること、こういうことは農民のつとめとして枝葉末節のことである…」と。宮崎安貞の『農業全書』もまた、耕作規模を限定すべきことを説く。

　　抑耕作にハ多くの心得あり、先農人たるものハ、我身上の分限をよくはかりて田畠を作るべし。各其分際より内バなるを以てよしとし、其分に過るを以て甚あしゝとす[17]。

「農民は自分の能力をよく考えて田畑を作るべきである。自分の能力よりひかえめに作付けするのがよく、能力以上に耕作してはならない」と。

そして、『耕稼春秋』も、『会津農書』や『農業全書』などの主張と共通する。

　　百姓其分限より多く田畠を作る事甚悪し(18)。

いずれの農書も、農家が耕地面積の拡大を競うことをきびしくいさめており、大石慎三郎が指摘した「開発万能主義から園地的精農主義へ」という幕府の農政転換は、個々の農民の農耕生活でも受け入れられるべき考え方だとされたのである。

一戸の農家が家族労働を前提とし、耕地拡大を避けるかぎり、その経営規模はほぼ一定の値に収斂していくことになる。だから、共同開拓や集落再編によって新しい村が誕生する場合、土地は当然農家ごとに平等に配分されたはずである。

さらに、『百姓伝記』は、それぞれの農家の家屋敷と田畑の位置関係について、次のように説いた。

　　土民たるものハ、我ひかゑひかゑの田地の近処に屋敷取をして、永代子々孫々まて、したひに世をつかせ、繁昌する事をねかふへし。我々がひかへたる田地より、屋舗の程遠くしては、耕作の見まいおこたり多く、牛馬の通ひについゑ多し(19)。

ここでは、まず「土民たるものハ……」すなわち「土民として生きようとする者よ」「土地を耕して生きようとする農民たちよ」と、直截に呼びかける。「我ひかゑひかゑの田地の近処に屋敷取をして……」とは、「農家は、それぞれの田地に近いところに屋敷を設けて……」ということであり、ここに、家屋敷を中心に、周辺を田畑が囲んでいる完結的、統一的な農耕空間が暗示されている。「屋舗の程遠くしては、耕作の見まいおこたり多く、牛馬の通ひについゑ多し」とは、「自分の田地から屋敷が遠く離れていたのでは、耕地の見回りも怠りがちになり、牛馬の行き来にも無駄な労力がかかる……」と説明する。

つまり、ここで想定されているのは、個々の農家が自立し、家屋敷を中心に、その周辺を農家自らが耕す農地に囲まれた独立空間、小宇宙である。農家の日常は、この独立空間の中に完結している。

『百姓伝記』の解釈をつづけよう。「永代子々孫々まて、したひに世をつかせ、繁昌する事をねかふへし……」とは、「農地や宅地を子孫末代まで受け継がれ、繁昌するように願わなければならない……」というのである。土地の耕作権、それも「子々孫々」までの、永久的な継承権を認めているのである。現在、私たちが当たり前のように思っていることだが、それは近世以前には考えられなかったことである。

　農書の記述を総合すると、一定規模の土地の広がりとその中心に配置された家屋敷 ―― その当然の帰結として、散居形態の集落の姿がみえてくる。孤立して家族だけで生きぬく農民たち ―― 私は『百姓伝記』のこの一文に、都市に住み、支配階級という組織に縛られた武家たちとは対照的な、近世農民の生き方が端的に、かつ誇りをもって表現されているように思えてならない。

　そこで私は、農家ごとに分散して農耕を営む散居形態の村の姿に、ドイツの経済地理学者 J・H・フォン・チューネン（Johann Heinrich von Thünen, 1783～1850）の「孤立国」（Der idolierte Staat）[20] を意識しながら「孤立定住空間」と名づけることにした。

5. 孤立定住空間における農法
（1）環境の受容

　1600年代後半に編集された農書はいずれも、農民たちが住みついた土地、すなわち定住空間の固有性を理解するように……と説く。『会津農書』は、東北内陸部、会津地方の厳しい気候条件を背景に生れた。そこでいう。

　　其国の気候因りて、作節に遅速有、土地の肥燒、堆埋、塗泥の位に応じ、作毛の品々も異なれハ、他国に是を用い難し[21]。

　また、北陸地方の稲作、畑作全般を詳述し、当時の加賀藩の農業政策との関係も深い『耕稼春秋』では、

　　農業常に国郡庄郷、或ハ村によりて粗濃の多用者有。日本五畿内ハ濃也。北国ハ又粗き仕立也[22]。

あるいは、

耕作の事ハ国郡庄郷村々によりて其品一様ならす⁽²³⁾。

と繰りかえしている。いずれも、これから記述しようとしている内容の適用範囲を慎重に限定しようとする。それはまた、農書の読者である農民たちに、自らの定住空間の固有性について注意を喚起していることにほかならない。どこにでも成りたつ均質で、普遍的な真理のみを追求する近代の知と対照的である。

　農書の著者は、さらに、農民たちに農耕空間、定住空間の風土条件に観察の眼をむけさせようとする。『会津農書』にいう。

　　　凡農夫ハ時、所、位を勘へ、草木の萌芽、花実を弁へて稼穡を爲ハ、能其節に合ひ、五穀も秀て菜蔬も茂り、根、茎共に豊饒にして、年の貢を献し……⁽²⁴⁾

つまり「農民は時節と田畑の地形、土質を考え、その年の草木の芽生えや花の咲き方、実のつくようすを見て仕事をすすめるとよい……」というのである。

　『会津農書』よりさらに時代をさかのぼる東海三河地方の農法を記述した『百姓伝記』は、

　　　苗代田　もミまく風を　きらふには　こちやならひの　雨風そいむ⁽²⁵⁾

という。これは、『会津農書』の一部の記述も同じであるが、農民たちがその意とするところを暗記しやすいように和歌形式の表現を工夫したもので、「苗代に種籾を播く場合、東風やその地方にきまって吹く風など、雨をもたらす風が吹く日はやめること」という歌意である。その土地に固有の風、気象条件にたいする理解が不可欠であると説いている。

　あるいはまた『会津農書』では、水の性質を見極めることの重要性を説いて、

　　　清水ハ権衡目軽く冷テ痩、濁水は重温ニシテ肥ル⁽²⁶⁾。

という。つまり「清水は目方が軽く、冷たくて養分に乏しい。濁水は重く、温かで肥えている」という指摘である。

　このような風土条件のなかでも、とりわけ重要視されるのが、地形やこれから農作物の種を植えつける土壌の観察である。農書のなかでも全国的な視点をもち、また最も普及した『農業全書』では地形や土壌を判別する指標を指示する。

第 5 章　孤立定住空間の通時的理念　139

　　土地を見るに多くの目付あり。先陰陽を見分、草木の盛長と、色とを見、
　　又石の色、同土の軽重、ねばると、もろきを見、日向のよしあし、雨霧風霜、
　　又ハ地の浅深と…[27]

「土地を判別するさいに、多くの目のつけどころがある。まず乾・湿を見分け、そこに生えている草木の生育ぶり、色合を見る。また母岩の色と、土が軽いか重いか、粘りぐあい、砕けぐあいを見、日当りのよしあし、雨・霧・風・霜の程度、または作土の深浅などの自然条件を見る」と。指標の最初にかかげた土壌の「陰陽」とは、

　　土のしめりたるハ陰なり。乾きたるハ陽なり。ねバりかたまりたるハ陰なり。
　　脆く、さハやかなるハ陽なり。かるくして柔らか過たる浮泥(はいつち)の類ハ陰なり。
　　重く強くはらゝぐ類ハ陽なり。此等の類ををしはかりて、土地の心をしる
　　べし[28]。

といい、あくまで実態に即すことを要求する。すなわち農業を営むうえで、「陰陽」こそもっとも基本的な原理だという。
　『百姓伝記』の土壌についての解説はつぎの通りである。

　　真土と云に色々様々ありて、万木諸草能生へ、ひとなり、実なると、万木
　　諸草一円に生付不叶、ひとなる事なし[29]

「壌土といってもさまざまである。木も草もよく生えて生育もよく実の成る土地、木も草も一様に生えず生育も悪い土（がある）」という。土壌には耕作に適不適のものがあるというのである。
　『会津農書』ではさらに観察を深めて、類型区分は詳細である。たとえば作物にとって最上級の土壌として、「黄真土」の説明はつぎのようになる。

　　黄真土　厥田ハ上ノ上。黄色に黎交て班成事山鳥の羽の如し。依之山鳥真
　　土とも言。黄真土の上位なるハ土の本色黄にて壌なり。其味甘く、其性重く、
　　能万物を生し、各其気を含ませしむ。是土の真性不雑之誠。故に真土と
　　書てまつちと読也[30]。

土壌の識別に際して、農民に自らの眼で判別し、手でさわってその湿り気やほぐれ具合を確かめ、重さを測り、さらに口にふくんでその味を区分することを求める。定住空間の固有性は、農民一人ひとりの身体的、感覚によって、確かめられ、体得されていく。

(2) 環境への働きかけ

　農書は、農民たちに、ただ環境に従えばいいといっているのではない。むしろ、彼らを取りかこむ自然環境、風土に対して徹底した働きかけを要求する。それは圃場の耕起であり、水のかけひきであり、除草であり、そして施肥である。
　まず圃場の耕起について、どの農書もその重要性を第一に説く。とりわけ『農業全書』はつぎのように記している。

　　凡土ハ転じかゆれバ陽気多く、又執滯(またつえとどこほる)すれバ陰気おほし。それ陰陽の理りハ至りて深しといえども、耕作に用ゆる所ハ、其心を付ぬればさとりやすし。農人これをしらずハあるべからず。其理りをわきまへずして耕作をつとむるハ、多くの苦労をなすといえども、利潤を得る事少なし(31)。

　　初の耕しハ深きをよしとす。重て段々すく事ハ、さのミ深きこのまず。初の耕し深からざれバ、土地熟せず、重てすく事ふかくして、生土をうごかせバ、毒気上にあがりて、却てうへ物いたむものなり。但是ハ荒しをきたるを耕す事を云なり。熟地をつねに耕すハしからず。先初ハうすくすきて、草を殺し、段々深くして、種子を蒔べき前ハ、底の生土をうごかすべからず。たね生土の毒気にあたりて、生じがたく、さかへがたし(32)。

　　犁耕ことハ、農事の第一の仕立にて、其余の計事ハ、皆耕して後の事なれバ、専耕に心を用ゆべし。高田(たかきた)ハ深く耕し、底の土までよく和らぎ熟すべし。底に陽気を蓄へぬれバ、作り物に利潤多き事疑ひなし(33)。

なぜ耕すのか、それも、なぜ深く耕さなくてはならないかを解説し、同時に、肥えた表土の保持にも注意を喚起して、苛酷な労働は必ず収益増によってむくわれると励ましている。
　耕起に次いで農書が説くのは田への水のかけひき、当時の農業経営の主眼が稲作にあたったからである。まず『百姓伝記』には、

第 5 章　孤立定住空間の通時的理念　141

　　草木ハ、雨露のめくミを以やしなひ、そだつる中にも、稲ハ水のうるをひな
　　くてハ、そたちかたく、ミのることなし。… 先、日損のためにハ雨池をか
　　まへ、流水をせきて井構にたて込、稲のやしなひとする。その水のひきやう
　　を以、稲に善悪あり。たとへ薄田たりといふとも、井懸り能ハ米を得る事多
　　し。上田たり共、水懸りあしくハ、念を入て用水を取事、心懸肝要なり[34]。

とある。いうまでもなく、貯水池や用排水施設の整備の必要性を説いており、治
水論に多くの紙数を割いている本書ならではの記述である。ついで『農業全書』
では、

　　高田に水をそゝぎ、水田に日を当る事、是農事の肝要なり。喩バ人の気血
　　のごとし。一方不足すれバ、かならず病を生ず。土地も其ごとく燥湿（かくうるほひ）の程
　　らひよからざれバ、もし日に痛まされバ、必ず水に痛む。農事にかぎらず、
　　よろつの事、よき程らひをはかるハ天道也。陰陽の消長（けしちやう）互に其根と成て、
　　かたおちなき理りなれバ、一偏にかたよりたるハ、天の心にあらず。いか
　　ほど糞培（こやしつちかう）を尽しても、乾湿（かはきうるほひ）のほどらひあしけれバ、其功空しき事なれバ、
　　農夫たる者、先水利のかけ引のそなへをよくはかり儲て、其後種蒔（そのごうゑまく）の品を
　　ゑらびて作るべし[35]。

という。田畑の水利を人体の呼気・血流になぞらえて説明している。あるいは『耕
稼春秋』において、

　　　惣して田ハ水を以て育物なれハ、常も水加減其地の干滋によりて水加減
　　する[36]。農夫たる者先水利の掛引の備へを苗の時より能はかり、其後種蒔
　　の品々を撰て作るへし。穀物の多少ハ則爰にありと知るへし。然共水ハ陰也。
　　陽気の過たるを潤す助と成へし。少しにても水を過すへからす。災となる
　　物也[37]。
　　　稲ハ五穀の中にて極めて貴物也。大陰の精にて水を含んて其徳を盛んに
　　すと云て、水によりて生長する故、土地の善悪をハさのミ云ずして、先水
　　を専にする事なり[38]。

ともいう。いずれも、さきの『百姓伝記』の場合と同様に、稲作にとっての水の

かけひきの心得を説いている。

　水のかけひきのつぎは除草である。『百姓伝記』からみると、

> 田の耕作をする事、秘蜜〈＝密〉の事更になし。作毛のしけらさる内に、根をたつ事専一と知へし(39)。

という。「田の除草をするのに秘伝はない。作物の幼いうちに雑草の根を絶つことが何よりである」とする。同じく『農業全書』には、

> すでに、種子を蒔、苗をうへて後、農人のつとめハ、田畠の草をさりて、其根を絶べし。…上の農人ハ、草のいまだ目に見えざるに中うちし芸り、中の農人ハ見えて後芸る也。みえて後芸らざるを下の農人とす。是土地の咎人なり(40)。

とある。「すでに種子を播き、苗を植えてから後は、農民の仕事は田畑の雑草を取り除いてその根を絶やすことである。」除草の状況から、農民を上農、中農、下農に分け、雑草を放置して他人に迷惑をかける下農は罪人に等しいとまで極言する。同書は続けて、

> 田畠の畔其外近き辺りに、草少も立をくべからず。あたりに草さかへぬれバ、土の気をうばひぬすみて、目にも見えぬ害をなす事甚し。都てさかゆる物ハ、其あたりの、雨露の気までも分けてとる物なれバなり(41)。

とする。「田畑の畔やその近辺には、雑草を少しも生やしてはいけない。近くに雑草がはびこると、土の肥料分を奪って目に見えない損害を与えることが多いものである。繁茂した雑草はすべて、そのまわりに降る雨露の水気まで奪い取るからである」といって、具体的に除草の重要性を説いている。一方『耕稼春秋』の記述は『農業全書』に近く、とくに、

> 草ハ主人の如し、本より其所に有来物也。苗ハ客人の如く脇よりの入人なれハ、大形の力を以て悉くのそき去難し。其上能ものハ生立難く、悪しきものハ栄へ安きハ、世上よの常の事なれハ、草の栄へて五穀等を害するハ甚速成物也(42)。

と解説する。つまり「雑草は土地の主人のようなもので、もともとそこにあったものであり、稲は客人のようによそから来た人のようなものであるから、並たいていの努力ではこの雑草を全部取り除くことはできない。」農民一人ひとりが理解しやすいように、除草の困難さを日ごろの人間関係になぞらえる。

そして施肥である。農書群のなかでも先駆的な『百姓伝記』は、

> 土民ハこやし・やしなひをたくハへ、田をこやして耕作仕るか本也。こやしなくてハ、作毛よからす[43]。

という。「百姓にとっては、肥料を貯え、田を肥やして耕作することが基本である。肥料がなくては作物の出来はよくない」と、この時代すでに施肥の重要性を説く。ただし、やみくもに大量の肥料を投下すればよいというものではない。

> 田にこやしを入るゝに損得多し。あしくやしなひをしてハ還而損あり。農人たらん人よく仕覚へし[44]。

「肥料を施す方法によって損益にははなはだしい差ができる。施肥の仕方が悪いとかえって損をする」というのである。『農業全書』の説明はこうである。

> 天地化育の功を手の下に助け、百穀を世に充しめ、万民の生養を厚くする事、農業の内にても、取分此糞壌を調ずるを以て肝要とすべし。されバ心あらん農夫ハ此理りを深く思ひ、此に心を留め眼を付て、慎んでよく其事をつとめざらんや[45]

すなわち「自然が作物を育てる力を人間の手によって助け … とりわけ肥料を準備することが大事」だとする。あるいはまた、

> 田畠に良薄(よしあし)あり。土に、肥磽(こへやせ)あり。薄くやせたる地に、糞を用るハ、農事の、急務(いそぐつとめ)なり。薄田を変じて、良田となし、瘠地を、肥地となす事ハ、これ糞のちからやしなひにあらざればあたハず[46]。

「田畑にはよしあしがあり、また作土にも肥えたものと瘠せたものとがあるので、浅くて瘠せた作土に肥料を施すことは、農業を営むうえでの急務である …」ともいう。さきの記述とあわせて、ここに自然界の一員として、農民の積極的なか

かわりあいを求めるのである。

のちの『耕稼春秋』は、『農業全書』の内容を引用して施肥の重要性を説く一方で、その背景を推測する。

> 土の性も年々衰けるにや。… 新田を見るに、開き初の時分出来過て糞いらざる所も、十ケ年程過れハ糞いらずして出来せず。糞の事年々まし、昔と違ひ大分入(47)。

「土地の生産力が年ごとに衰えてきてはいないだろうか。… 新しく開墾した田では、最初はできすぎるくらいで肥料もいらないが、十年もたてば肥料なしではとれなくなってしまう。施肥量が年ごとにふえ、昨今では昔に比べてずいぶん施すようになった … 」と。つまり開田から時がたち、また商品作物を連作することによって地力が低下してきていることを指摘している

ここにみたように、農地に対する深い耕起、天候をみての水のかけひき、一草も残さない除草、そして土壌の性質や作物の成育状況にあわせた施肥……と、農民たちには自らの農耕空間に対する絶え間ない働きかけが求められる。定住を確かなものにするには、これら自然環境や風土に対する徹底した働きかけが欠かせないのである。

6. 孤立定住空間の循環性と統合性

農書は農法の基本として、耕起・用排水・除草・施肥、これらのうちでもとりわけ施肥の重要性を強調していたが、その肥料はどのように得ようというのだろうか。

肥料について、とくに詳しく説くのは当時の農書群のなかでも記述年代が古い『百姓伝記』である。まずは下肥の確保について。

> 土民たらんものハ、身上分限相応に、雪隠・西浄・東垣・香香を処々にかまへ、不浄を一滴すつへからす。不浄とハ大小便の儀なり。屋敷・家内に不浄を麁相にすつるハ、第一きたなし。土民ハ四季ともに万物をつくり出しわざとする。不浄ハ皆以土をこやし、万作毛をやしなふ(48)。

すなわち「百姓である以上、資産や身分に応じて（いろいろな名前で呼ばれている）

便所をところどころにそなえていること。不浄(下肥)を一滴も捨ててはならない。不浄とは大小便のことである。屋敷や家の内に、下肥を粗末に捨てておくのは第一きたない。百姓は四季を通じて万物を育てることを仕事にしている。下肥はすべて土を肥やし、すべての作物の栄養になる … 」と。「不浄を一滴すつへからす……」とは、何という徹底振りだろうか。

さらに下肥を貯溜し、腐熟させるために、便所の広さや構造、位置を規定する。

> 土民の雪隠を、人々の分限に随て、大きにつくるへし。不浄処せハきハ、必こやしを手置するによからす。本屋より遠くつくりてハ損多し。また日影・木下なとをいむへし。本屋より南東へよせ、構てよし。本屋より西ハ、必ひたり勝手なり。まつ冬さむく、日当りかねてあしきなり。冷しき処ハ、こやしくさりかね、費多き事あり(49)。

「農家の便所はやや広めに、便槽も大くし、日当りのよいところに設置せよ」という。同じく『会津農書』には、

> 厮〈=厠〉の内に養道具、馬道具抔入置爲に広く作るへし。屎坪ハ桶か槽を沈めてよし。穴を石ニてたゝミたる坪よりハふね、桶ハ二三和割も屎りんしに積る(50)。

ここでも便所は広くし、便槽は屎尿が少しでも漏れないように石積より桶がよいとしている。

肥料になるのは、もちろん下肥だけではない。日常生活からの排出物がすべて利用の対象となる。『百姓伝記』にかえろう。

> 土民の屋敷にハ、堀まやと云て、分限相応に堀をほり、ごミ・あくた・屋敷の下水を溜、其堀へ土の付たる芝をけづりこミ、かり入くさらかし、田畑のこやしとするに、わくがことく作毛よくミのるものとしれ(51)。

> 井のもとに堀をほりて、毎日諸色を洗ひ捨る下水をためて、其内へごミ・あくた・木の葉・かやの葉を取入、くさらかし、田畠のこやしとするに、作毛能出来ミのる事かきりなし(52)。

「農家は屋敷内に堀をほって、そこにごみやいろいろなものを洗ったあとの排水、

さらには木の葉やかやの葉、土のついた芝などを入れて腐らせて、田畑の肥料にせよ」というのである。『会津農書』の精神も同じである。

>　水棚尻、剰水或ハ川抔へ不落、溜堀を深くして置、洗濯水共にこぼし置て、雨降りに汲取て作毛へかけへし。コミ出ルハ揚置て田地へ持入へし。
>　ち利穴ハ厮〈＝厠〉の際に深く広と（く）堀置、常々はきためちりあくた、こなや、古鞋の類を入、又山所の草を苂入、実のなりて畑に置れさる取荗を持入、冬中くさらかし田の養に用へし(53)。

「台所の排水や余り水は川などへ流さず、汚水溜めを深く掘っておき、これに洗濯の水と一緒にためて、雨降りのときに汲み出して作物へかける。底にたまった汚泥はさらい上げておいて田へ入れる。」また、「ごみ捨て穴は、便所のそばに深く広く掘っておき、掃除をしたときのちり、粉ひき場のごみ、古わらじの類を入れる。また、山地の草を刈り入れたり、実がついて畑に置けない草などを入れたりして、冬の間に腐らせて田の肥料とする……」と。

さらに、『農業全書』にいう。

>　腐り爛れたる物、又ハけがらハしき物の類、濁水(にごり)、沐浴の垢汁(ぎゃうずい)に至るまで、糞桶にためをき、わき腐りたる時用ゆべし(54)。

「腐ったもの、または汚物の類、濁水、風呂の水まで肥桶にためておき、腐熟したときに使用するとよい……」と。あるいは、

>　水も家の内に汲入て、百日もをきぬれバこゑとなるなり。
>　土も屋の内に運び入れて、百日も雨露に当らざれバ糞となるものなり(55)。

「水は、家の中に汲み込んでおいて百日もおけば肥料になる。」「土も、家の中に運び入れて百日間も雨露にあわせなければ肥料となるものである……」という。

もう一度『百姓伝記』にかえれば、

>　四季共にこやしの合水入故、手足の洗雫一滴もすつることなきやうに、穴をほるか、桶をうつむるか、ふねをいけ、其上に竹すきをしき、そこにて下人迄湯水をつかハすへし(56)。

という。つまり「人体の排せつ物である大小便はもとより、台所の排水も、風呂の排水も、洗濯の排水も、手足を洗った水も、一滴も残さず利用して、肥料をつくろう」というのである。

　もちろん、家畜の糞尿も大切な肥料源である。『百姓伝記』は馬屋の構造や馬の飼い方に注意を与える。

　　土民、馬屋を間ひろく作り、しつけすくなき処ハ、ふかくほりて、わら草を多く入てふますへし。馬をもつなくへからす。… 百姓ハ第一こやしを大切にするものなる故、馬屋に念を入へし。… 武家のことく、馬屋のわら草をさいさい取出してハ、こやししまずあしきなり^(ママ)(57)。

「百姓は馬屋を広く造り、湿気の少ないところを選んで深く掘って、(敷わらや)敷草を多く入れて踏ませること。」　最後のところでは外貌のみを重んじる武家の馬と対比して、農家の、実質的な飼育法の違いを指摘し、農業を営むものの自信と誇りを鼓舞している。

　この『百姓伝記』における肥料源の追求は、ついに家屋の構造材そのものにまで及ぶ。まず土間についてはこうである。

　　土民の家ハ大かた土座なるへし。… 土座なる時ハ、五穀のから其外を敷て、しつけをしのき、其くさるにしたかひて、田畠のこやしとする徳あり。… 土民の本屋ハすがきにして、年中に一度宛かき直し、縁下のごみ・あくたを取。作毛のこやしにして徳あり。年中の穀るい縁下へ落かさなり、ごミとくさり合有ゆへ、能作毛をこやすなり(58)。

「農家の家の床は、本来土間がよい。筵を敷いた場合はそれを毎年とりかえ、床下のごみや芥をとって肥料にせよ」という。「土民の家ハ大かた土座なるべし」── 土間に溜まったちり・ほこりは良い肥料になるというのだ。

　また、屋根材について、つぎのようにいう。

　　土民の家ハ板屋・かわら屋にして徳なし。かやふきにして、年中のすゝをゐさせ、年々年々ふきかゑ、煤かやを取、くさらせて作毛にこやしにするに徳あり。火をたかさる家ハ其徳なし。わらにてふきたる家尤よし。山か

やのるいこやしにするになりかたし。くさる事をそくしてあしきなり[59]。

「農家の屋根は藁葺(わらぶ)きとし、毎年ふきかえる。煤のついたわらはよい肥料のもとになる」というのである。

そして、ふだん火を焚いて煤のよくしみ込んだ古い家の壁土さえも、有効な肥料になると指摘する。

> 古家のかべ土、つねに火を焼て煤多くしミ付たる土ハ、しつける畠に置、能作毛のしつけをしのきて、万物をそだて、実入よし[60]。

ここまでみてきた肥料のもとは農民たちの大小便をはじめ、生活排水の全般に及び、それも「一滴残さず」利用しようとする徹底ぶりである。もちろん家畜の糞尿も利用し、さらには床材や屋根材、壁材といった家屋の構造材までも肥料にしようというのである。農民たちは田畑の作物を収穫し、食物として摂取するが、他方彼らの排せつ物、生活排水などは肥料としてふたたび田畑に還元されていく。定住者と周辺環境との間に身体的な、むしろ生理的ともいうべき連鎖系、循環系ができあがる。

こういって、『百姓伝記』の著者は、民家の構造の詳細に言及する。壁や屋根材料も、肥料として田畑の土に返すことを前提に選ぶべきだと諭す。便所の配置も、排泄物を肥料として田畑に運ぶときの便利さを配慮するように注意する。民家と耕地が一体となった生活空間が理想とされているのである。

7. 孤立定住空間の屋敷構え

屋敷構えについてみよう。『百姓伝記』にいう。

> 家を作事するに、我々か屋敷の中央につくるへし。四方に明地をして秋ハ五穀・雑穀をからながら取込ミ、ほしかへしをするに、自然と徳多し。屋敷せまくハ、北か西へよせ屋作りをして、東南に明地を多くすへし。作事ハ人の分限に応せるもの、またその人々のこのミ有物なり。然とも、武家・町人なとのことくに、材木ほそく、きれいをこのむ事有へからす。大風・地震にもつよく、いたまぬやうに作事すること肝要也[61]。

「家は自分の屋敷の中央に造り、家の四方に空き地を残しておく。秋に五穀、雑穀を殻のついたままで取り込んで、干したり返したりするのに具合がよいからである。屋敷がせまい場合には、北か西へ家を寄せて建て、東南に空地が多くなるようにする。… 大風や地震にも強く、傷まないように家を造ることが大切である」と、さきの馬屋の記述と同様に、武家や町人とは異なった農家としての誇り高い生き方を指し示している。

『会津農書』は母屋の配置から、屋内のしつらえにまで言及する。

> 農人の家ハ、干物の勝手に日月受て、南向に作るへし。或ハ俄雨杯ふり、乾し物急ニ取込に自由なる居間を土座にして、前に長戸を立へし。又稲取始末の勝手、春場を広く、居間と場の仕切なしにてよし。夜のあかり火を一所にてとほし候。両の便にすへし (62)。

とくに屋内について、居間と作業場（ともに土間）の間に仕切をしないで、広く使えるようにし、夜の仕事の便をはかるようすすめている。

屋敷まわりの植えこみについて、ふたたび『百姓伝記』はいう。

> 屋敷まハりの薮敷ハ、外のかた高く、内のかた地ひきく成様にせよ。外ひきなるハ見入あしく、薮外へかぶきて、田畠のこさに成事多し。またうちひきなるハ悪水も屋敷に落とまり、作毛のうるほひとなる。屋敷まハり植込をするにハ、西北にあたりてハ冬木のるいくるしからす、風をふせくたよりとなる。冬あたたかなり。東南にハ冬木のるい植へからず、日かけ多くなる。薮敷も西北ハたかく、東南ハ地ひきくすへし。屋敷に日のあたらぬハ費多し。居住にさむくして、まづあしきなり。また東南たかれハ、家内にひざしおそく見へて、朝こと損あり。日さし時をしらず (63)。

植えこみは、季節風を防ぐために西北側に、それも常緑樹を植え、東南をあけて日照を確保せよというのである。同じく『農業全書』はつぎのように説く。

> 田家或田畠の畔に木をうへ、常に、屋しき廻りにうゆるにも、西北(にしきた)の風寒を防ぎ、東南(ひかしみなみ)の暖かなる和気を蓄へ、陽気の内に満る心得して、栽ぬれば、其内に作る物の盛長も早く、よくさかへ、土地も漸肥て、磽土も変じて、

後ハ良田となるべし。仮令肥良の土地にても西北の風寒つよければ、和気を吹きさまして、田畠に、糞し養ひを用ても、その気を吹ちらすゆへ、作り物に、きくことすくなし(64)。

『耕稼春秋』はこれらを整理補完して、

> 百姓屋敷廻りに木を植るに多徳有。風寒を防ぐのミならす盗賊の防となる。或ハ隣家の火災を隔とも成、枝葉ハ薪の絶間を助、しん木ハ間をぬき伐て材木として、落葉ハ殊に田畠の糞に能物也。菓樹を西北の方に植、竹ハ東北の隅に植て、根を西南の方にひかするハ常の事なりと云り。家宅を初て造り営む時に、杉桧杯の良木を植て後年破損の爲に備へ置へし(65)。

つまり、「農家の屋敷のまわりに木を植えることには多くの利点がある。風の寒さを防ぐだけでなく、盗賊の入るのを防ぎ、あるいは隣家の火災からの防壁ともなる。さらには枝や葉は薪の蓄えがなくなったときの助けとなり、幹は間伐して材木とし、落葉は田畑の肥料としてことによいものである。果樹を屋敷の西北のほうに植え、竹を東北の隅に植えて、根を西南に伸びるようにすることが一般に行われている。家を初めて建てるときは、杉、ひのきなどの良木を同時に植えておき、後年家が破損したときの備えとすべきである」とする。

最後に山の植林について。『百姓伝記』では、

> 壱円に草木なき山有。草をはやし、木を植へし(66)。

として、傾斜地での植林の手順をていねいに教授する。同じく『会津農書』では植林用の樹種とともに、山と農業、山と生活の関係を述べる。

> 家の後に内山あれハ、山の根にハ竹、榧、蜀椒、柿、栗の類植へし。…丸に立林にして材木等に用てハ、夫ハ末の益、当分のたりな(に)ハ不成、殊に柴山にしてハ薪にするハ大成誤りたるへし。年の菓を取て当座の益となすべし。又萱野にも拵置て干し草に芟置、馬屋へ入、冬中馬にふませ田の養ひにするならハ、耕作の得も深ミ、又屋かやにしても殊更よし(67)。

「家の後ろに持ち山があれば、山のふもとには竹、かやの木、さんしょう、柿、

第5章　孤立定住空間の通時的理念　151

A　岩手県胆沢平野の民家

B　富山県砺波平野の民家

C　島根県出雲平野の民家

D　佐賀県白石平野の民家

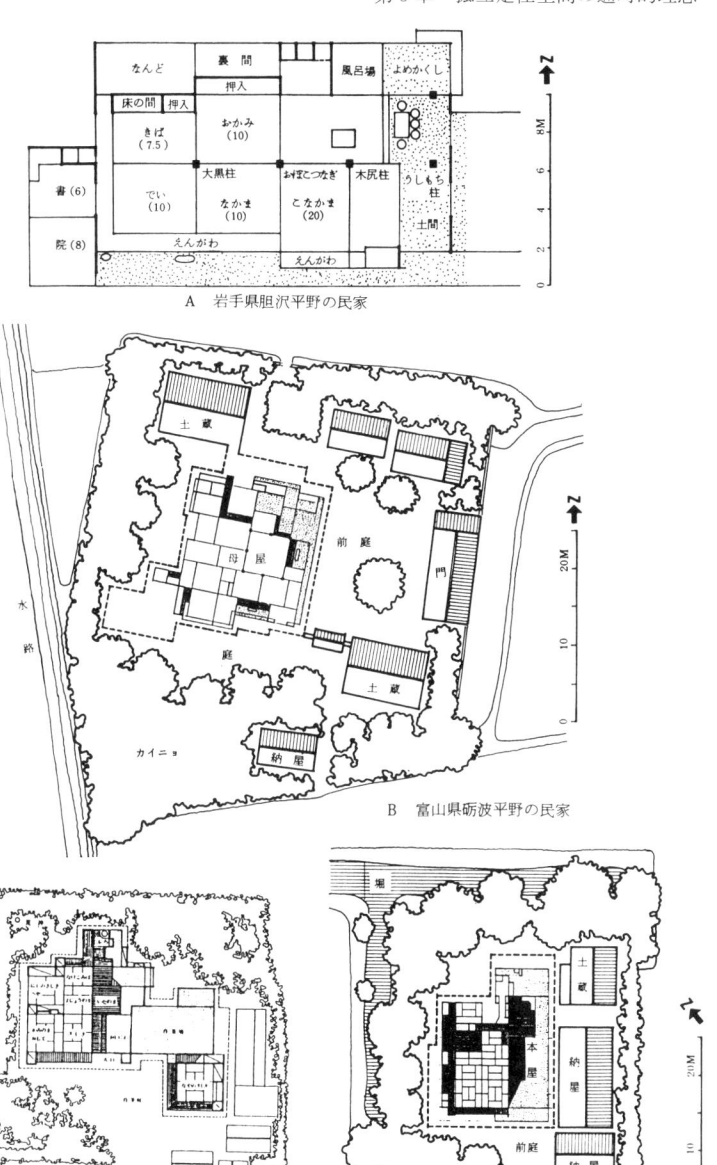

図 5-3　平野型散居集落の民家の平面

栗の類を植える。… 裏山全体を材木林として仕立てれば将来の利益にはなるが、当分の生活の足しにはならない。ことに雑木林にして薪にするのは誤りだろう。年々、果実をとって暮らしに役立てるほうがよい。また、かや野にしておき、干し草を刈って馬屋に入れ、冬中馬に踏ませ、田の肥料にすると収益があがる。また、屋根ふき用にするのもまことによい」と。

あらためて、現在の散居集落の民家を見てみよう(図5-3)。胆沢平野の民家は「イグネ」あるいは「エグネ」と呼ばれる杉や落葉樹の屋敷林に囲まれている。加賀藩に属した砺波平野では、屋敷まわりには杉、けやきなどによる「カイニョ」と呼ばれる屋敷林を育て、母屋は東向きあるいは南方向からの季節風を避ける[68]。そして、すでに本書第1章で見たように、出雲平野の農家は、屋敷の西および北側に、クロマツを幾何学的に刈りこんだ築地松を育て、晩秋から冬にかけての北西方向からの季節風を防ぐ。まさに、農書の記述どおりの田園風景である。

8. 農の道、農人の理想

かつて、社会学の鈴木栄太郎（1894～1966）は実在する農村社会の観察を通じて「自然村」という、歴史的な理想型を抽出しようとしたが[69]、本論では、農家の日常的な農作業の心得を列挙した農書の記述を読み解くことによって、一人の農民が独立して自分の生き方を貫く場合の理念型、すなわち「孤立定住空間」を構築し、今日、私たちが見る田園風景と照らし合わせてみた。

農書の一つ『百姓伝記』の著者は繰り返し、こう農民に呼びかけていた。

　　土民たるものハ……
　　土民たらんものハ……

「土民として生きようとする者よ」「土地を耕して生きようとする農民たちよ」という、直截な呼びかけである。その一方で、反面教師としての「非土民」、つまり武家や町人の生き方に言及し、「土民」つまり農民に、徹底した自覚を促したのだ。

　　武家のことく、馬屋のわら草をさいさい取出してハ、こやししますあしきなり。

武家・町人なとのことくに、材木ほそく、きれいをこのむ事有へからす。

　都市に住み、組織に従属しなければならない武家や人間関係に縛られる町人とは違い、農民は誰にも従属せず、誰にこびへつらうこともなく生きていくことができる、といって独自の生き方を説いてやまなかった。これこそが、農民にとっての「生きられた空間」である。
　さらに、『百姓伝記』の著者は、農民が、誰にも頼らず、自ら季節の移り変わりを知る方法を説いた。

　　物をかき、ものしり給ふ人ハ、こよミを見、運気をくりて、四季・節をしり給ハん。一文不通の土民ハ其儀不叶。……我々か屋敷のうちに、寸尺の定たる竹木のすくなるを、直に立置、昼夜の長短を月日の御影にて覚よ。風見と云て立置竹木のさきに、紙かきぬをゆい付置て、東西南北の風をこゝろ見よ。春夏ハ地より天にかせふきあぐる、子とも・わらへのたこをあくるを見よ。秋冬ハ天より地へ風ふきつくるにより、風見を吹下る。野分の大風秋に至りて必ずふき、損亡あり。春夏ハ陽気あらハれ、秋冬ハ陽気沈ミ陰気となる。鳥類・畜類・万木諸草、能四季・節をしれり[70]。

「物をかき、ものしり給ふ人」とは文筆家や識者のこと、彼らは「暦をみて、自然の動きをとらえながら、その年の四季や節気を知ることができるであろう。しかし、文字を読めない農民はそれができない…」と。そこで、季節ごとの太陽の位置、月の満ち欠け、風の方向、気象の移り変わり、そして身近な生物の様子から季節の推移を読み取らなければならない。「庭先に適当な長さの棒を立て、太陽がつくる影をみて季節の移り変わりを判断せよ。棒の先に布を結びつけ、風の方向や強さを観察せよ」と求める。文字が読めないからといって、何も不安になる必要はない。大自然を日々観察し、季節の移り変わりを感じ取って生きていけばいいではないか……と。
　ここには、大地に、そして現実に生きる農民の誇りが強調されている。大自然のなかで、家族の力だけで生きていく誇りである。何と壮絶な自己コントロール、自治精神ではないか。
　同じく、『農業全書』もいう。

> それ農人耕作の事、其理り至て深し。稼を生ずる物ハ天也。是を養ふもの
> ハ地なり。人ハ中にゐて、天の気により、土地の宜きに順ひ、時を以て耕
> 作をつとむ。もし其勤なくハ、天地の生養(しやうじやしなひ)も遂べからず(71)。

つまり、時の移りかわりに遅れないように耕作に努めよ、というのである。いずれの農書も、農民自ら季節の移りかわりを、四季、八節、二十四気の区切りを理解し、時節におくれることなく耕し、播種し、水をかけひきし、除草し、施肥することを強調してやまない。まるで、追いたてられるような時間感覚である。これを、さきの「生きられた空間」に対応する農民たちの「生きられた時間」とでもいおうか。自己存在とは無関係に、均質に、永遠に刻まれる近代の時間とは、対照的である。

さらに『農業全書』は続ける。

> されバ人世におゐて、其功業のさきとし、つとむべきハ生養(そだてやしなふ)の道なり。生
> 養の道ハ耕作を以て始とし、根本とすべし。… 万の財穀も皆耕作より出る
> 物なり。故に農業の道、其かゝる所至ておもし(72)。

「そのため人の世では、第一の仕事として励むべきものは農の道なのである。農業はまず耕作にはじまるべきであり、耕作を基本にすべきである。… すべての財産や食糧も耕作によって作り出される。農業とは、このように重要な意味をもっているのである」と。

以上が農書の著者たちが説いてやまなかった農の道であり、農人の理想である。単なる農法ではない。誇りある生き方あるいは倫理観そのものである。それはまた、そののち300年間、いまからほんの30年ほど前まで、途中近代化、産業化の激動期をもこえて日本列島で継承されてきた農業観、風土観といってもよいだろう。近代の知にもとづく時空感覚に対して、ここでみてきた生きられた空間、生きられた時間は、あくまでも日常的、実証的、固有的である。

もう一度、『百姓伝記』の一節を引用しよう。

> 土民たるものハ、我ひかゑひかゑの田地の近処に屋敷取をして、永代子々
> 孫々まて、したひに世をつかせ、繁昌する事をねかふへし。

ここに孤立定住空間の理念が凝縮しているように思う。かくして、農の道、農人の理想は「永代子々孫々」に受け継がれる。いや、世代を超えて理念、理想を継承したからこそ、孤立定住空間を実現できたのではないか。言語学の概念を援用すれば、「通時的理念」にもとづく田園景観の形成である。もちろん、一戸の農家が空間的に独立して農耕生活を営むという原点に立てば、孤立定住空間の形成は平野部の散居集落だけに限らない。山麓でも、谷あいでも、あるいは山岳部の急傾斜地でも、それは可能なはずである。

[注]
1　大石慎三郎（1977）『江戸時代』〈中公新書〉（中央公論社）p.46。
2　大石慎三郎（1977）前出、pp.22-23、古島敏雄（1941／著作集）『日本封建農業史』〈古島敏雄著作集第二巻所収〉（東大出版会）〈古島敏雄著作集第二巻、1974所収〉（東大出版会）p.142。
3　大石慎三郎（1977）前出 p.46。
4　大石慎三郎（1977）前出 pp.36-38。
5　大石慎三郎（1977）前出 pp.60-61 より引用。
6　大石慎三郎（1977）前出 p.166。
7　大石慎三郎（1977）前出、木村礎（1970）『近世における村落景観の展開』〈郷土史研究講座四「近世郷土史研究法」所収〉（朝倉書店）、同（1980）『近世の村』（教育社）歴史新書など。
8　大石慎三郎（1977）前出、はじめに。
9　本書第4章参照のこと。
10　古島敏雄（1980）『農書の時代』（農文協）序文。
11　『百姓伝記』〈日本農書全集第16,17巻所収、岡光夫／守田志郎翻刻・現代語訳〉（農文協）。
12　佐瀬与次右衛門『会津農書』〈日本農書全集第19巻所収、庄司吉之助翻刻・現代語訳〉（農文協）。
13　宮崎安貞『農業全書』〈日本農書全集第12,13巻所収、山田龍雄ほか翻刻・現代語訳〉（農文協）。
14　土屋又三郎『耕稼春秋』〈日本農書全集第4巻所収、堀尾尚志翻刻・現代語訳〉（農文協）。
15　〈農書全集第19巻〉p.6。
16　〈農書全集第19巻〉p.197、後の括弧内の現代語訳も同書による。以下の引用も同じ。
17　〈農書全集第12巻〉p.47。
18　〈農書全集第4巻〉p.240。

19　〈農書全集第 16 巻〉p.120。
20　19 世紀の経済地理学者 J・H・フォン・チューネンは、「都市は〈孤立国〉の中央にある」「孤立国は荒地によって囲まれている」「土地は完全に平坦であり、川や山が無い」「地質や気候は均質である」「孤立国の農民は自分達の商品を同じ手段で市場へ運ぶ」「農民は利益を最大化するため合理的に振る舞う」といった前提の下で、都市からの距離によって同心円状に決定される農業形態を予測した。もし都市との関係がほとんどなかったら、農民は、どんな定住空間を形成するか —— その一つの解答が、本論で提起する「孤立定住空間」である。
21　〈農書全集第 19 巻〉p.6。
22　〈農書全集第 4 巻〉p.183。
23　〈農書全集第 4 巻〉p.240。
24　〈農書全集第 19 巻〉p.5。
25　〈農書全集第 17 巻〉p.59。
26　〈農書全集第 19 巻〉p.22。
27　〈農書全集第 12 巻〉p.74。
28　〈農書全集第 12 巻〉p.48。
29　〈農書全集第 16 巻〉p.81。
30　〈農書全集第 19 巻〉p.212。
31　〈農書全集第 12 巻〉p.48。
32　〈農書全集第 12 巻〉p.53。
33　〈農書全集第 12 巻〉p.62。
34　〈農書全集第 17 巻〉p.126。
35　〈農書全集第 12 巻〉p.107。
36　〈農書全集第 4 巻〉p.54。
37　〈農書全集第 4 巻〉p.193。
38　〈農書全集第 4 巻〉p.214。
39　〈農書全集第 17 巻〉p.126。
40　〈農書全集第 12 巻〉p.84。
41　〈農書全集第 12 巻〉p.89。
42　〈農書全集第 4 巻〉p.222。
43　〈農書全集第 17 巻〉p.132。
44　〈農書全集第 17 巻〉p.110。
45　〈農書全集第 12 巻〉p.104。
46　〈農書全集第 12 巻〉p.91。
47　〈農書全集第 4 巻〉p.184。
48　〈農書全集第 16 巻〉p.227。
49　〈農書全集第 16 巻〉p.123。

50 〈農書全集第 19 巻〉p.195。
51 〈農書全集第 16 巻〉p.230。
52 〈農書全集第 16 巻〉p.231。
53 〈農書全集第 19 巻〉p.197。
54 〈農書全集第 12 巻〉p.96。
55 〈農書全集第 12 巻〉p.98。
56 〈農書全集第 16 巻〉p.126。
57 〈農書全集第 16 巻〉p.123。
58 〈農書全集第 16 巻〉p.236。
59 〈農書全集第 16 巻〉p.237。
60 〈農書全集第 16 巻〉p.259。
61 〈農書全集第 16 巻〉p.121。
62 〈農書全集第 19 巻〉p.192。
63 〈農書全集第 16 巻〉p.124。
64 〈農書全集第 12 巻〉p.121。
65 〈農書全集第 4 巻〉p.237。
66 〈農書全集第 16 巻〉p.135。
67 〈農書全集第 19 巻〉p.191。
68 北日本新聞社編（1982）『礪波散居村 ― 緑の知恵』。
69 鈴木栄太郎（1940）『日本農村社会学原理』（鈴木栄太郎著作集 1-2 巻）（未来社）。
70 〈農書全集第 16 巻〉p.30。
71 〈農書全集第 12 巻〉p.46。
72 〈農書全集第 12 巻〉p.47。

第6章

計画的農耕空間の風土化

― 武蔵野の列状村 ―

まっすぐ伸びた武蔵野の集落道。両側に
うっそうとした屋敷林が続く。

短冊状の畑の向う側に平地林が配置された武蔵野台地の集落。平地林で乾燥する耕土を季節風から守り、また落葉を集めて肥料にした。

　地理学では、伝統的に農業集落の景観をつぎのように類型化してきた[1]。

　1. 自然発生的集落
　2. 計画的開拓集落（または計画的建設集落）

　この、自然か、人為かという識別にもとづく農耕空間の類型に、私は少なからずとまどいを覚える。なぜなら計画概念をまったく欠いた農耕空間というものは、本来考えられないからである。農学の古島敏雄は「人間の生きるための営みは、どこかでたえず自然への働きかけをしている。… その過程では、直接自然物をとりだすだけではない準備的作業によっても自然の姿を変えていく[2]」と指摘した。ここにいう「準備的作業」とは、収穫という成果を期待した農耕行為の全般を指す。農耕者は、つねに「自然物をとりだす」ための準備的作業、計画的所作をともなっている。

　しかしその一方で、農耕者は自ら自然への対応を日々繰り返しているう

ちに、それがあたかも太古の昔から自然に存在していたかのように、自己を中心とした統一的、完結的な環境をつくりあげる。田園における、この漸次的、継続的な環境形成を、ここでは「風土化」と定義することにしよう。当初の農耕空間の構築から風土化へ —— この歴史的な変容過程を首都東京の西方、武蔵野台地で検証してみたい。

1. 洪積台地の武蔵野

　武蔵野は、周囲を主要河川の開析による河岸段丘や東京湾側の海岸段丘で区切られた、ほぼ長方形の台地である[3]（図6-1）。北西部を埼玉県加治丘陵と入間川に、北東部長辺を荒川に、そして南西部を多摩川に区切られる。東側は東京湾である。台地の西端青梅から東京湾までは、対角線で約50kmである。あらためていうまでもなく、現在首都圏の市街地はこの台地上のほぼ東半分を占め、さらに幹線交通網沿いに内陸部にむかって伸びている。この市街化のため、今日の景観から武蔵野台地の地形学上の構造を理解したり、かつての農耕空間の面影をしのんだりすることは、しだいにむずかしくなっている。

　ここは、もともと秩父山系から流出する土砂が堆積した扇状地である。秩父山系の谷口にあたる青梅を扇頂とし、平均勾配が約200分の1以下で、ごく緩やかに傾斜している。そこに更新世以後の海退、陸部の隆起、富士山や浅間山などの火山からの降灰が重なった（台地の名称は、慣例にしたがい本書では「洪積台地」を用いる）。台地の西半分は、狭山丘陵を除けばほぼ平坦といってよい。そこへさきに掲げた入間川、荒川、多摩川による開析が進んで、河岸段丘でふちどられるようになったわけである。一方台地の北東辺や東部では柳瀬川、黒目川、白子川、練馬川、石神井川、阿佐ヶ谷川、目黒川、野川などの小河川によっても開析が進んでいる。したがってそこでは台地というより丘陵部が連続する。台地周辺の大小河川沿いには沖積平野の発達もみられる[4]。

　近世になって農耕空間として開発されるまで、この武蔵野台地は人間の居住がきわめて制約されてきた。その理由として、歴史地理学の高橋源一郎はつぎの3点をあげた。第一に「水を得られない」、第二に「水の肴を得られない」、第三に「風当たりが強い」という点である[5]。このうちでも、地理学の矢嶋仁吉が繰り

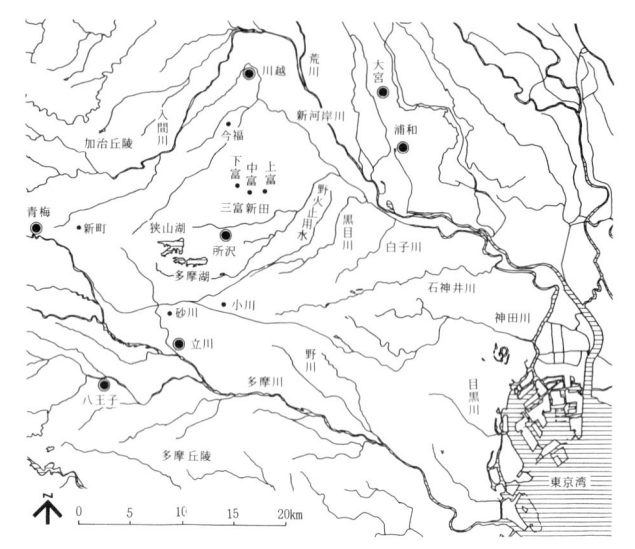

図 6-1　入間川・荒川・多摩川に囲まれた武蔵野台地

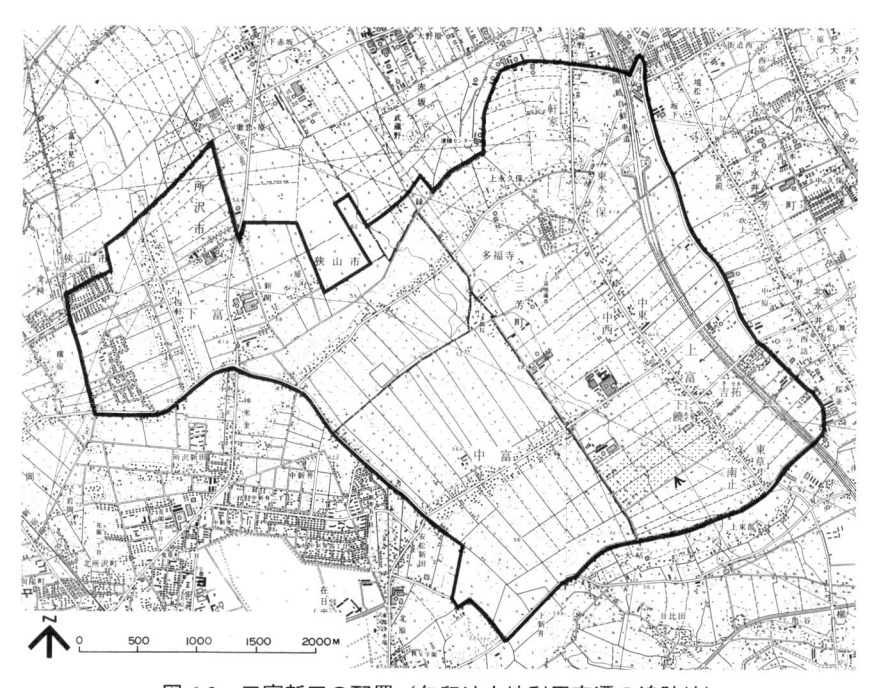

図 6-2　三富新田の配置（矢印は土地利用変遷の追跡地）

かえし指摘するように⁽⁶⁾生活用水、農業用水の取得が困難であることこそ、もっとも深刻な原因だった。台地はもともと保水性が低い関東ロームと呼ばれる火山灰層やその下の礫層からなり、また台地周辺は河川の開析が進んで地下水位はきわめて低い。井戸を掘るにしても、用水路を開さくするにしても、高度な技術と大変な労苦を要した⁽⁷⁾。

台地上に 16 世紀以前に成立した古い集落は、加治丘陵や狭山丘陵の裾野か、台地を開析する大河川沿いの沖積平野に限定されてきた⁽⁸⁾。最近発掘調査が続く先史時代の住居群の跡や貝塚は、そのほとんどが台地縁辺部に立地している⁽⁹⁾。いずれも自然勇水があるか、河川や海岸の水際との関係が緊密な地帯である。

武蔵野台地上に新しい集落の立地をみるのは、17 世紀初頭以来のことといってよい。江戸幕府の成立による政治的な安定と、ここが新しい政治の中心から至近距離にあることが、新田開発を促す理由としてまず考えられる。新田集落の成立時期は歴史的につぎの 3 期に区分され、それぞれ集落の立地点や開拓の背景、技術的方法などに特色がある⁽¹⁰⁾。

第一期は 17 世紀はじめから、その半ばにかけての時代である。この時期、それまで台地周縁部の集落の萱取場か猟場程度であったこの地に街道や宿駅の整備が進み、それにともなって新しい集落が立地した。甲州街道沿いの高井戸、布田、府中、日野、青梅街道沿いの田無、新町、五日市街道沿いの砂川などがこの時期のものである。街道は台地の単純な地形を反映して目的地にむかって直線的に伸び、それに沿って集落が発達している。とりわけ青梅の東方約 4 km に開拓された新町は、武蔵野台地のもっとも先駆的な新田集落とされている。そこでは街道の両側に列状に往戸がならび、それぞれに短冊状に区画された耕地が配分された。区画数は道路の片側 33 区画、両側で 66 区画であったと伝えられる。

第二期は、第一期のあと、17 世紀末までの時代である。この時期、前期の街道筋、宿駅を離れて、本格的な新田開発がはじまった。17 世紀半ばに玉川上水 (1653 年)、野火止用水 (1655 年) が相ついで完成し、台地南部の新田開発が進んだ。小川新田がその代表例であり、短冊状の土地区画をもち、宅地うらには用水路が通る列状集落をなしている。台地の大半を統治する川越藩では、川越周辺の砂窪、今福、上赤坂、下赤坂、上松原、下松原などの新田開発を進めた。いずれもほぼ平等な短冊型の地割をもつ列状集落という特色を継承する。第一期、第二期をあわせた

新田村落は約40村、この開拓によって元禄期に武蔵一国の生産高は陸奥についで全国2位に躍進した[11]。

　第三期は18世紀、享保以後の時代である。この時期、幕府直轄で開田事業がすすめられ、その村数は80余村を数え、武蔵野台地はほぼ開拓しつくされた。新田村は本田の出村、枝村として開拓されるのが通例であり、前期までに成立した新田村のさらにまた新田というものも少なくない。歴史的にはこの時期以後の開拓村を「武蔵野新田」と呼びならわし、それ以前については「新田」を省略したり、「古新田」などといったりしている。

　これからみてゆく三富新田は上富、中富、下富の3村からなり、第二期の最後の完成である。現在は行政的に上富は入間郡三芳町に、中富・下富は所沢市に編入されている（図6-2）。

2. 農耕空間の基本構造

　17世紀初頭以来、百数十年にわたる武蔵野台地の新田開発には、ほぼ共通した計画原理、空間構成がみられる。すなわち、

1. 耕地を農家各戸へほぼ均等に配分する
2. 農家屋敷と配分された耕地を直結し、短冊状の地割とする
3. 農家屋敷を直線状に伸びる集落道の片側または両側に列状に沿わせる

したがって、短冊状の地割は集落道に直交する。農家はこの均等に配分された地割のなかで生活し、農業を営む。墓地もこの地割のなかにある。農家の日々のサイクル、季節のサイクル、そして生涯のサイクルがここで完結している。武蔵野新田村にしばしば「平等村」という表現が用いられるゆえんである[12]。

　短冊状の地割という単位空間の規模や形状は、いかに決定されるか。理論的には、すでに地理学の吉村信吉らの試算がある。そこでは耕地までの往復時間、耕作時間、労働力、必要生産量（生活費）などを因子に、奥行限界値を仮算する[13]。とくに作目選択が多様な畑地の場合、その作目や土壌の豊沃度、気象条件、農業技術レベルといった因子も考慮しなければならない。計算過程はかなり複雑になる。だから武蔵野台地の新田集落では、上記のような計画原理を共通にしながら試行錯誤が繰り返された。

第 6 章　計画的農耕空間の風土化　165

　三富新田の計画単位は間口 40 間（約 72.8 m）、奥行 375 間（約 682.5 m）、面積五町歩（約 5 ha）を基準にしたという。この計画単位の選択について、地理学の井上修次は三富新田の東方にある北永井、藤久保といった先進地の経験が生かされていると推定する[14]。経験の積みかさねというのであれば、参考にされたのは 2 例にとどまらないだろう。武蔵野台地の先輩にあたる諸村の経験は、すべて参考にされたと考えられる。いずれにしても、三富新田の計画単位は既存のもの、周辺のものとくらべてもっとも大きい。のちの享保以後の新田集落でも、これだけの単位規模をもつものは見当たらない[15]。

　計画単位の規模とならんで三富新田の特色とされるのは、その整然とした地割である[16]。三富新田に先行して 1656（明暦 2）年に完成した小川新田は、間口・奥行ともに均等ではない。1669（寛文 9）年の検地記録を分析した歴史学の木村礎は、そのばらつきに対して「入村百姓の古村におけるこれまでの社会的地位に応じてそうなった[17]」と推定している。それにくらべて三富新田では、2 区画分を占有した 3 戸の上層農家を例外に、均等性が貫かれた[18]。入村者の「平等」という社会的な創始性も、農耕空間の計画性を評価する尺度として注目すべきである。

　ただ詳しくみれば、各戸の持分には微妙な差がある。区画の形状も必ずしも整ってはいない。間口・奥行ともにばらつきがある。さらにいえば集落の骨格としての道も直線とは限らない。三富新田のなかでも、もっとも形状が整っているとされるところが上富である。その場合でも、多福寺を起点に南下するにしたがって集落道の左右の対称性がくずれ、区画の歪みも大きくなる（図 6-2）。同じ上富のなかでも、多福寺の北の上永久保、東永久保、八軒屋では形状の歪みはさらに大きい。農耕空間としての整序感といっても、あくまで他の地域との相対的な違いによる特質である。「間口 40 間、奥行 375 間、面積 5 町歩」という計画単位が考えられたとしても、現場の状況に合わせて修正されている。

　そこで、つぎのような開発手順を推定することができる。

　　第一段階　集落道の位置の決定と建設
　　第二段階　現場あわせによる地割の決定
　　第三段階　各戸の入植と区画内の開墾

具体的には、まず上富中央の多福寺南側に、南南東方向に三本の集落道を平行に通す。すなわち中富との境界、上富中央、そして北永久保との境界である。道の幅員はいずれも6間（約10.92 m）、通称「六間道[19]」である。計画原理を追求しやすい開拓地区内の中富側は直線である。既存村落の北永久保側、それに上富の南端では村の境界に沿って屈曲する。ついで多福寺側から各戸への区画割りをすすめる。中央集落道の両側に上層農家3戸にはそれぞれ2区画を、他の一般百姓59戸（永久保、八軒家をのぞく）には1区画を割りつける。多福寺から南下するにしたがって、また中央集落道の中富側より北永井側で、区画の歪みが大きくなる。最初は厳密に計画原理を適用するが、しだいに誤差が集積してゆく[20]。

　同じ要領で上富側から西南西方向に3本の六間道を平行させ、中富の骨格を定める。ここでも多福寺に近いほど整序感が濃厚で、離れるにしたがって歪みを生じる。下富および上富の永久保、東永久保、八軒家では周辺の既存村落との境界ならびに既存の街道に導かれて、区画の形状は一層多様になる。集落道の片側だけでは十分な奥行を確保できなくなって、各戸の持分は集落道（街道）の両側にわかれる。ときには連続した区画がとれず、同じ持分を保証するために飛地も生じる[21]。

　このように、集落道のわずかな屈曲や区画割りの歪みから、現場合わせによる「やわらかい計画原理」が推定される。三富新田についてしばしば繰りかえされる「整然たる計画的な村落経営を行った[22]」という評価も、現場の状況を詳細にみれば留保を必要としている。上富・中富・下富それぞれ相互の間で、また村内の各区割りにおいて、微妙な格差を生じている。そのような計画原理のやわらかさ、現場性にもかかわらず、区画それぞれの隣地との境界は直線的にじつに鋭敏である。この鋭敏さを実現するためには、予想される隣地境界部分の草木をいちど皆伐したかもしれない。見通しをつけたうえで慎重に境界を決定するのでなければ、この鋭敏な方向性をもつ空間単位を創出することは不可能であっただろう。

3. やわらかい計画原理

　三富新田の開発がほぼ完成したのは、着工から2年足らずの1696（元禄9）年の春であった[23]。同年5月には早くも検地が行われた。これによって屋敷・耕地などの面積・位付・石盛りが定まり、所有権・耕作権も確認された。さらに貢

租の基準も決定され、諸役賦課のための村高が算出された[24]。

工事が遅れた八軒家を除く上富の検地の結果は表6-1のとおりであった[25]。

表6-1 検地による上富集落の耕地面積

	面積				全体に占める割合(%)
上　畑	22町	4反	5畝	14歩	4.6
中　畑	51	1	6	3	10.4
下　畑	190	1	6	24	38.7
下々畑	223	1	9	14	45.4
屋　敷	4	3	-	-	0.9
計	491	2	7	15	100.0

この結果をみると、武蔵野台地の他の新田村と同じく、地目は畑のみであった。『新編武蔵野風土記稿八巻』の上富村の記述、すなわち「水田はなく陸田のみを開けり」にも符合する[26]。

その畑も、高い収穫を期待できる上畑は全耕地の4.6%にすぎない。高い収穫を期待できない下畑が39%、下々畑が45%を占めた。一戸あたりの耕地面積は著しく大きいものの、位付は低い。耕地の生産性を加味した石盛(こくもり)は表6-2のとおりであった[27]。

表6-2 検地による上富集落の石盛

	石盛				全体に占める割合(%)
上　畑	6斗	134石	7斗	2升	8合	7.8
中　畑	5	252	4	3	3	14.7
下　畑	4	703	0	6	6	41.0
下々畑	3	583	5	9	7	34.0
屋　敷	10	43	-	-	-	2.5
計		1,716	8	3	3	100.0

つまり八軒家を除く83戸の上富全体で、米の生産量に換算して約1,700石の収穫を予想した。元禄期の全国の合計石高は2,587万6,392石、当時の村数6万3,276村であったという[28]。単純に村石高を平均すると409石である。新田はかなり大きな生産高を期待された村であったといえるだろう。もちろん検地時点で、すでにそれぞれの位付(くらいづけ)に相当する収穫があったとは考えにくい。十分な収穫ができない5年間は免租にし、1700(元禄13)年から納租が開始された[29]。

それでは畑の位付はどのように決定されたか。のちに村方経営を体系化した大

石久敬は、『地方凡例録』につぎのように記している(30)。

　　粘き赤土　軽き粘土　強き黒真土　砂交り野土　軽き赤土　灰土　軽き野
　　土　青まさ土　砂計りの畑　右ハ下の田畑なり

これをみてもわかるように、武蔵野台地の土の性質から、相対的に生産性の低い評価があったものと思われる。

では、同じ土壌条件にもかかわらず、地割内の評価に格差が生じた理由は何か。1694（元禄7）年のいわゆる「元禄検地条目第二条」に、

　　村前ヨリ上順々ニ野末ヲ下ニイタシ三ツ折等分ノ位付

とある。これを地理学の菊地利夫は、

　　田畑のさまざまな条件が等しい場合には田畑の位付は村落から耕地にいたる距離に比例する(31)。

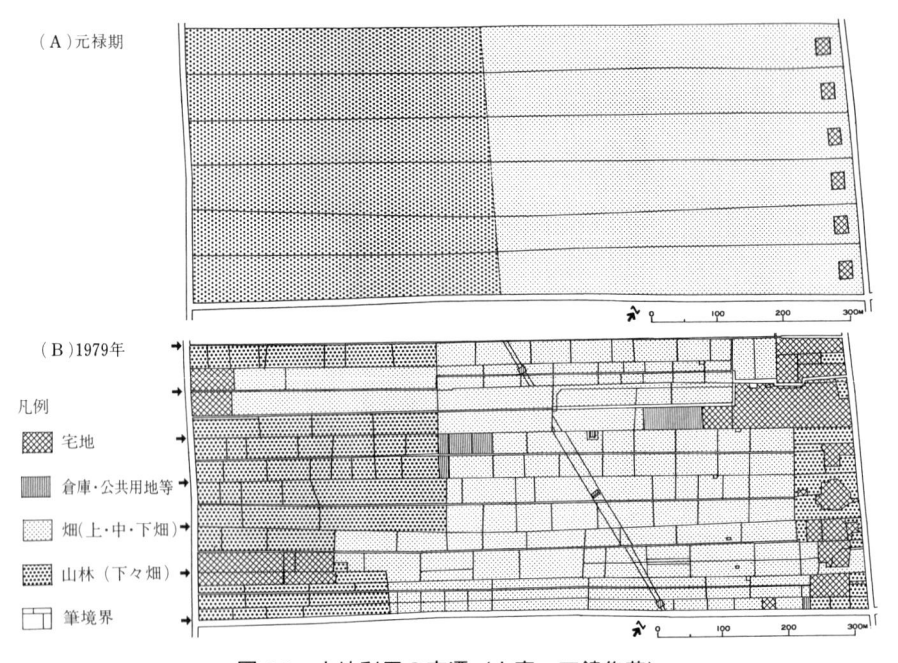

図 6-3　土地利用の変遷（上富　下饒集落）

と解説している。したがって片側路村の上永久保、東永久保などを除けば、上富、中富、下富の基本的な土地利用は、屋敷側は上畑・中畑、後方にいくにしたがって下畑、下々畑という位付があったものと推定される（図 6-3 A）。そこには集落の屋敷列を中心軸にして、そこから後方に離れるにしたがって自然の原野に近づくという、完結的な空間認識が存在していたようだ。

　当時の栽培品目は何か。やや時代がくだって、1755（宝暦 5）年の「下富村明細帳」にいう。

　　　　畑方作物、大麦小麦粟稗岡穂蕎麦芋蕪大根作り申候[32]

これらが、下富にかぎらず三富全域の作目とみてよいだろう。当時の栽培品目と検地の位付の関係は、

　　　大麦　　上畑、中畑、下畑
　　　小麦　　下畑、下々畑
　　　粟　　　中畑、下畑、下々畑
　　　稗　　　中畑、下畑、下々畑
　　　蕎麦　　下畑

だったという[33]。これにしたがえば、耕地の作目分布は屋敷近くに大麦や粟が、奥の方にいくほど小麦や稗、蕎麦などが栽培されてものと推定される。

4. 風土化の過程

　いま、三富地区の耕地に立つと、平らに広大な耕地は、両端に平行する緑の壁で区切られている。一方は地元で「やま」あるいは「山林」と呼ぶ平地林、他端は屋敷森である。いずれも「緑の長城」と表現したい壮観さである。豊かな自然の蓄積にもかかわらず、それぞれの直線的な連続性によって、ようやく何らかの人為の跡を認め得る。かつて「表口を住宅、其の後方を畑地、最後方を山林とし…[34]」と称した記述がいまでも生きている。

　この壮大な「緑」は新田開発の当初に計画し、造成されたものか。それとも、もともと豊かな自然林を拓いて耕地造成をはかったとき、耕地の両端に自然林が残ったものか。

地理学の矢嶋仁吉はいう。

> 開拓地の計画的な土地割の施行について … 本地域の新田に見られる如き、宅地、畑地、山林という一連の土地保有の形態は一層よくこの条件に適合している。… 農業経営に必須の家畜の飼料、草肥、堆肥等の生産資材及び燃料等の生活資材の供給源としての役割を山林が果した … [35]

今日の景観上の特質である整序感、それに山林が農業経営に果たすとされる一般的な機能から、これらの結論を導いた。はたして平地林の存在を当初の「計画的な」行為と認定できる根拠は何か。

1755（宝暦5）年の「下富村明細帳[36]」にいう。

> 一、男女がせぎ耕作之外無御座候
> 一、諸作仕付之儀ぬか灰しもこい等に而仕附申候

矢嶋はこの2条からつぎの結論を導いた。

> 生産力の低い開拓地に対して … 地力保持にはもっぱら自給肥料によったことが明白である[37]。

この推定に誤りはないか。引用した資料の内容を、あらためて吟味してみよう。

明細帳の2条の直接的な解釈には異論はない。問題は、なぜこのような条項がわざわざ明細帳に入ったか、である。明細帳は村の経済的状況を報告するものである。領主側はこれを参考にして、村の課税額を調整する。だから明細帳の背後には経済的な利害のぶつかりあいがある。引用した明細帳二条のうち、前条は「村外の稼ぎはしていない」、いいかえれば農閑期の出稼ぎはしていないというのである。だから畑の収穫以外の収入を対象にした「かぶせもり（もり接）」はご免こうむりたい、と言外に訴えている。同じく後条は、検地の位付に相当する収穫を達成するためには地力増進が欠かせないという。そのためには金肥の購入もやむを得ない、必要経費を認めてほしいと、これも言外に要望している解釈される。自家生産される「ぬか灰しもこい」だけで広大な耕地の地力向上をはかったとは考えにくい。周辺の新田と同じように、このほか干鰯、酒かす、油かすといった金肥も購入されたにちがいない[38]。少なくとも、当初の計画原理として自給自

第6章　計画的農耕空間の風土化　171

足的な世界観があったと断定するためには、明細帳の2条では不十分である。
　それでは、あらためて平地林はいかに造成されたか。検地の地目認定から吟味してみよう。『地方凡例録』にいう。

　　林畑には下畑・下々畑等の位付もありて、山中のミにも限らず野方にも里方にも地広なる処あり、里方にてハ上州勢多郡周辺・武州川越領野火止領など処々にありて野方の悪地なり (39)。

検地結果の下畑・下々畑、とくに下々畑という位付は「林畑」の意味であると推定される。「林畑」とは何か。同じく『地方凡例録』にいう。

　　林畑と云ハ、高受をいたし楢・櫟・其外雑木等を仕立、薪に伐出す畑 (40)

であるという。計画側の論理としてはあくまで直接的な経済成果を期待していたことがわかる。「享保新田検地条目」の記述はつぎのとおりである。

　　薮林等ハ薮銭林銭可申付、若又不相応ノ薮林仕立候ハ吟味ヲ遂ケヘキ事 (41)

今日みる平地林は、けして入会地というものではない。鋭敏な境界をもつ短冊状の地割の中に含まれている意味を読みとるべきだろう。
　近代社会に入ってからの首都圏近郊の変容を観察した小田内通敏はいう。

　　自家の必要上はた東京人の燃料供給の関係上櫟の人工純林を栽培する事は西郊町村の主要なる副業の一なり (42)。

いま地元の古老にたずねると、戦後の一時期まで平地林から薪を切って東京へ出荷したり、木材やカヤなどの建築材料を採取したという (43)。平地林の経済効果は、じつについ最近にいたるまで決して小さくなかった。
　以上から下々畑という表現ながら、当初の計画原理として平地林の存在が考慮されていたとみてよい。では、短冊状の地割のなかで、平地林と耕地の面積比率はいかに決定されたか。下々畑＝平地林とすると、検地時の地目から各戸の持分の平均約45％が平地林、残りの大半、面積にして2町5反（約2.5 ha）前後が耕地としての畑ということになる。さきに検討したように、当時の経営技術の程度ではこれが経済的に自立するために必要な耕地の面積であった。

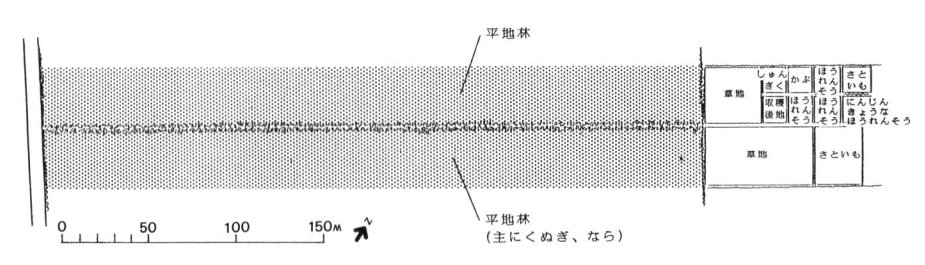

図 6-4　耕地の作付け分布（1983 年秋）

　ところが元禄期からのち、酒かすや米ぬかなどの購入肥料が急速に普及する。その結果耕地の地力は向上し、菊地利夫は 1 町 7 反（約 1.7 ha）の畑があれば、農家は十分自立できたと推定している[44]。したがって大規模な区画は三富新田が最後であり、享保以後の武蔵野新田の区画は縮小傾向をたどっている。区画が小さくなれば平地林を残さず、開墾しつくすところもでてきた。

　それでは、平地林の効果は直接経済的なものだけであったか。もちろん、そうではない。日常的には、矢嶋の指摘する「生産資材、生活資材」という効用は、たしかにあったはずである。元禄期に購入肥料が普及する以前であれば、なおのことである。森林のどちらかといえば無限定の効用のなかでも、防風効果はことに重要であったと思われる。武蔵野台地の火山灰質の表土は軽い。霜が降りることもたびたびで、それが表土を浮きあがらせる[45]。季節風も強い[46]。飛砂の被害は武蔵野台地周辺を悩ませる。かつて川越の町では平素は座敷に渋紙を敷いておき、来客のときはこれをあげて客を招じいれたほどだ[47]。

　当地では畦畔木として卯つ木（卯の木）を植える習慣が続いている。これも当初は境界表示のための植栽であったものが、表土の移動防止の効果もあって習慣化した。中富・下富方面では卯つ木の代わりに茶の木を植える。ここでは無限定の効用よりも直接的な経済利益が追求されている。

　現在の畑地後方の平地林は、奥行が約 350 m にも及ぶ。細い耕作道をたどって平地林に入ると、視界が急に狭くなる。視野が広い耕地部分とは対照的で、あたかも深山にいるかのようである。この平地林も、畦畔の植栽も、その効用は無限ともいえる。ただし、ここで論じてきたことはその重要性にもかかわらず、新田開発の計画原理として目的は経済林に限定されていた、ということである。

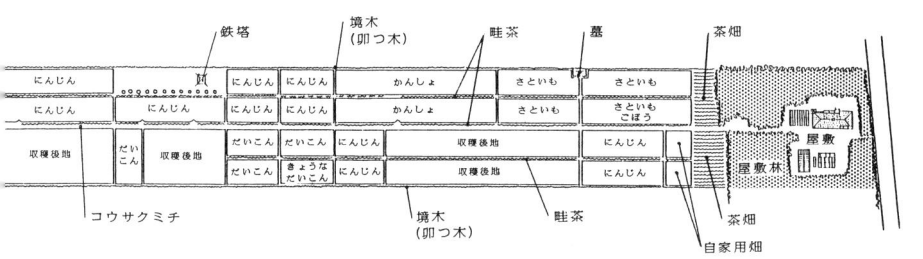

山本淳調査・作図。

5. 住空間の格式

　記録[48]によれば、1696（元禄9）年春、三富新田の開発事業が完成した。同年5月検地、6月には正式に各区画に百姓の入植が認められた。そして同年8月9月には急遽家屋がたてられ、入居が始まった。

　入植者の居宅は2間に5間（約3.6 m × 9.0 m）、馬屋は2間に4間（約3.6 m × 7.2 m）に統一された[49]。検地時に各戸に配分された屋敷の規模は5畝(150坪、約495 m²)[50]。屋敷の石盛は耕地よりも高い反当たり10斗で、地割内ではもっとも高い。さきにみたように区画の規模五町歩は計画基準であって、実際には縄伸びを含めて若干の出入りがある。しかし、屋敷の規模は全くの均等配分である。すなわち、計画原理として直接収穫に結びつかない居宅や屋敷を最小限に制約された。それも入植者に全くの平等原則が適用された。

　間もなく訪れる冬に備え、また明春の作付に期待して、あわただしく開墾がはじまったことだろう。そのときの景色は、歴史学の木村礎が小川新田について復元したものと大差あるまい。

> 武蔵野の荒野のなかに貧弱な小屋がぽつんぽつんと並んでいるむしろ荒涼ともいえる景観を描いた方がむしろ事実に近いであろう[51]。

当初の小屋は堀立て柱に、壁面、屋根とも萱、わらで覆い、床面は土間、せいぜい一部に竹の簀の子を敷いて湿気を防いだ程度であろう。開口部は出入口と煙出し用の換気口のみ、その出入口扉も萱・わらを束ねたもので、これを閉めれば室内は昼間でも暗い。土間中央のいろりには種火が残り、また一隅には貴重な水を

貯めた瓶が置かれていたにちがいない。

　開発当時の三富新田の住宅をいまに伝える遺構は、もちろん残っていない。江戸後期の様式をよく伝えるという現存の民家をみる[52]と、間口は約10.5間（約18.9 m）、奥行は4間（約7.2 m）に及ぶ（図6-4）。南面する住居の集落道側半分が土間、耕地側半分が居室である。正面の入口を入ったところが「どま」、その奥が「だいどころ」と「かって」、「どま」の右が「うまや」、さらに「みそぐら」である。このうち「かって」のみ板敷きで、他はたたき仕上げである。「みそぐら」周囲にのみ間仕切が入り、「だいどころ」にはいろりが掘られている。以上の土間上部には簀の子敷の中二階がある。

　居室平面は表側、南面して「ざしき（12.5畳）」、「ぜい（8畳）」が続き、裏側に「こざ（7.5畳）」、一番奥が「へや（6畳）」と、4室で構成される。居室の南側、西側、それに北側の一部には縁側がつく。いわゆる「くいちがい四ツ間型平面」である。「ざしき」に仏壇、神棚をおく。屋根は寄棟型式の萱葺き、棟には換気用の小屋根をつける。もちろん、一度にこれらの諸室や部分が完成されたとは考えられない。増築や改装が重ねられている。開拓期のものの4倍以上の規模をもつこのような民家型式も、この地域ではすでに少ない。

　現在の屋敷まわりも、開拓当初とは大きく異なる（図6-5）[53]。当初馬屋のみであった付属舎も、いまは母屋前の作業庭を囲んで作業舎、土蔵、若夫婦のための離れ、農機具置き場などをかぞえる。これらのまわりを深い木立が囲む。

　屋敷森の樹種は、耕地の奥の平地林のそれとまたちがう。集落沿い、隣地境界側には欅、杉、樫など、落葉・常緑系の高木を植える。いずれも建築材である。畑側に竹、梅、栗などを植える。農業資材とし、また果実を収穫する。屋敷森といっても、まず経済林[54]としての効果を期待する樹種が選ばれる。高木の下には常緑広葉系の生垣がしつらえられる。これらの高木・低木、常緑樹・落葉樹が組みあわせられて、防風・防塵・防火・気候（気温・湿度・日照）調整など、無限定の効果が享受される。屋敷森の合間には、ささやかな自家菜園、堆肥置場、萱置場が分散する。深いつきあいから「ウシロ・マエ」[55]と呼ばれる隣家との往来のために「アイノミチ」が通じる。耕作地側には「コウサクミチ（またはノードー）」、表の集落道に「キドグチ」[56]が開ける。作業庭の一角、竹薮側から作業庭に面して屋敷神が祭られる。

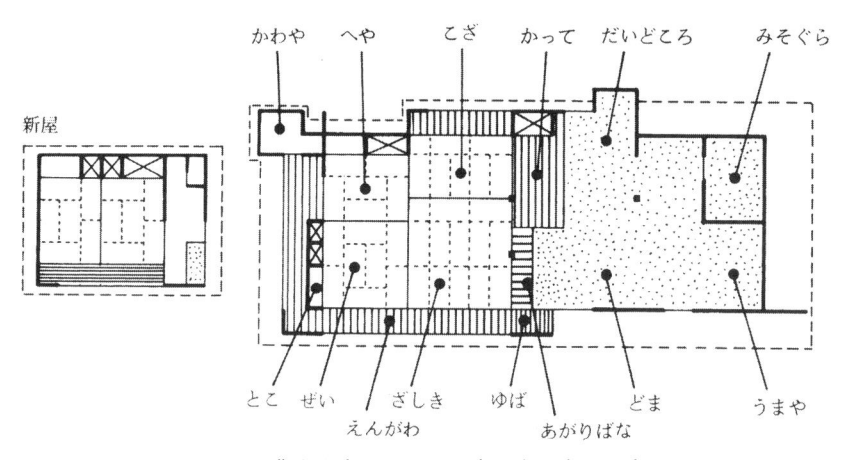

第 6 章　計画的農耕空間の風土化　175

図 6-5　農家住宅の平面（上富　島田寿雄氏宅）

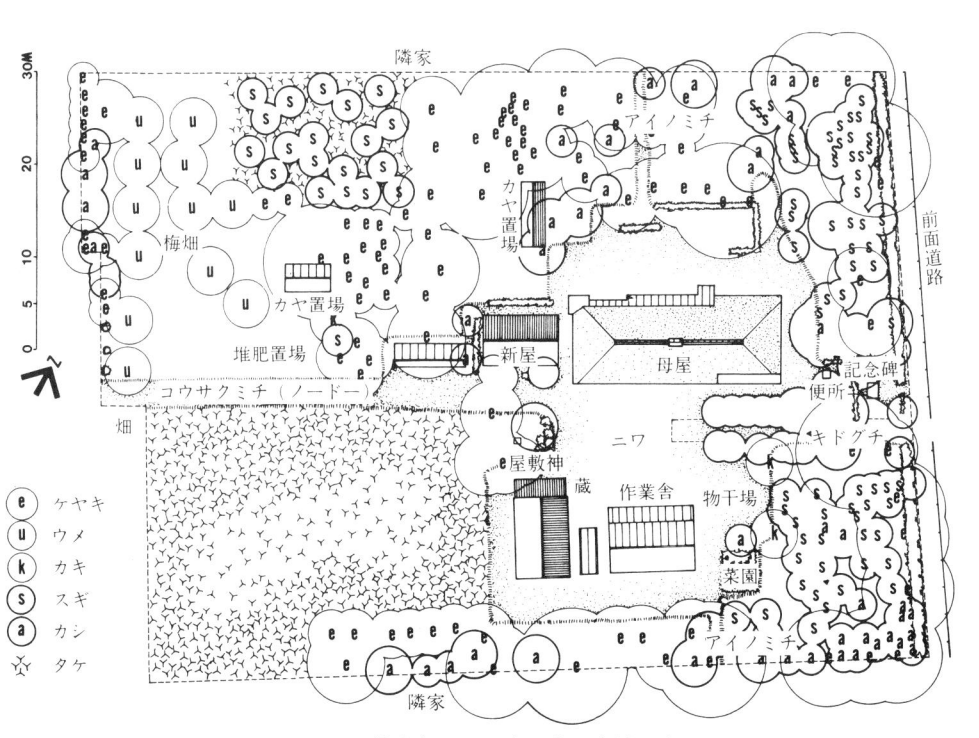

図 6-6　屋敷まわり（上富　島田寿雄氏宅）

この屋敷森は、短冊状の地割の間口いっぱいにひろがる。奥行は集落道側から奥へ、50間（約90 m）にも及ぶ。そして集落道沿いに屋敷森は連続し、武蔵野台地に固有の集落景観が形成されている。

『地方凡例録』はいう。

> 其村へ入りて四壁繁茂し、家居囲等の締りよきハ宜しき村なり、… 又村へ入り四壁もなく、有どもまバらにて、家居垣根等の破れも厭わず、庭の構へ草深く見ゆるは困窮村なり、… 又家居ハ見苦しくとも山林・萱野・秣場・萓場等有て、四壁も樹木多くミゆる村ハ内証のよきものなり、是の如くの村ハ多く野方にあるものなり[57]。

これが当時のいわゆる「村柄」、集落空間の経済的な評価基準である。最後の「野方にある」とは、当然武蔵野の村むらを含む指摘だろう。

居宅を中心に、周囲に作業庭、付属舎、屋敷森を配し、さらにその外側に耕地を拓く。この同心円状の統一的完結的な空間認識が、短冊状の地割のなかに投影されている。それは農耕者の日常的な営みによって、歴史的に形成されたものであることはいうまでもない。

6. 列状村の類型性

近世に創出された農村のうち、武蔵野の新田と同じような形態的特質をもつ集落を、全国各地にみることができる（図6-7、表6-3 A, B）。形態的な特質とは、単に住戸の分布の疎密ではなく、屋敷 ― 耕地の配列の仕方にある[58]。本論で論じてきた短冊状の地割をもつ列状集落は、屋敷 ― 耕地が同一区画内に含まれ、他方で屋敷どうしも集落道沿いに連続するものである。したがって集落道、街道沿いに住戸が連続しても、耕地との対応がない路村、街村などとは性質を異にしている[59]。この列状集落に対比されるいわゆる散居集落は、個々の屋敷と耕地とは対応するものの、屋敷どうしは耕地をはさんで散在する。また集居集落は屋敷どうしが集中して連続するが、個々の屋敷と耕地とは必ずしもつながらない。

ここで短冊型地割をもつ列状集落について、類型的な特質を整理しておこう。

集落の成立期はいずれも1600年代である（表6-3 C）。比較的初期のものに長

図 6-7　短冊状地割をもつ列状集落の分布

野県塩尻市の郷原集落、同じく三郷村住吉集落がある。本論でみた三富新田は遅い方の例である。ただし、歴史的な時代考証のためには、あらためて事例の追加が欠かせない。

集落の成立理由は、

1. 農耕を主とするもの
2. 農耕を副とするもの

に区分される（表 6-3 D）。「農耕を副とするもの」とは、さきの郷原集落のように宿場町や、熊本県菊陽町堀川集落の地鉄砲のように軍用目的のものがある。宮城県河北町五十五人集落は、近世社会の政治的安定にともない、下級武士が農村定住を試みたものである。「農耕を主とするもの」を含めて、いずれも藩営、官営事業として開発されており、強い計画意志をうかがうことができる。

集落が立地する地形的な条件には、

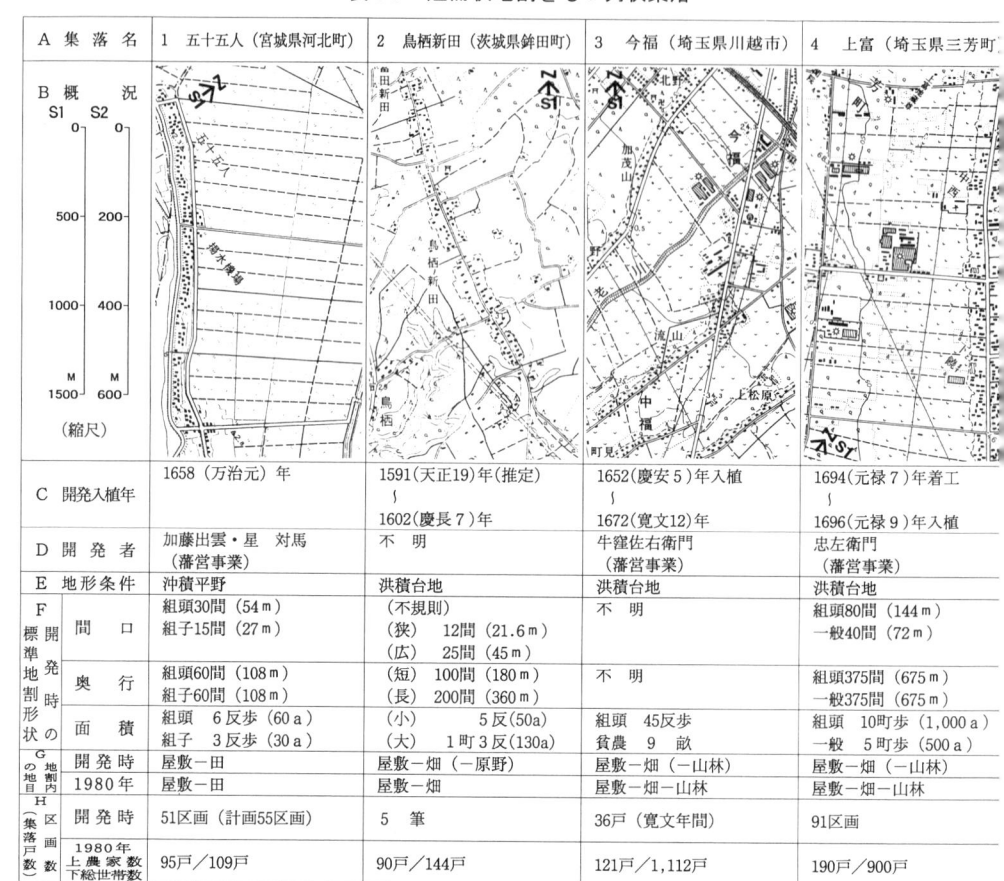

表 6-3 短冊状地割をもつ列状集落

A 集落名	1 五十五人（宮城県河北町）	2 鳥栖新田（茨城県鉾田町）	3 今福（埼玉県川越市）	4 上富（埼玉県三芳町）
B 概況 S1 S2（縮尺）				
C 開発入植年	1658（万治元）年	1591（天正19）年(推定) 〜 1602（慶長7）年	1652（慶安5）年入植 〜 1672（寛文12）年	1694（元禄7）年着工 〜 1696（元禄9）年入植
D 開発者	加藤出雲・星 対馬（藩営事業）	不 明	牛窪佐右衛門（藩営事業）	忠左衛門（藩営事業）
E 地形条件	沖積平野	洪積台地	洪積台地	洪積台地
F 標準地割形状 開発時の 間口	組頭30間（54m）組子15間（27m）	（不規則）（狭） 12間（21.6m）（広） 25間（45m）	不 明	組頭80間（144m）一般40間（72m）
奥行	組頭60間（108m）組子60間（108m）	（短）100間（180m）（長）200間（360m）	不 明	組頭375間（675m）一般375間（675m）
面積	組頭 6反歩（60a）組子 3反歩（30a）	（小） 5反（50a）（大） 1町3反（130a）	組頭 45反歩貧農 9畝	組頭 10町歩（1,000a）一般 5町歩（500a）
G 地割内の地目 開発時	屋敷一田	屋敷一畑（一原野）	屋敷一畑（一山林）	屋敷一畑（一山林）
1980年	屋敷一田	屋敷一畑	屋敷一畑一山林	屋敷一畑一山林
H 区画数 開発時	51区画（計画55区画）	5 筆	36戸（寛文年間）	91区画
（集落戸数）1980年 上農家数／下総世帯数	95戸／109戸	90戸／144戸	121戸／1,112戸	190戸／900戸

1. 砂丘地
2. 沖積平野
3. 洪積台地
4. 扇状地

などがある（表6-3 E）。すなわち歴史学の木村礎が「元来水が多過ぎるとか少な過ぎるような所」[60]と表現した、近世新田村の進出地域いずれにもみられる集落形態である。三富新田は洪積台地の集落だが、全国的な例をみれば、短冊型地

第6章 計画的農耕空間の風土化　179

表 6-3 （つづき）

5 住吉（長野県三郷村）	6 郷原（長野県塩尻市）	7 富益新田（鳥取県米子市）	8 堀川（熊本県菊陽町）
1615（元和元）年	1614（慶長19）年 〜 1619（元和5）年	1705（宝永2）年 〜 1708（宝永5）年	1636（寛永12）年
不明	不明 （藩営事業、宿場町）	角与兵衛 （百姓田）	（藩営事業、地鉄砲）
扇状地	洪積台地	砂丘地	洪積台地
（東）　7間（12.6m） （西）　9間（16.2m）	（区画は不規則） （例）14間（25.2m）	（推定） 20間（36m）	小頭20間（36m） 一般15間（27m）
（東）150間（270m） （西）138間（248.4m）	38間（64.4m）	600間（1,080m）	―
（東）　3反5畝（35a） （西）　4反1畝（41a）	1反8畝（18a）	4町歩（3.9ha）	― 一般13町3反（1,333a）
屋敷―田―畑―芝地 屋敷―田	屋敷―畑 屋敷―畑―田―畑	屋敷―畑 屋敷―畑	屋敷―畑―山林 屋敷―畑―田―山林
60区画	23区画 38区画（慶安年中）	第1期　17区画 第2期　20区画	91区画
91戸／104戸	159戸／315戸	203戸／742戸	上堀川　26戸／75戸 下堀川　36戸／74戸

　割をもつ列状集落は、地理学の矢嶋仁吉のいう「乏水性台地」に限定されたものではない。
　短冊型とはいいながら、地割形状、単位規模ともにさまざまである（表6-3 F）。基本的な区画配分について、

　　1. 均等のもの
　　2. 不均等のもの

に区分できる。近世新田村の特質として、歴史学では① 集落と耕地の統一性[61]、

② 農業生産形態における小農生産性[62]、③ 耕地区画の整然性・規格性[63]などをあげている。これらの条件を具備する理想型として、各戸の持分が均等な「平等村」がある。堀川集落、五十五人集落はその先駆例であり、同時期の武蔵野台地の集落はまだ「不均等のもの」が主流である。

耕地の地目は、

1. 田のみ
2. 田と畑
3. 畑のみ

が考えられる（表6-3 G）。郷原集落、堀川集落のように、はじめ畑で、後に用水路を開さくして田に変更されたところも少なくない。計画的とはいいながら、地割・地目は歴史的に大きな変容を経ている。計画当初の空間形態を復元するために、本論では検地帳に依拠したが、それは三富新田のように検地ののち入植しているからである。また堀川集落では入植時に耕地面積、生産高（石高）の目標が提示されており、さきにみた均等地割とならんで成熟した計画原理が存在するということができる。住吉集落、郷原集落の検地は開発時より遅れたようである。

集落の区画数（規模）もさまざまである（表6-3 H）。開発後の変容も激しい。ここに掲げた事例地の集落周辺をみわたすと、列状集落は他の集落形態が分布するなかで孤立していることが多い。地域的に列状集落で埋めつくされているところはほぼ武蔵野台地のみといってもよい。ここにも武蔵野台地における強い計画意志の継続をみることができるだろう。

7. 武蔵野変容

武蔵野の風景について、明治期の文人徳富蘆花（1868～1927）はいう。

> 東京の西郊、多摩の流に到るまでの間には、幾箇の丘あり、谷あり、…丘は拓かれて、畑となれるが多きも、其處此處には角に割られたる多くの雑木林ありて残れり。
>
> 余は斯雑木林を愛す。
>
> 木は楢、櫟、榛、栗、櫨など、猶多かる可し。大木希にして、多くは切

株より簇生せる若木なり。下ばへは大邸奇麗に払ひあり。稀に赤松黒松の挺然林より秀でて翠蓋を碧空に翳すあり[64]。

同じく国木田独歩（1871〜1908）はいう。

> 昔の武蔵野は萱野のはてなき光景を以て絶類の美を鳴らして居たやうに言ひ伝へてあるが、今の武蔵野は林である。林は実に今の武蔵野の特色といっても宜い。則ち木は重に楢の類で冬は悉く落葉し、春は滴る計りの新緑萌え出づる其変化が秩父嶺東十数里の野一斉に行はれて、春夏秋冬を通じ霞に雨に月に風に霧に時雨に雪に、緑蔭に紅葉に、様々の光景を呈する其妙は一寸西国地方又た東北の者には解し兼ねるのである[65]。

　文人たちが逍遥したころにくらべて、いまの武蔵野は大きく変容している。そのなかにあって、三富新田付近は当時からの風景をよく残している。すでにみてきたように、文人たちが感嘆した風景が形づくられたのは歴史的にそう古いことではない。新田開発という計画的農耕空間の創出は、せいぜい近世はじめにさかのぼる程度である。それにいかにも自然にみえながら、一つひとつの風景の要素は農耕者の日常的な営み、暮しの積みかさねにもとづいている。

　近代に入って大正期ころまで、三富地区の栽培品目は大麦、小麦、茶、甘藷、大根、ごぼう、人参などであったという。まだ作目の変化は小さい。ところが昭和期に入ると西瓜、きゅうり、越瓜、白菜、ホーキ草が栽培の中心になる。「東京市場に搬出を見るに至る」という記録のとおり、大都市圏農業の様相を顕著に示している[66]。産業社会の農業立地は都市までの距離によって決定されるというあのチューネン理論[67]にしたがい、この地域の作目はめまぐるしく変ることになる。

　昭和前期に東京近郊の農業立地を論じた農学の青鹿四郎はつぎのように記録した。

> 集約な手数を要するもの程宅地の付近に飼養、栽培され、手数の掛らぬ粗放なもの程漸次遠ざかって行く[68]。

　これは、三富新田の近く、野火止の短冊状耕地の作目分布について報告したものである。ここではまだ新田開発当時の統一的、完結的な空間認識が継承されている。

この地域の最近の作付品目は人参、大根、ごぼう、かぶ、ほうれん草、白菜、里芋、きゅうりといった順序である[69]。畑作の継承という点では開拓期から一貫しているが、栽培品目は大きく変わった。青鹿四郎にならって短冊状耕地内の作目分布をみても、農家ごとの微地域的な作目選択の差は小さい[70]（図6-4）。あまりに巨大な大都市圏の影響によって、区画単位の完結性、統一性は希薄になりつつあるのである。

　農耕空間の変容は耕地の作目や、平地林、屋敷構えにとどまらない。すでに地理学の井上修次が指摘したように[71]、「40間×37五間、5町歩」という地割そのものの変化が大きい。地割の細分化である。井上はその変容過程を2期にわけて考察した。すなわち前期は明治期まで、この間地割はもとの形状の奥行方向に沿った縦方向に細分化しているという。生産性の向上や余剰労働力の吸収が地割の細分化を促進したものと考えられる。縦方向の細分化である限り、集落道側からの宅地・耕地・平地林という土地利用秩序は守られる。生活水の乏しさ、井戸の共同利用という環境を思えば、集落道を離れた屋敷の立地は不可能だったにちがいない。

　後期は明治期以後で、縦方向と同時に横方向の分割が進む。耕作道の公道化によって、集落周縁の平地林側から耕地への近接が可能になり、土地の細分化を促した。昭和戦後期の農地改革も、この傾向を促進したという。

　井上にならって1950（昭和25）年以後の傾向を追うと、細分化と同時に集落外からの入作や農地の転用が顕著になる（図6-8）[72]。農地転用には公共施設・工場・倉庫の建設、宅地開発、自動車道の建設などがある。平地林の経済効果が縮小していることも見逃せない。とくに1970（昭和45）年以後の変容が著しい。屋敷を中心とする統一的な農耕空間の認識のもとで、その周縁部から空間秩序が崩されているのだ。それは過去の歴史にくらべてことのほか激しく、井上修次の観察以後を地割変容の第三期と位置づけてもよいだろう。

　井上修次は地割の進展研究の結論として、つぎのように指摘した。

　　人間の理想の条件にかなっているものが、つくられたとたんから、こわされる方向にむかっている[73]。

彼の分析過程の緻密さにくらべて、この結論には若干のあいまいさが残っている

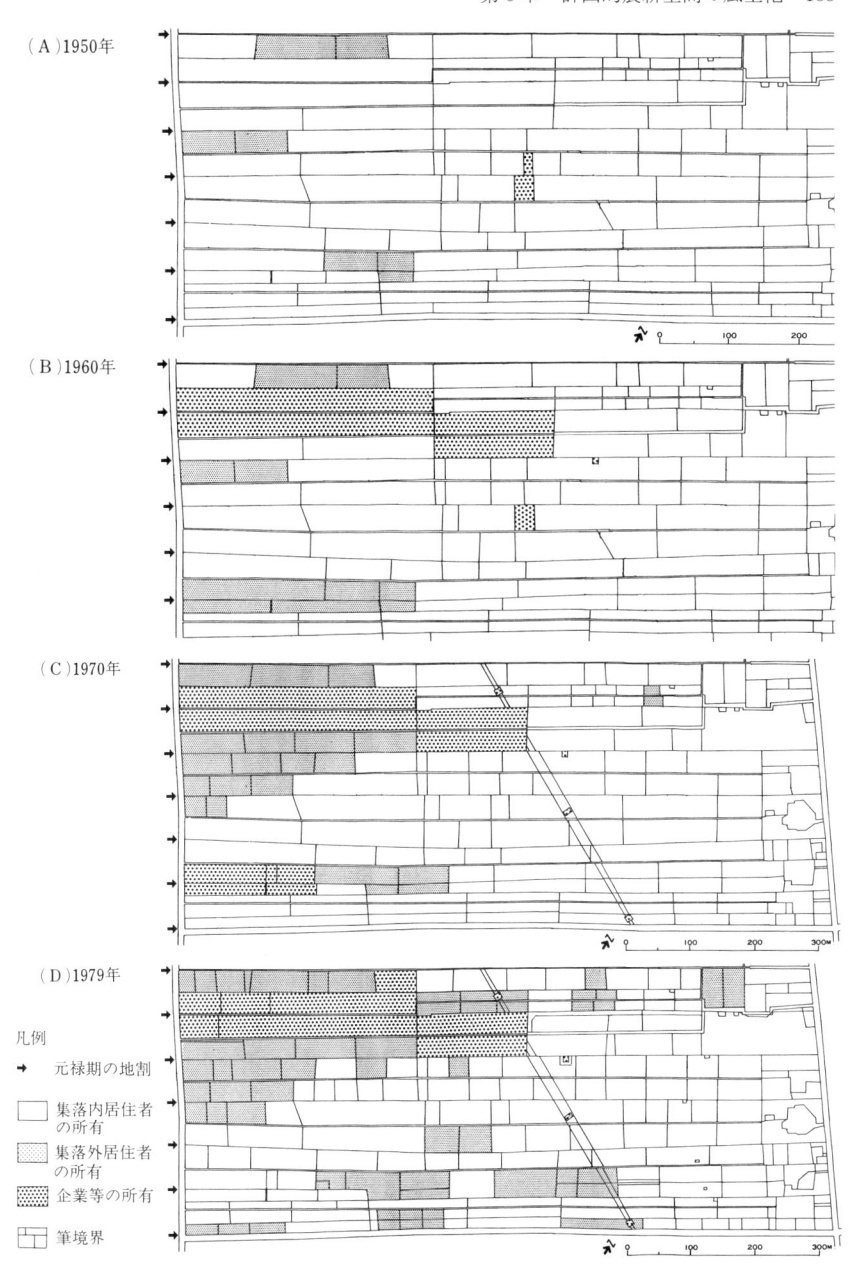

第6章　計画的農耕空間の風土化　183

(A)1950年

(B)1960年

(C)1970年

(D)1979年

凡例
→　元禄期の地割
□　集落内居住者の所有
▦　集落外居住者の所有
▨　企業等の所有
□　筆境界

図 6-8　土地所有者の変遷と土地所有単位（筆）の細分化（上富　下饒集落）

ことを指摘しておきたい。

　もともと短冊状地割内の土地利用をふりかえると、ふたつの構造契機を推定することができる。一つは農耕空間創出のための企画、開発、開拓といった比較的短期間の作業であり、集団的、社会的な協働が前提となる。これを、言語学や文化人類学の概念[74]を援用して、農耕空間の「共時的形成原理」と定義したい。他の一つは一次的な農業基盤が完成したあと、長い歴史的な耕作を通じ住戸・屋敷といった居住域から耕地そして最後方の平地林にいたる農耕空間としての統一性を志向する過程である。ここでは一時的な集団性・社会性より農耕者一人ひとりの日常的な営みの積み重ねが重要である。さきの「共時的形成原理」に対して、これを「通時的形成原理」と呼ぶことにしよう。つまり列状集落は、17世紀すえの開発当初の「共時的原理」とその後の3世紀におよぶ「通時的原理」が重層的に機能して形成された農耕空間であるといえるだろう。

　井上のいう「理想」に本論の「共時的な形成原理」を重ねあわせると、農耕空間の変容過程にはつぎの2方向があるというべきである。第一は、より理想的な究極的統一にむかう補完作用であり、これを本論では「風土化」と称した。第二は、逆に「理想＝計画」にたいする破壊作用である。井上の批判は後者を指している。武蔵野の変容をたどれば、当初の「理想」からただちに破壊にむかったのではない。第一段階に「理想＝共時的な形成原理」の完成、第二段階にそれを補完する「風土化」が、そして第三段階に井上が嘆いた破壊ないし崩壊が存在したのであり、現在の武蔵野の風景にはこれら3層の構造契機が重なり合っている。

8. 歴史の沈黙

　農耕空間として成熟度の高い三富新田の開発を主導したのは誰か。

　農学の古島敏雄は、「人間の生産活動や生活環境については文字に書いた史料の残ることが少ない[75]」と指摘した。だから農耕空間の形成原理を解明するために「必ずしも客観性を保証しえない部分について冒険をする[76]」こともあるだろうが、残された史料のみを信じて過去を復元すると、かえって誤りを犯す危険もある。

　三富新田を紹介するとき、開拓事業はときの川越藩主柳沢吉保（1658～1714）の功績であるとされてきた[77]。歴史的に彼が川越藩主に命じられるのが1694（元

禄7)年1月であった。ついで前任者から正式に城を引きわたされるのが同年の3月である[78]。そして、その帰属が係争中であった三富地区の開発は川越藩主の自由であるという幕府評定所の判決があるのが、同じく7月である[79]。そのあと開拓事業に着手し、わずか2年足らずして工事は完成し、ただちに検地、入植のはこびとなる。したがって、たしかに三富新田の開拓工事の時期と柳沢吉保のあまり長くはない川越藩主在任期間とは重なる。柳沢は比類のない才覚をもち、人材にもめぐまれていた[80]ともいわれる。当時の記録[81]にもある通り、建設事業の完成は彼の業績であるといっていいだろう。

問題は、その建設事業の計画あるいは企画も彼のものか、という点である。はたして着任早々の時期に、短時日で三富新田のような成熟度の高い計画性をもつ開拓事業を企画できるだろうか。むしろそれは前任者のもとで練られ、着工の時期にたまたま柳沢が着任し、事業を継承したと考えるべきではないか。通説にはないこの疑問をここに留保しておきたい。

もう一度、三富新田開発の特質を農耕空間の形成という視点から整理しよう。第一の特質は、土地区画における整然性・規格性[82]といった高度の計画性である。これについては本論で追跡してきたとおりである。

第二の特質は、非常な短期間に事業が完遂されている点である。武蔵野台地の先行新田では、水の乏しい土地柄ゆえに、入植者がなかなか集まらないのが一般である[83]。たとえば青梅新町では66区画すべてが入植者で埋るのに1613（慶長18）年の着工から30年あまりを要している。

第三の特質は、区画の大きさであり、のちの元禄検地にみるように、経済的に大きな成果が期待されていることである。新田開発は、単に本田の余剰労働力の吸収のみを目的としているのではない。当時の農業技術の変革期にあって、5町歩という大きい区画を経営していく入植者には、それ相応の能力が要求されていたとみなければならない。

これらの特質を含めて、三富新田を成熟度の高い計画的農耕空間であるとみなしてきたのである。すでにふれたように、川越藩と周辺農村とは、この開発をめぐって係争があった。周辺農村にとってこの地帯は入会地であり、経済的な既得権を守るための係争である。一方新田開発には入植者を募集したり、その後の支援体制を確保するために、周辺本田村の協力が欠かせない。幕府評定所の判決ま

でには、係争当事者間の話しあいや妥協が進められていたと思われる。

以上の特質や経過をみれば、この成熟度の高い計画的農耕空間の創出のためには、技術的な蓄積とともに社会的な調整が不可欠であったとみなければならない。柳沢吉保にその機会や時間があっただろうか。

柳沢吉保の前任者は、松平信綱、輝綱、信輝の3代である。その50年にわたる川越藩主在任期間に武蔵野台地で推進した開発事業には目をみはるものがある。歴史家高橋源一郎はその業績をつぎのように列挙する。すなわち、① 川越城の修築拡大、② 川越旧市街地の整理と新市街の興立、③ 水陸交通線の整理、④ 水利の開発、⑤ 産業の奨励と新村落の起立、⑥ 救荒賑恤 … [84]。ここに「水陸交通線の整理」とは川越街道、鎌倉街道の整備や、江戸川越間の舟運のための新河岸川の開さく（1647年完成）である。「水利の開発」とは玉川上水（1653年完成）、野火止用水（1655年完成）の開さくに関連する。「新村落起立」とは、いうまでもなく領内武蔵野台地の新田開発である。新田開発が政治的にどれだけ重要であったか、武蔵一国の石高が元禄期に、今日の青森・岩手・宮城・福島各県をあわせた陸奥につぐ全国第二位に達していたことからもわかる[85]。これらの開発事業にもっともよく登場する人物は松平信綱（1662年没）とその家臣 安松金右衛門（1686年没）である。

本論では農耕空間の計画原理の解明にあたって当時の検地記録に依拠した。新田開発計画にとって検地は計画過程の重要な一部であり、その方法も計画技術の一環として進展してきたものだろう。この武蔵野新田の元禄期検地について、地理学の菊地利夫は「享保新田検地条目」の先行適用という見方をしている[86]。菊地のいうように条目の筆頭に署名する井沢弥惣兵衛の存在に着目するならば、前後関係がおかしい。享保の新田開発の功労者ともいわれる井沢の着任は1723（享保8）年のことである。武蔵野台地の元禄期検地時にはその任にない。したがって、享保の条目は武蔵野台地の元禄期の検地方法をとり入れて体系化したものではないだろうか。

もちろん、ここで開発事業の継承者、完成者の功績を否定しようというのではない。ただ技術的な蓄積にもとづいて大事業を企画した計画者や、新田に生涯を賭した入植者の存在にも留意したいと考えるのである。三富新田についても他の新田と同じように、豊富な開発記録が残っているわけではない。記録のほとんど

を柳沢家ゆかりの多福寺（上富木の内）に頼っている。他方の記録である『新編武蔵風土記稿』には、

> 開発の始を尋ねるに此地元は武蔵野の内なりしを、元禄七年村民忠左衛門と云る者始手開墾し、同き十三年領主松平美濃守検地して貢税の数を定し頃、川越城より方位をたて上中下の三村に分てるよし、是より引続き川越城付の領となりし後、今は松平大和守の領分なり[87]。

と記すのみである。

[注]
1 草光繁（1932）「台地村落の形態」〈地理学評論8巻5号〉、矢嶋仁吉（1954）『武蔵野の集落』（古今書院）1-4、p.10、同（1967）「村落概説」〈朝倉地理学講座9巻『都市村落地理学』所収〉（朝倉書店）p.26。
2 古島敏雄（1967）『土地に刻まれた歴史』（岩波新書）p.3。
3 歴史家高橋源一郎は「武蔵野」に広義・狭義の範囲があるという。すなわち①武蔵一国中ことごとく平地をいう、②武蔵国のうち山地と丘陵地と水田地方を除いた洪積層赤土の原野すべてをいう、③川越以南、府中までの原野の三つである。高橋源一郎（1928 / 1971）『武蔵野歴史地理第1冊』（有峰書店）pp.5-6。本論では三番目の定義にしたがう。
4 武蔵野台地の地形学的ななりたちについては、主として以下の論文による。寿円晋吾（1940）「多摩川流域における武蔵野台地の段丘地形の研究（その1、その2）」〈地理学評論38巻9、10号〉、貝塚爽平（1977）『日本の地形』（岩波新書）pp.222-230、『地形学辞典』（二宮書店）。
5 高橋源一郎（1973）『武蔵野歴史地理第9冊』（有峰書店）p.312。
6 矢嶋仁吉（1954）前出、p.1など。
7 草光繁（1932）「台地村落の形態」〈地理学評論8巻5号〉、吉村信吉（1941）「所沢町付近の地下水と聚落の発達（その1、その2）」〈地理学評論17巻1-2号〉、矢嶋仁吉（1954）前出、細野義純（1968）「武蔵野台地の自由地下水について」〈地理学評論41巻6号〉。
8 矢嶋仁吉（1954）前出 p.59-67。
9 小野文雄（1971）『埼玉県の歴史〈県史シリーズ〉』（山川出版社）pp.23-24、石川則孝（1982）『古代の集落』（教育社）、『日本地誌6巻〈埼玉県〉』（二宮書店）。
10 武蔵野台地の集落立地についての時代区分は以下の論述にもとづく。高橋源一郎

(1973) 前出 p.307、矢嶋仁吉 (1954) 前出 p.68、菊地利夫 (1958)『新田開発』(至文堂) p.257。
11 大石慎三郎校註 (1969)『地方凡例録 (大石久敬原著)』(近藤出版社) pp.278-296、木村礎 (1983)『村の誇る日本の歴史〈近世編1〉』(そしえて) p.24。
12 高橋源一郎 (1973) 前出 (9巻) p.306、矢嶋仁吉 (1954) 前出 p.131。
13 村田貞蔵、吉村信吉 (1930)「聚落の人口とその耕作面積の理論的考察」〈地理学評論6巻5号〉、菊地利夫 (1958) 前出 pp.361-369。
14 井上修次 (1960)「地割の進展」〈地理学評論33巻2号〉。
15 菊地利夫 (1958) 前出 p.362。
16 矢嶋仁吉 (1954) 前出 p.116。
17 木村礎 (1970)「近世における村落景観の展開」〈郷土史研究講座4『近世郷土史研究法』所収〉(朝倉書店) p.87。
18 井上修次 (1960) 前出。
19 三富史跡保存会 (1929 / 1976)『三富開拓誌』p.10。
20 井上修次 (1960) 前出に同様の指摘がある。『三富開拓誌』p.1 にも「地蔵林 (現今の富地蔵) を中心に地割開拓に着手す」とある。
21 井上修次 (1960) 前出。
22 矢嶋仁吉 (1954) 前出 p.116。
23 「武蔵野古来記 (1699)」〈『三富開拓誌』p.6 所収〉。
24 菊地利夫 (1958) 前出 p.324。
25 「上富村地割表、検地水帳 (1696)」〈『三富開拓誌』p.105 所収〉。
26 『新編武蔵風土記稿』〈『大日本地誌大系』(雄山閣) 所収〉は1810年ころから編集がはじまったという旧武蔵国 (現在の埼玉県、東京都それに神奈川県の一部を含む) の記録。
27 「上富村地割表、検地水帳」前出。
28 木村礎 (1983) 前出 p.26 により算出。
29 「下富村明細帳 (1755)」〈『三富開拓誌』p.121 所収〉。
30 『地方凡例録』前出 p.109。
31 菊地利夫 (1958) 前出 p.330。
32 「下富村明細帳」前出。
33 菊地利夫 (1958) 前出 pp.354-355。
34 『三富開拓誌』p.1。
35 矢嶋仁吉 (1954) 前出 p.144。
36 『三富開拓誌』p.124 所収。
37 矢嶋仁吉 (1954) 前出 p.202。
38 菊地利夫 (1958) 前出 pp.352-361。
39 『地方凡例録』前出 p.102。

40 『地方凡例録』前出 p.102。
41 『地方凡例録』前出 p.83 所収。
42 小田内通敏（1918）『帝都と近郊』p.173。
43 三芳町上富島田寿雄氏談。
44 菊地利夫（1958）前出 p.362。
45 酉水孜郎（1935）「郊村の冬の栽培景」〈地理学評論第 11 巻 6 号〉。
46 『三富開拓誌（1929）』p.12「風は春は東南、夏は正南、秋は西北、冬は正北方より吹くを常とす」。
47 小野文雄（1971）前出 p.136。
48 「武蔵野古来記」〈『三富開拓誌』pp.7-10 所収〉。
49 「武蔵野古来記」前出。
50 「上富村地割表」前出。
51 木村礎（1970）前出 p.88。
52 三芳町上富島田寿雄氏宅、実測は山本淳（1984）「上富集落の空間構成とその変容に関する研究〈東京工業大学修士論文〉による。
53 実測は山本淳（1984）前出による。
54 矢澤大二（1936）「東京近郊に於ける防風林の分布に関する研究（Ⅰ、Ⅱ）」〈地理学評論 12 巻 1,2 号〉、伊藤隆吉（1939）「東京市西郊に於ける屋敷森の形態と機能（Ⅰ、Ⅱ）」〈地理学評論 15 巻 8,9 号〉。
55 大井町・三芳町・上福岡町・富士見市教育委員会（1982）『埼玉県入間東部地区の民俗〈民俗社会編〉』p.49。
56 大井町・三芳町・上福岡町・富士見市教育委員会（1979）『埼玉県入間東部地区の民俗〈衣食住編〉』p.29。
57 『地方凡例録』前出 p.112。
58 草光繁（1932）前出。
59 佐藤弘（1930）「本邦に於ける街村の分布」〈地理学評論 6 巻 7 号〉。
60 木村礎（1983）前出 p.66。
61 木村礎（1970）前出 p.61。
62 葉山祥作（1970）「農業技術の発展と近世的耕地の展開」〈郷土史研究講座 4『近世郷土史研究法』所収〉（朝倉書店）p.230。
63 木村礎（1983）前出 p.120。
64 徳富蘆花（1900）『自然と人生』。
65 国木田独歩（1901）『武蔵野』。
66 『三富開拓誌』前出 pp.12-13。
67 J.H.Vor Thunen（1826 / 42）Der Isolierte Staat（近藤康男訳『農業と国民経済に関する孤立国』〈近藤康男著作集一巻所収〉（農文協）p.39）。
68 青鹿四郎（1935 / 1980）『農業経済地理』〈昭和前期農政経済名著集 18 巻所収〉（農

文協）p.136。
69 『三芳町の農業』1981、p.21。
70 山本淳（1984）前出の実測による。
71 井上修次（1960）前出。
72 山本淳（1984）前出の調査による。
73 井上修次（1960）前出。
74 C.Lévi-Strauss（1962）LA PENSÉE SAUVAGE（大橋保夫訳『野生の思考』（みすず書房））。
75 古島敏雄（1967）前出 p.12。
76 古島敏雄（1967）前出 p.10。
77 小野文雄（1971）前出 p.138、桜井正吉（1966）『歴史と風土 — 武蔵野』（社会思想社）p.126、『三富開拓誌』p.1。
78 高橋源一郎（1972）『武蔵野歴史地理第 8 冊』（有峰書店）p.228。
79 「立野争論解決の證書」〈『三富開拓誌』所収、p.4-5）。
80 曽根権大夫貞刻。
81 「武蔵野古来記」「下富村明細帳」前出。
82 木村礎（1983）前出 p.69。
83 高橋源一郎（1973）『武蔵野歴史地理第 9 冊』（有峰書店）p.303。
84 高橋源一郎（1972）前出 p.125-126。
85 『地方凡例録』前出 p.269-278。
86 菊地利夫（1958）前出 p.361。
87 『新編武蔵風土記第 8 巻』前出 p.287。

第7章

時空を結節する神がみの形象

― 信濃路の陰影 ―

信州山形村の神社の入口。神社の手前側は集落、つまり
人間の領域。神社の向こう側は神がみの領域。

信濃路は神がみの里である。路傍は神がみの形象にみちている。

　　道祖神、庚申塔、二十三夜塔、大黒天、えびす神、秋葉権現、御嶽権現、馬頭尊、蚕神、犬塚、不動明王、薬師如来、妙見菩薩、彌勒菩薩、鬼子母神、地蔵菩薩、六地蔵、百番観音、名号碑……

もちろん、神社や仏閣もある。家いえには仏壇や神棚がしつらえられ、また大黒天やえびす神、秋葉権現がまつられる。現在目撃できるこれら神がみの形象が設置された時期は、1700年代から1900年代はじめにかけての200年足らずの間に集中している。あたかも、神がみのラッシュ・アワーである。

　歴史的に、この時期は、田園生活がもっとも成熟した時代でもあった。田園空間に配置されたこれら神がみに、人びとは何を祈ったのだろうか。

路傍の道祖神。男女神が仲むつまじく手をとりあっている。

1. 神がみのラッシュ・アワー

　かつて哲学者の和辻哲郎は『風土』の序文に、風土というものに注目する理由をつぎのように記している。

> 我々はすべていずれかの土地に住んでいる。したがってその土地の自然環境が、我々の欲すると否とにかかわらず、我々を「取り巻いて」いる。この事実は常識的にはきわめて確実である。そこで人は通例この自然環境をそれぞれの種類の自然現象として考察し、引いてはそれの「我々」に及ぼす影響をも問題とする[1]。

和辻は、ハイデッカー（1889～1976）をはじめとする西欧の知に、彼の地で接したという。そのとき、彼は西欧の知が「人の存在の構造を時間性として」のみ解明しようとするのに満足できなかった。そこで「空間性」の、また「人間存在の風土的規定」の重要性に着目し、名著ができあがるのである。

　この環境と人間存在の関係を、同じく哲学者の三木清（1897～1945）はつぎのように展開する。

> 人間と環境とは、人間は環境から働きかけられ、逆に人間が環境に働きかけるといふ関係に立ってゐる。我々は我々の住む土地、そこに分布された動植物、太陽、水、空気等から絶えず影響される。人間は環境から作られるのである。他方我々はその土地を耕し、その植物を栽培し、動物を飼育し、或ひは河に堤防を築き、山にトンネルを通ずる。人間が環境を作るのである。即ち人間と環境とは、人間は環境から作られ逆に人間が環境を作るといふ関係に立ってゐる[2]。

さきの和辻の論理展開では、環境が一方的に人間存在の決定的な役割を演じていた。それに対して三木の場合、環境と人間存在とが相互的、相関的に論じられている。

　そして最近では、人間存在の原点に人体あるいは自分をおく身体論が急速な展開をみる。たとえば、市川浩（1931～2002）はいう。

〈身分け〉は、身によって世界が分節化されると同時に、世界によって身自身が分節化されるという両義的・共起的な事態を意味します。その根源には、われわれが自己組織化する存在だということがあります[3]。

同じく、哲学者の中村雄二郎は、

およそ意識的自我としてのわれは、身体という場所を基体とすることなしには実際にありえず、しかもそこに成立する身体的実存によって、空間的な場所は意味づけられ、分節化される……。また有意味的な空間はしばしば基体的な身体の拡張として捉えることができる……[4]。

という。いずれも、環境世界と人間存在について三木清らの論理的展開を継承しながら、さらに環境世界の中心に身体的存在を位置づけることによって理解を深める。今日の他の思想家たち、たとえば湯浅泰雄[5]にしても、三橋修[6]にしても、ほぼ同じ視点に立って論理展開を試みているとみてよいだろう。

約半世紀の間に語られた思想家たちの共通点は、我われをとりまく環境世界を、あくまで人間存在との関係から論じていることである。そして、のちになるほど人間存在の中心性が強調され、空間性のみならず時間性も統合的に考察されている。

以前、フランスの思想家B・パスカル（1623〜1662）は「この無限の空間の永遠の沈黙が、わたしをおびやかす[7]」といった。あらためるまでもなく、デカルトやニュートンらが提起した近代の幾何学的、力学的な時空感覚にとまどいを表明したものである。パスカルと同様に、さきに掲げた日本の思想家たちも同じ不安を隠さない。人間存在とはあまりにかけはなれた均質で無限定な空間、不可逆的、直線的な時間にのみ依拠する近代の知を疑い、むしろかつての伝統的な時空感覚を呼び覚まそうとしている。

近代の知にもとづく客観的な時間感覚や空間感覚と、伝統的な農耕社会に培われたそれとの相違はなんだろうか。後者の時空感覚の特質は自己の身体を通じて体得された固有の記憶がある。その固有の感覚や記憶を農耕社会という共同体の共通の感覚として、あるいは共通の記憶として確かめるために、路傍の神がみを配置したのではないか。もしそうであるなら、風土に対応し歴史的に形成されてきた居住環境の形態的な統一性、すなわち風土空間の構造解明にあたって、路傍

の神がみに対する理解が欠かせないはずである。

　路傍の神がみは、近代人にとってほとんど忘れ去られた存在である。しかしおびただしい数の神がみの形象は、農耕を営む人びとの鋭敏な時空感覚を反映する。いつかこれらの神がみの前に、人生の痛み、時代の痛みに耐えかねてひと知れず祈る人のあったことを想えば、ただ「無構造の伝統の原型としての固有信仰」[8]ときめつけ、その存在を無視したり、否定したりすることは到底できない。

2. 聖域のしるし

　村むらを遠望するとき、神がみが鎮座まします聖なる場所、宗教的な空間を、視覚的に容易に確かめることができる。ひときわこんもりした森があれば神社である。民家の家並みをこえて急勾配の大屋根がみえれば仏閣である。たとえば、信州松本の南西部山形村において（図7-1）、明治期以前の旧村落ごとに、

　　　大池　諏訪神社（上大池・中大池）、八幡神社（下大池）、宗福寺
　　　小坂　諏訪神社、宝積寺、（大日堂）
　　　竹田　建部神社（上竹田・下竹田）、見性寺、薬王寺

といった神社・仏閣が分布する。

　細い集落道をたどっていくと、家並み続きに突然、神社の前にでる。はじめて訪れるものに、集落空間は遠望したときほど容易には神がみの空間への経路を明かさない。うっそうと茂る社叢、石垣、石柵、そして鳥居を前にして、はじめて神社に到達したことを知らされるのである。祭神が違っても、村内の神社境内の空間構成はほぼ同じである（図7-2）。ここでは上大池・中大池集落の住人を氏子にもつ諏訪社を例にみよう。

　神社周辺の集落道沿いに玉垣（石垣および石柵）がめぐらされ、境内入口には数段の石段がある。境内に進入しようとするものにとって、石段は集落側からの最初の結界である。石段の上に朱塗りの鳥居が立つ。鳥居のまわりには石造りの灯篭、祭のときのぼりをたてるための支柱が並ぶ。その左右対称の配置は、聖なる境内の中心線、基軸の存在を暗示する。石段をのぼり、鳥居をくぐると、ほの暗い社叢の中を、一直線に参道が伸びる。参道を奥へ進むと、社叢のヒノキがプンと香る。境内に漂う湿気が衣服を通して直接体中にしみる。緩い上り勾配の参道

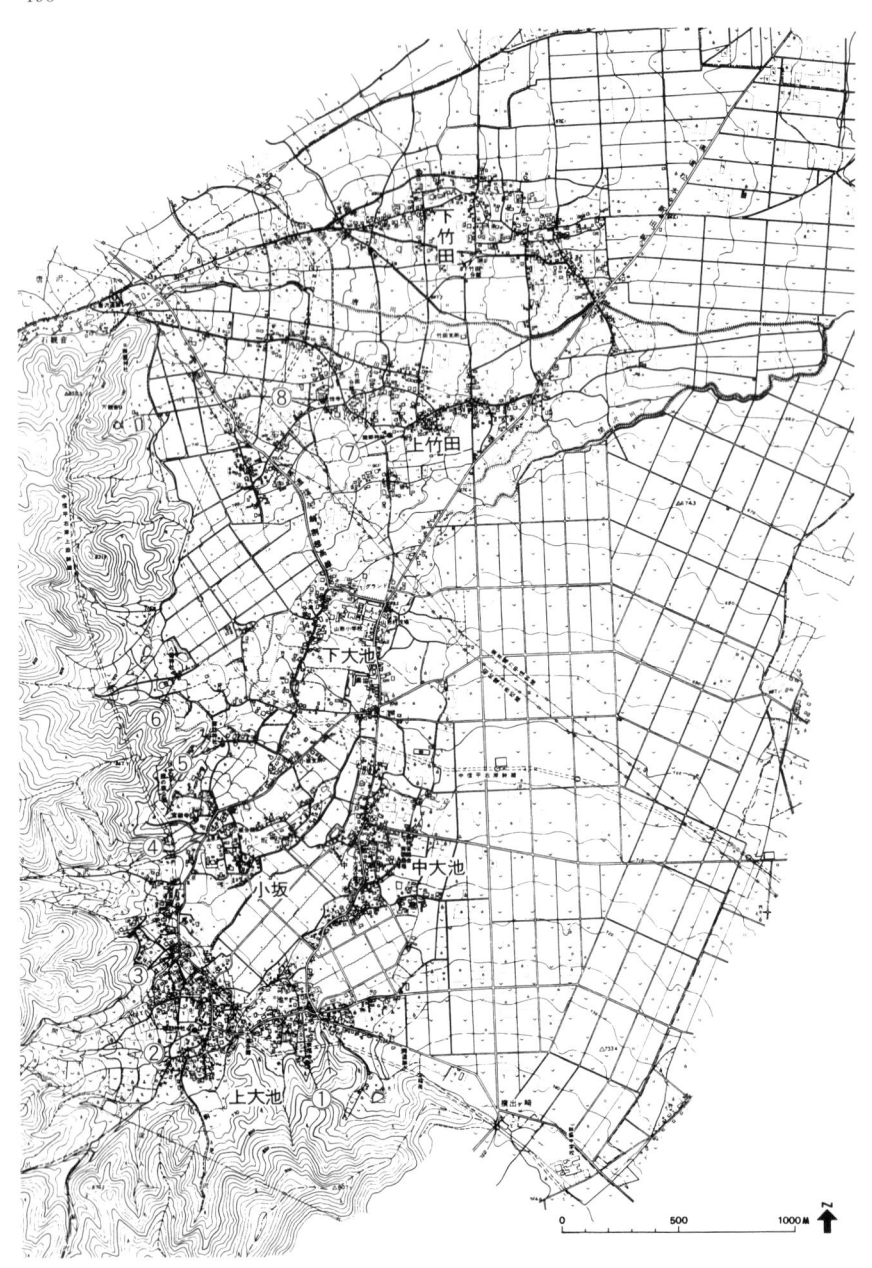

図 7-1　長野県山形村の神社・仏閣分布図

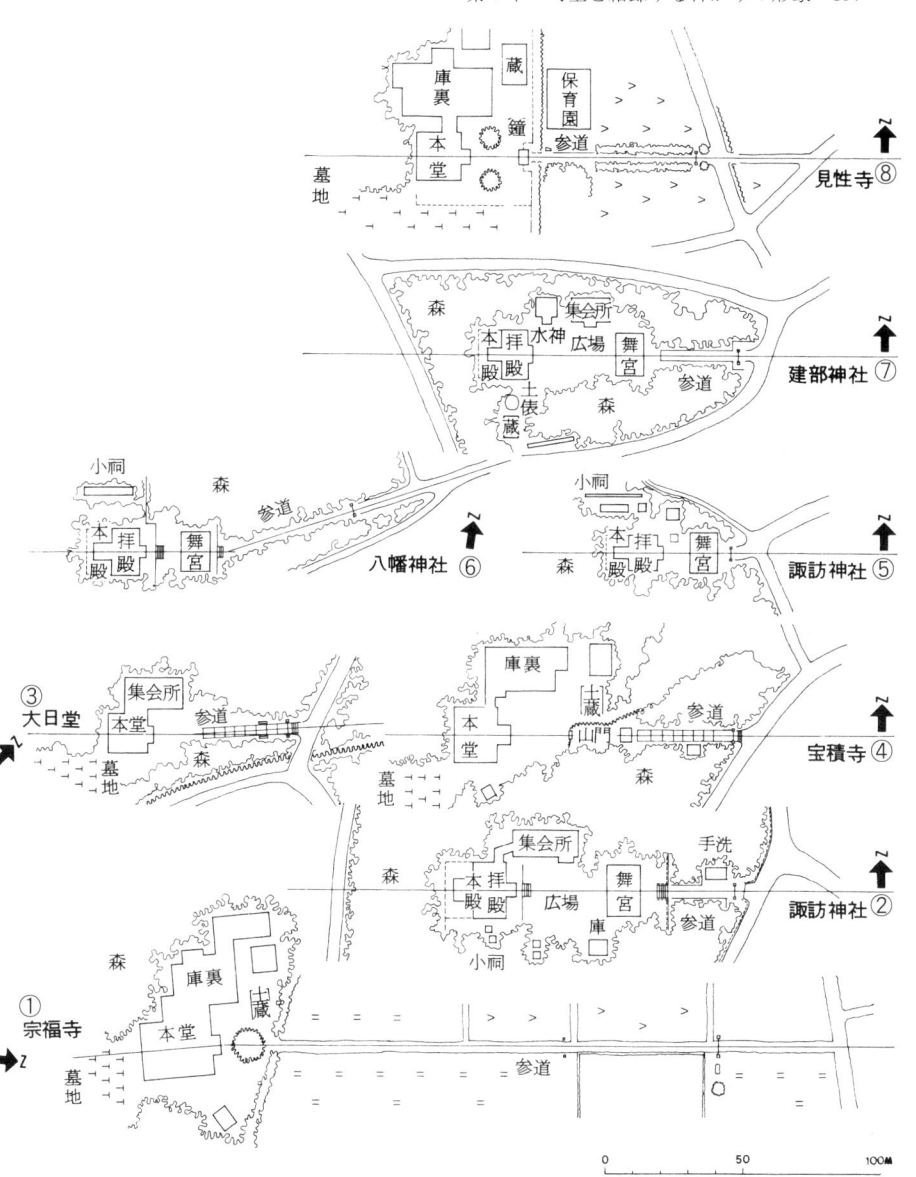

第 7 章　時空を結節する神がみの形象　197

図 7-2　長野県山形村の神社・仏閣の平面図

を数十m進むと、ふたたび石段にぶつかる。石段の左右には石柵の中玉垣をめぐらし、石段の上はいよいよ清浄さが増す。

石段をあがると木造の舞宮（神楽殿）である。切妻造り、幅六間、奥行三間、床面は目の高さにあり、側面は四方吹きさらしである。舞宮はその名の通り、祭礼のとき舞を奉納する舞台である。

舞宮を迂回して、拝殿前の広場に出る。拝殿前に狛犬、常夜燈、幟支柱、そして神木が、やはりさきの参道の延長上に、左右対称に配置されている。広場から数段の石段をあがって木造の拝殿、それは切妻造り、幅6間、奥行3間、唐様の破風をもった向拝をだす。様式的には、いうまでもなく大陸の影響である。向拝軒下の化粧梁には奇獣が彫られ、注連縄が張られて、神聖さが強調される。向拝の階段をあがって、やってきた道をふりかえると、鳥居、参道、舞宮、広場が一直線の基軸上に配置されているのが確かめられる。拝殿の扉はふだん閉ざされたままである。聖なる空間の基軸上を、これ以上直進することは許されない。

拝殿の裏手にまわると、拝殿のうしろ続きに、瑞垣（板塀）に囲まれて木造の本殿がある。神が鎮座まします当の場所である。流造り、間口2間、奥行2間の平面をもつ建物の床は一層高く、深い軒下の雲龍の彫刻が神のまもりを固める。全き聖なる空間である。そのうしろにはさらに社叢が続く。

聖なる空間を特色づけるのは強い軸指向性と、鳥居・石段・灯篭・幟支柱・垣根・常夜燈・狛犬などの装置による分節性である。これらの分節装置の側面や背面に刻まれた記年銘をみれば、聖なる境内が形成されてきた歴史をたどることができる。参道に覆いかぶさる大木の幹や枝、参道に伸びる根までが空間の分節にあずかっている。ただし、神の形象そのものは、固く閉ざされた拝殿の向うにあって、直接うかがうことはできない。

こうした神社境内の空間構成について、建築学の上田篤は、

> わたしは、日本の社でいちばん大切なものは、境内でも社殿でもない、いちばん核になるものは、じつは参道だ、とおもっております。日本の社の大きな特色はそのアプローチです。鳥居が幾つもあって、参道がどこまでも続いている……[9]

という。身近な居住空間の構造原理をつぎつぎに解明してきた上田ならではの着

眼点といってよいだろう。

　仏閣境内の空間構成も、神社境内のそれに類似しているところが多い。たとえば山形村小坂地区の宝石寺を例にとれば、集落道に面してやはり石段、門柱がある。門をくぐると一直線に参道が伸びる。門柱周辺と参道に面して、「南無阿彌陀仏」と刻んだおびただしい数の名号碑が立つ。参道両側の低い石垣が参拝者の進行方向を誘導する。途中十王像や六地蔵もならぶ。両側は年を経た杉林である。やがて「仏国山」と銘の入った額をかかげた山門をくぐる。谷川の水を引いてきた清流にかかる反り橋を渡る。いずれも聖なる空間の結界性を強調する装置である。そして本堂。本堂の裏手は墓地、さらに山……。

　参道の強い基軸性、それを強調する数かずの分節装置、いずれもさきにみた神社境内に共通する。歴史的にいえば、むしろ大陸から伝来した仏閣の形式が神社の空間構成にも影響したというべきかもしれない。寺院本殿の裏山にかかる墓地のため、この聖なる空間が結節しようとしている空間は、いっそう対照的である。

　もう一度、村むらを遠望する視点にかえろう。あらためて気づくことは、神社・仏閣といった聖なる空間は、村むらの居住域の周縁部、耕作地や自然域との境界に位置しているということである。ことさら山やまを背に配置されることが多い。この聖なる空間が、ふたつの異なった空間の境界領域にあたるとみるとき、社会人類学のE・リーチ（1910～1989）の指摘が想いおこされる。

>　ある種の事物や行為を他のものから区別してひとつの組に分類するため、われわれは象徴を用いるが、その際、「自然のまま」の状態にあってはもともと切れ目のない連続体である場のさなかに、われわれは人工的な境界をあれこれ創りだしているのである。……原則として、境界には大きさがない。……だが、この境界が地面に印をつけて明示されなければならないとしたら、その標識自体は寸法のある空間をとるであろう[10]。

一方、日本の古代神話につぎの記述がある。せっかく開いた新田における収穫を邪魔する妖怪（夜刀の神）を追いはらった英雄（麻多智）の物語の一節である。

>　乃ち、山口に至りて標の杖を堺の堀に置て、夜刀の神に告げていひしく、「此より上は神の地と為すことを聴さむ。此より下は人の田と作すべし。今よ

り後、吾、神の祝（はふり）と為りて、永代（とこしへ）に敬ひ祭らむ。冀はくは、な祟りそ、な恨みそ」といひて、社（やしろ）を設（ま）けて、初めて祭りき……(11)

これらの記述をかえりみるとき、今日の村むらの神社や仏閣は、上古より聖なる境界、聖なる空間の感覚を引きついできたかのようである。聖なる境界、聖なる空間の向うには、日常的な集落空間形成以前の世界が、あるいは現世のあとにいずれやってくる来世が、みえかくれしているかのようである。

境界の領域、分節された聖なる空間……、一人参道に立つとき、自らの身体も分節され、存在が透明になっていくのを感じるのは、私だけだろうか。

3. 路傍のペルソナ

信濃路の数多い神がみの形象のなかでも、道祖神ほど道ゆくものの注意をひくものはない。一対の男女神が手をつないだり、祝い酒をくみかわしたりする、ほほえましいものである。多くは等身ほどの自然石の凹面に、風化を避けて彫られている。歴史学の山田宗睦はそのなかの一つをつぎのように描写する。

> 山形村に、下大池の名品がある。上が起舟形のような長方形の自然石を、舟形の皿状にくりぬき、そのなかに握手像を深彫りにしている。左の女神が心もち顔をかしげてよりそい、握手は女神の右手が上になって男神の左手をくるみ、情がある。女神からよりそったのである。うながけした手は、女神のほうが全指をふせてふかいのに、男神のは指の第二関節ぐらいしかみえない。それでいて女神の愛くるしいのは、長い髪を肩のうしろに垂らしているからである(12)。

これは山形村下大池公民館分館前の道祖神の描写である。碑身は自然石、高さ120 cm、幅 63 cm、基盤の上にのっている。記年銘は「寛政七乙卯一一月吉日」(1795年）である。こんな道祖神が、文字碑を含めて、山形村内に 35, 6 体確かめられている(13)。

道祖神は何を意味しているのだろうか。かつて民俗学では、つぎのように説明した。

道祖神は、サエノカミ、ドオロクジンともいわれ、ことに、関東地方、中部地方から東北地方にかけて広く分布している。本来は塞の神であり、村境や辻にあって、外から来襲する悪い神霊の村に入るのを防ぐ神とされている(14)。
　道祖神が石地蔵の形をとることの多いのは現世と冥界の境に立って、死者の苦を救うという、この菩薩の性格が石を神実とする在来固有の境峠の神の観念と習合した結果にほかならない。他方道祖神に陰陽二神像の多いのは男女の相交合するところに近づくことが何よりも禁忌とされ、外からの悪霊もそこを通ることをはばかるものと考えたから(15)……

最近の民俗学でも、これらの説明をほぼ継承している。

　道切り行事や道祖神を祭ることによって村境は社会的に明確な存在となる。この内側である定住地としての領域が自分たちの世界であり、ムラである。そしてその外側はムラに付属する土地としての生産地・採取地を経て、異なる世界へと広がっている。いわゆるセケン（世間）である。ムラの出入口に注連縄をはり、道祖神をまつることで、自分たちの村を清浄な所とし、その外側は悪霊や悪人のいる所と考えて、それらの侵入を防いだのである。そして、ムラのなかで発生した不浄のものをこの境から外へ追放した(16)。

　これまでの民俗学は、もっぱら道祖神のもつ境界性に注目し、それを村の内と外を区分する聖なる境界表象とみなすという、空間的解釈が優先している。この通説に対して、いま少なくともひとつの疑問がある。山形村をはじめとする信濃路の道祖神は「村ざかい」に設置されているとは限らない。むしろ「村うち」にある。近隣の小さな社会単位ごとに配置されているのである（図7-3、7-4）。
　道祖神には、たしかにいくつかの信仰が習合しているようだ。信仰形式が習合し、錯綜してくることは、社会人類学のM・ダグラス(17)が注意を促したように、それ自体文化であって何ら信仰の堕落でも、非難されるべきものでもない。また、事実が解明されるまで、諸説が提起されることも、何ら問題ではない。しかし、信仰の実態を離れて、その解釈自体が、研究上の説明までもが「習合」してしまうことは、極力避けなければならない。なぜ道祖神というか。なぜ男女神か、な

ぜ路傍にあるか。その意味するところは何か。それらがひとつひとつ解明されるべきだろう。

　これまでの多くの解釈では、道祖神の起源を遠く日本の古代神話や、中国の古代民族にまでさかのぼっている。古事記、日本書紀といった記紀神話にしばしば登場する「塞大神、岐神、道神、衢神」から「サルタヒコ」を祖神と断定する[18]。しかし、もし記紀神話にまでさかのぼるのであれば、個々の神がみの名前をあげる前に、記紀それぞれの冒頭の記述にこそ着目すべきではないだろうか。すなわち、

> 夫れ、混元既に凝りて、気象未だ効れず。名も無く為も無し。誰れかの其の形を知らむ。然れども、乾坤初めて分れて、参神造化の首と作り、陰陽斯に開けて、二霊群品の祖と為りき[19]。
> 古に天地未だ剖れず、陰陽分れざりしとき、渾沌れたること鶏子の如くして、溟にして牙を含めり[20]。

この記述に、歴史学の上山春平は中国古典の影響があったと指摘している[21]。あらためて「老子」をひもとく。

> 物有り混成し、天地に先だちて生ず。寂たり　寥たり　獨立して改めず、「周行して殆きず」以て天地の母為る可し。吾未だ其の名を知らず、之に字して道と曰ふ。強ひて之が名を為して大と曰ふ。大を逝と曰ふ。逝を遠と曰ふ。遠を反と曰ふ。道は大、天は大、地は大、王も亦大。… 人は地に法り、地は天に法り、天は道に法り、道は自然に法る[22]。

この中国古典の一節を、医学の三木成夫はつぎのように解釈した。

> この文章をくり返しくり返し読むうちに、そこには何かひとつおぼろの姿といったものが浮かんでくるのではなかろうか。それは、まず「母」なるものの世界であろう。ここでいえば、わたしたちの胎児を産み出した母胎の世界だ。この母なる世界に肉薄がこころみられる。それは渾然として、しかも完結した、しかしみることも聞くことも、したがってとらえることもできない、まさに超感覚の「寂寥」の世界であるという。わたしたちの「天地」を産み出すこの母なる世界は、何ものにも依存せず、独立して存在し、

「自ら然るべき」と形容するよりない、ある一つの「物」として冒頭に点出される。次に出てくるのが、この不可視の「物」の「破れ」をしらぬ「周行」の姿であろう。……天体の「逝─反」の回帰像にその範を求めたものであることは申すまでもない……[23]

　私はいま、三木成夫のこの感性豊かな解釈を超える準備がない。ただ道祖神の起源を問うているうちに、記紀の世界にさかのぼり、中国古代の思想にまで立ちいたってしまった。

　他方、芸能史の中村保雄は、日本上代の伎楽の様子をつぎのように紹介する。

……後頭部までおおってしまうほどの大型仮面をかぶった行列が、三鼓・笛・銅鈸子で囃されながら寺院金堂の周囲を巡り、最後にはその正面の灯篭の前で種々の芸能を演じたという。その行列の順序は、治道・師子・師子児・呉公・金剛・迦樓羅・崑崙・呉女・力士・波羅門・太孤・太孤児・酔胡王・酔胡従である。……最初の治道は、その文字からもわかるように、"道を治める"ことで、それは行列する道々の悪霊を払う役目を分担する[24]。

行列のなかの他の登場者の名まえからみて、どうやら「地の神」は国境を越えた、古代の世界思潮の一翼をになっていたように思える。その形象が路傍におかれるのも、中国の古代思想が、世界の根源的状況を「道」と表現したことにつながりがあるのではないだろうか。

　では、なぜ男女神か。私はここでも、これまでの民俗学や歴史学の説明と違って、やはり記紀の記述にその理由を求めたい。さきに引用した記紀冒頭の記述は、やがて「イザナギ・イザナミ」二神の邂逅へと続く。男女二神の結合によって天地創造を説明する神話は、遠くインド大陸の宗教にもみられるところである。この男女二神によって天地創造の由来を、「始原なるとき」の存在を、そして我われ一人ひとりの生命の誕生を重ね合わせたのではあるまいか。私には、そう考えられてならない。

4. 祭礼のとき

　路傍の神がみは、圃場整備や道路の改修によって、しばしば移動している。最

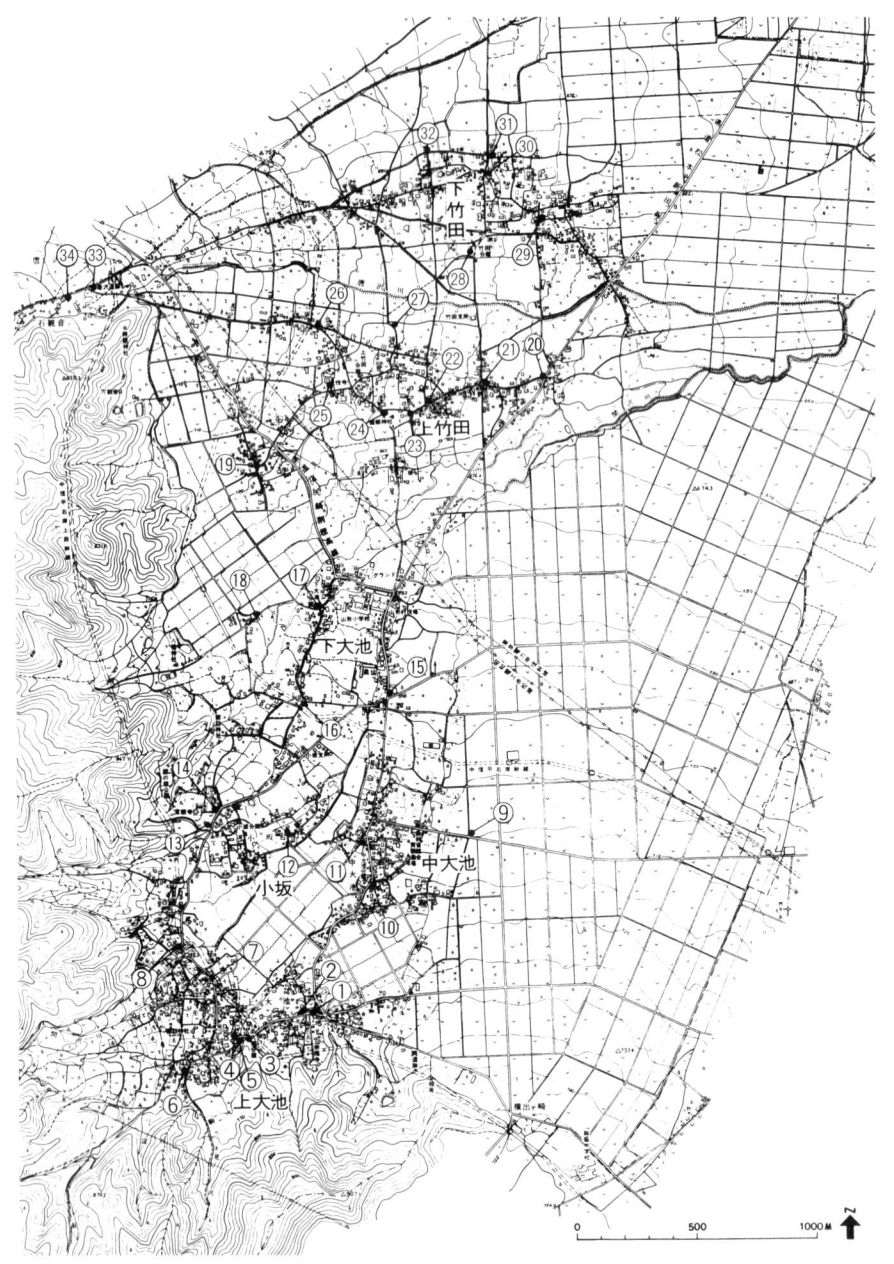

図7-3 長野県山形村の石神・石仏・石碑分布図

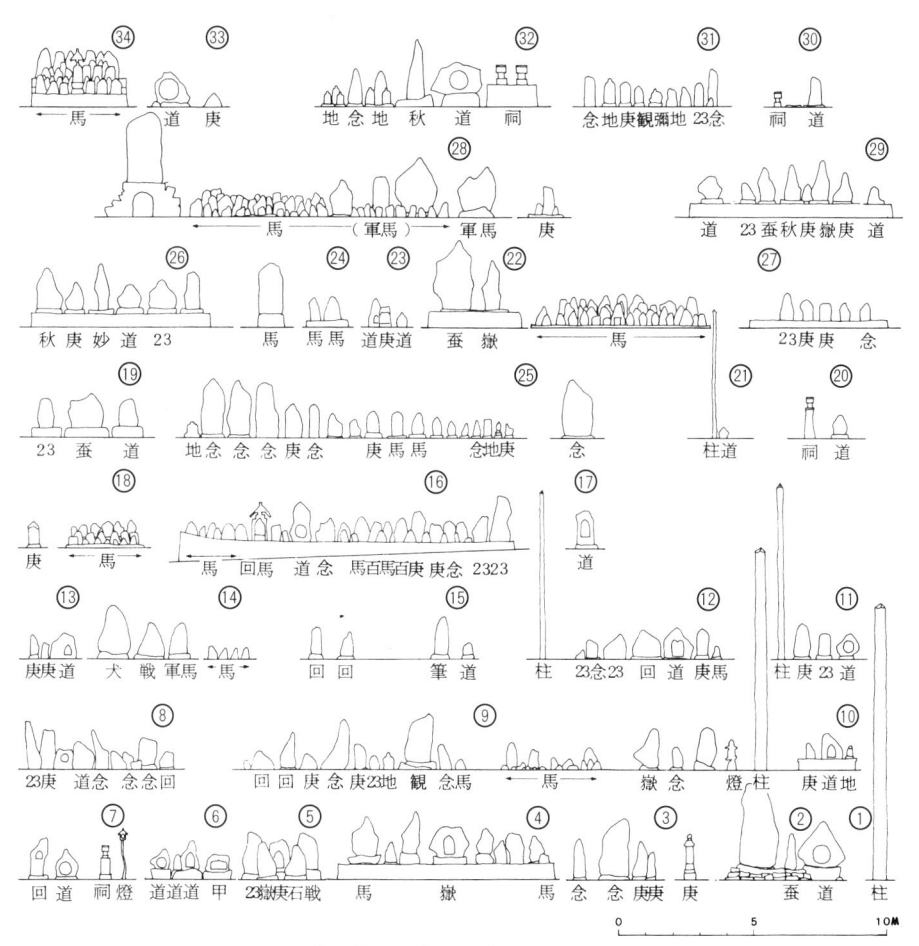

第7章 時空を結節する神がみの形象 205

凡例

道祖神
道申塔
庚申塔
念仏碑（名号碑）
地蔵尊
馬頭尊、馬頭観音
23 二十三夜塔
回 回国供養塔
観 観音菩薩
祠 ほこら・祝殿
犬 犬塚
蚕 蚕玉神
秋 秋葉大権現
嶽 御嶽権現
妙 妙見菩薩
甲 甲子様、大黒天
彌 彌勒菩薩
柱 御柱
燈 常夜塔
戦 戦勝記念碑
軍馬 軍馬碑
筆 筆塚
石 石尊権現

図7-4 長野県山形村の石神・石仏・石碑姿図

近では村びとさえ、その所在が曖昧になっていることがある。道祖神をたずね歩くひとのなかには「……五万分の一の地図を片手に、探し歩いたわたしは、やがて集落に入ったとたん、だいたいの所在位置が第六感で判るようになった[25]」というひともいる。私にとっては羨ましい限りである。今回の調査では五千分の一の地図を準備し、ひとにたずね、なお神がみの所在を見過ごすことが少なくなかった。何度も足を運ばなければならなかった。

　毎年1月15日、道祖神わきの小さな空き地では三九郎の行事がとりおこなわれる。ところによってはドンド、ドンドンヤキ、サギチョウなどと呼ばれる小正月の火祭りである。信州育ちにとって、雪けむる山やまから吹きおろす寒風をついて催されるこの火祭りは、忘れられない恒例の行事である。もっともかなり前から祭りの場所は、火災の危険を避けて道祖神わきから田ン圃の真中や河川敷へ移動している。15日朝、山形村43カ所で、祭りの準備が一斉にはじまる[26]。最近の準備はまことに素早い。

　　9：30　作業にあたる村びとや子どもが集合。母親も、女の子も一緒である
　　9：40　作業開始。あらかじめ用意しておいた長さ7mほどのカラマツを心棒（御神木）とし、根もとの3分の1ほどを残して、稲わらを節ぶしをつけながら巻きつける。梢には緑の葉をつけたアカマツを結ぶ。各戸から集めてきた両目を入れた赤いダルマを藁縄（わらなわ）で繋ぎ合わせ、やはり梢に結ぶ。心棒の根元の方には3本の支え棒を結ぶ。作業は大人の手による
　　9：50　掛け声とともに御神木を一気に起こし、3本の支え棒をひろげる
　　9：55　支え棒に横棒をわたし、三角錐をつくって御神木の足もとをかためる。御神木が空中にそびえる
　10：07　下部から稲わらを取りつける。屋根を葺く要領である。小さな出入口をもつ小屋ができていく
　10：10　大人たちの手をわけ、子どもに小三九郎（こさぶろう）をつくらせる
　10：13　さきの大三九郎では、稲わらのうえから豆がらや家いえから集めてきた緑の門松をかぶせる
　10：25　縄をかけてわらや門松を押える

10：40　中休み
11：05　作業再開。大三九郎では下方三角錐の上に稲わら、豆がら、松枝を重ね、縄がけをして円錐形に整えていく。梢の赤いダルマが鮮やかである
11：15　小三九郎でも、家いえから集めてきた白紙をはさんだ注連縄を巻きつけて形を整える。大三九郎にくらべて御神木が短く、円錐形の小屋がけのうえに直接アカマツの枝を突きたててできあがり
11：19　大三九郎できあがり
11：40　夕方の再会を約して解散。子どもたちだけが残って大三九郎下の小屋がけのなかに入ったり、出たりして遊ぶ

以前の三九郎とくらべると相違点も多い。本来は男の子だけで引き継いできた行事であったが、いまの主役は大人、PTAである。もちろん子どもも、女の子までもが参加しているが、数は少ない。かつては年末から一カ月以上の期間を準備にあて、三九郎の小屋がけの中では子どもだけの共同生活（こもり）が一週間ほどあった。いまは 1、2 日ですべてが終る。御神木はアカマツときまっていたが、いまはカラマツで代用する。

　村むらによって飾りつけの形状も異なる。山形村から松本方面にかけては、御神木に円錐形を組みあわせる。山形村に隣接する波田から安曇野にかけて、また山形村の東方、塩尻市片丘地区などでは、いまでも「御幣」といって、横棒をとりつけ、飾りつけた太い御神木を立て、別棟に独立して小屋をつくる。

　冬の短い一日が暮れかかるといよいよ祭礼のとき、昼間御神木を弓なりにしなわせていた寒風も、ぴたりと止む。

17：30　村びとや子どもたちが再集合する。年寄や幼児まで村中総出である
17：35　小三九郎に着火。炎上、たちまち燃えつきる。村のあちこちに火があがる
17：45　大三九郎に着火。豆がらや松枝が音をたてて炎上。御神木や支え棒に火が移る。注意深く御神木を倒す。残り火に、前日に用意しておいた団子をかざして焼いて食べる

18：15　消火、解散。近くの集会所に場所を移して、父母・子どもたちで焼き肉パーティ

焼き肉パーティは夜10時すぎまで続く。翌朝子どもたちは焦げあとのついた御神木や支え棒を短く切り、縁起ものとして家いえに配布して歩く。

三九郎（サギチョウ）を「顕著な性交儀礼」とみる古民俗学の吉野裕子（1916～2008）の解釈は、鮮烈である。

> サギチョウにおいて先ずみられるのは、竿と円錐形の組みあわせ……の形で示される性交の様相である。……送り出される神は円錐形の人工母胎に受胎され、胎児としてそこにおさまり、神の世界に新生する。受胎・懐妊・出産のこの過程は、サギチョウが全国的に終始子供が主役になっている祭りであることによって象徴されている。つまり子供による浄財集め、子供によるこもり（円錐形の藁小屋内）、子供による火食など、サギチョウには子供が濃密にかかわり合いをもっている[27]。

三九郎の組みたて過程にみられる御神木の樹種、支え棒の本数、これらを骨格として整えられる円錐形……参加者や準備期間など、慣習が大きく変容しているにもかかわらず、村びとは材質や形状に対してこだわる。これを理解するためには、吉野のような繊細な感性が欠かせないのかもしれない。

5. 始原のとき

年の始め、元旦から三九郎がある小正月まで、かつての山形村ではかなり忙しい日時を追っている[28]。

元旦　若水。茶飲み。オセチ料理[29]
2日　仕事始め[30]
3日　三日年取り[31]
4日　年始[32]
6日　六日日の年取り[33]
7日　七草粥[34]。この日、外の門松をおろし、モノガラと一緒に三九郎用

　　　　に集めにきた子どもたちに渡す
　11日　　倉開き[35]
　14日　　作始め（物づくり）[36]。この日、子どもたちは三九郎のために内の松飾を集める
　15日　　鳥追い[37]。成木責め[38]。そして三九郎

三九郎などむら祭りに子どもが「かかわり合い」をもつことについて、文化人類学の山口昌男はいう。

> この日子供達は、悪態を吐き、道行く女などに雑言を投げかけることが許される。子供自体が境界的性格をもっていることは、本来子供が依憑として使役されたことからいって明らかである。……いずれにしても子供 ── 自由な行為 ── 道祖神 ── 境という関係が容易に成立する前提が民俗の中にあったと見てよい[12]。

ここで「道祖神＝境界」という解釈には、慎重な検討が欠かせないことは、まえに指摘した。同じように、三九郎という祭礼に限って「子ども＝境」という図式化にも注意が必要に思われる。もう一度、三九郎の行事をふりかえろう。
　村びとは三九郎を組みたてるあいだ、相もかわらず鄙猥な話題ばかりである。三九郎が炎上したとき、父親らしい村びとは大声で三九郎のうたをうたいだした。例の女性や母親を揶揄する他愛のない下品なものである[40]。あちこちからひやかされ、失笑がもれる。うたを中断して、子どもたちに「うたえ、うたえ」とせきたてる。それを子どもたちは無視する。男性は一人またうたいだすが、途中で終ってしまう。
　近年、三九郎には女子も参加し、教育上好ましくないといって、以前の三九郎のうたは学校から禁止されている。だから子どもたちはうたわない。その歌詞を確かめようと村びとに聞いてまわったが、うたの最後まではなかなかはっきりしなかった。うたは思いのほか村びとの心に重くのしかかっている。あるいは山口昌男のいうように、子どもは大人にとって境界人なのかもしれない。だが昔を思いおこせば、子どもにとってあのうたをうたうことはつらかった。母親を揶揄するうたを口にすることで、その瞬間から母親から独立し、異性との間に一線を画

することになる。大人社会で生きゆく準備が始る。「始源のとき」が重ね合わされる。子どもにとってうたうことが「許される」のでも、「自由な」のでもない。まさに強制されるのである。むしろ文化人類学の用語でいえば、通過儀礼の意味がこめられている。

　山形村ではかつて6年に1度（地元のいい方では「7年に1度」）、三九郎のとき、部落内の辻つじに柱をたてたという(41)。「オンバシラ（御柱）」といい、しるしに頂部に「オンベ（御幣）」をつけた。いまでも道祖神のわきに1本の柱がたっているところがある。上大池・中大池の一帯で、他の集落では竹田の四ツ辻に一カ所みるだけである。かつてはこの「オンバシラ」を村内各所はもとより、山形村の周辺でもよくみかけられたものなのだ。

　山形村の東南、塩尻峠を越えた諏訪盆地の諏訪大社は、「オンバシラ」の行事で有名である。すなわち、

> 長野県諏訪大社の上社（諏訪市）・下社（下諏訪町）を通ずる大祭で、申・寅の年（七年目）の春行われる。あらかじめ選んでおいた神山中の用木（樅）を、氏子が曳き出して、社殿の四隅に立てる祭事(42)

この諏訪盆地から、さきの塩尻峠の南側、勝弦峠を越えると伊那谷の上流に出る。ここに小野神社があり、ここでも「オンバシラ」の祭礼が行われている。祭礼は卯・酉年の6年ごと、村びとは「人をみるなら諏訪の御柱、衣裳（キラ）をみるなら小野の御柱」と、華麗さを誇る。

　諏訪大社や小野神社にくらべると、山形村の「オンバシラ」は、じつに質素である。神社境内とは関係なく、道祖神とならんで路傍にひっそりたっている。電柱と見まごうばかりである。それでも上大池の集落道を東に向かってくだってきた三叉路の「オンバシラ」は、ことに大きい。目通り周150 cm、高さは10 mに及ぶ。たてかえるたびに、ひとまわりずつ大きな木を選ぶのが習慣である。樹種は諏訪大社と同じ樅とすべきところが、すでに手に入りにくく、これもカラマツを用いている。頂部を三角錐に切り、打ちつけた幣束の名残からようやく神の依代であることがわかる。

　山形村の「オンバシラ」も、たてかえは6年に1度、ただし当り年はところによって一定しない。かつては日時をかけて、山中から引きだしたものが、いまでは小

型トラックを利用し、引きだしから立柱、夜の祝宴まで、1日ですべてが終わる。

　「オンバシラ」の解釈、これも諸説があり、むずかしい。ここでも陰陽五行説から説きおこす吉野裕子の感覚は鋭敏である。

> 御柱は陽始の寅歳と、陰始の申歳の交互に奉立されることによって、その祭神の生命は陽から陰へ、陰から陽へ、また動から静へ、静から動へ、あるいは顕から幽へ、幽から顕へと輪転し、永遠の相における輪廻が可能となるのである。この輪廻は祭神にのみ求められているのではない。方形に立てられる御柱はおそらく、国土そのものの象徴でもあろう[43]。

吉野の指摘によって、無限に続く時間が生物学的、生態学的リズムで分節されていることに気づく。このように、「オンバシラ」を「国土そのものの象徴」と考えるとき、さきに引用した、神の地と人びとの田畑との境に「標の杖」を立てた『常陸国風土記』の英雄の所作が、再び思い浮べられる。さらにこれに類似して、『出雲国風土記』には、例の国引き神話のくだりがある。

> 「今は、国は引き訖へつ」と詔りたまひて、意宇の社に御杖を衝き立てて「おゑ」詔りたまひき[44]……

註に、「御杖」は「神の鎮座地の標示としてのもの」、「おゑ」とは「神が活動を止めて鎮座しようとする意を示す詞」とある。もし、「標の杖」や「御杖」に、今日の御柱が結びついているとするなら、御柱には農耕空間の開拓が、その「始原のとき」が象徴されているように思えてくる。それと同時に、無限に続く時間が生物学的、生態学的リズムで分節されているのである。

6. 共有された時間

　道祖神とならぶ路傍のペルソナに庚申塔がある。さきにみた下大池の道祖神が「天下の名品」なら、上大池上耕地三叉路南の庚申塔も、これに比肩されうるだろう。

　それはつぎのような形象をもつ。自然石（高さ110 cm、幅68 cm、厚さ30 cm、基壇なし[45]）に舟形（高さ60 cm、幅40 cm、深さ3 cm[45]）を彫りこみ、そのなかに忿怒相、一面六臂の青面金剛像（高さ57 cm[45]）を浮かす。中央に合掌する二本の手、

そのほか向って右側上手に矢、下手龍頭の蛇、左側上手に弓、下手に剣をもつ。舟形彫りこみの外縁、上段右左に瑞雲をともなった日月、中段両側に一羽ずつの鳥が配置されている。そして下段に右からいわゆる「イワザル・ミザル・キカザル」の三猿が、いずれも正面を向いて彫られる。しばしば多様な彫りこみがみられる庚申塔のなかでも、かなり様式が整っている。記年銘は「寛政七乙卯十一月吉日」(1795年)、施主銘は「願主　上耕地中」とある。建立のときは、さきにみた下大池の道祖神に同じである。現在、山形村で26基の庚申塔の所在が確かめられている[46]。

　道祖神にくらべると、庚申信仰の由来はかなり鮮明に説明されている。『日本民俗辞典』によれば、庚申信仰とは、

> 干支の庚申に当る日に行われる信仰行事。中国の道教では、人間の体内にいる三尸が人間の早死を望んで、庚申日の夜に人が寝ると体内から抜け出して天帝にその人の罪過を告げ、その結果天帝は人を早死させるから、長生きするためには庚申の夜に身を慎んで徹夜をせよと説き、その徹夜を守庚申と呼んだ。……三尸の説は日本に伝わり、奈良時代の末頃から宮廷中心に守庚申が行われたが、宴遊が主であった。室町時代に僧侶によって、「庚申縁起」がつくられてから仏教的になり、江戸時代には修験道や神道でも独自の庚申信仰を説きだしたので全国的に盛んになって、各地に庚申堂が建てられ、庚申講が組織された……[47]

という。いうまでもなく、「庚」は中国の陰陽五行思想による十干の第七番「かのえ」である。「申」は同じく十二支の第九番目で、相当する動物が「申（さる）」である。この「庚」と「申」が暦のうえで会合する日が庚申日である。したがって庚申日は干支の最小公倍数の60日に1度、ふつう1年に6回めぐってくる。その日から十二支でいえば「酉（鶏）」の日の朝まで、夜を徹して庚申待がもたれるのである。さらに各年にも十干十二支があてはめられているので、60年に一度、庚申年の当り年がやってくる。

　このような信仰の由来や行事の内容にくらべて、庚申塔の影像についてはすべてが明らかにされているわけではない。主尊にして、すでに、釈迦像、大日如来、阿彌陀如来、地蔵菩薩、観音菩薩、不動明王、帝釈天、猿田彦神など、じつ

にさまざまである⁽⁴⁸⁾。庚申信仰の研究者平野実によれば、それはつぎのように整理されるという。

> 庚申塔の主尊が、……江戸の初期ではまだ一定しなかったが、それがやがて塔造立の盛行とともに、ほとんど青面金剛に固定するような形勢となった。……江戸時代より以前、室町時代に、庚申信仰の結衆の指導的位置に僧侶のあったことは、すでに述べたとおりであるが、かれら僧侶は庚申待をする功徳を説くにあたって、そのころからようやく普及した庚申縁起を用いたと思われる。そして三戸の害を防ぐことを青面金剛に祈るという信仰形態が成立していったものであろう⁽⁴⁹⁾。

さらに青面金剛像の面の数、手の数、持物も一定しない。鳥の雌雄や匹数、猿の匹数や性別や向き、あるいは同じ三猿であってもその順序が異なる。これら庚申塔の付属物についても諸説が提起されている。さきの平野実は、

> どうして日月が庚申塔に結びついたか。その原因については、今のところ確証はつかみえないが、やはり中世に盛んであった日待・月待から流れてきたものと考えるのが穏やかであろう。……庚申の徹夜行事は、申の日から始まって酉の日に及ぶので、猿と鶏とを持ってきたとか、また行事は鶏明までというので、その鶏をつけたとか、案外理屈ぬきの単純な動機から始まったのかもしれぬ⁽⁵⁰⁾。

と説明する。この平野の示唆を布延するなら、主尊の青面金剛像はさきに確かめた十干の「かのえ」に関係するのではないか。「かのえ」とは、陰陽五行説で万物の根源である「木火土金水」のうちの「金」、それも「兄弟」のうち優勢をあらわす「兄」が組みあわされたものである。もともと具象像をもたなかった庚申信仰の主尊のために、さまざまな神がみの間を彷徨し、のちに絵暦的な表象として青面金剛像にたどりついたものと推定される。主尊の意味よりも、その当日に誤りなく祭事をとりおこなうことこそ重要だったのだ。このように考えると、道祖神ほどの劇的な要素に乏しいが、主尊も、その付属物も、一貫して説明しやすい。

いま、山形村では年の始めと終りのたった二回の庚申日に、近所寄りあって庚申待をとり行うのみである。それも夜半にまで及ぶことはない。隣接する塩尻市

域やその南の伊那谷などでは60年に一度の庚申年の特別の祭礼をもつ。60年といえば一般に人生に一度の経験である。当り年に新たな石塔をつけ加える。最近建てられる庚申塔は文字碑が多い。

庚申信仰に類似して、一定の日時をおく祭事に二十三夜信仰、大黒天（甲子）信仰がある。二十三夜信仰の本尊はもともと「阿彌陀仏の右脇士で、智慧光を以てあまねく一切を照らし、三悪道を離れ無上力を得させる勢至菩薩[51]」である。そこで陰暦の10月23日の夜の月の出を待って祈念する。それが講仲間では毎月23日の夜、遅い月の出まで起きていて祈念し、そのあと当家に集まって飲食をともにし、一夜を過ごす習慣になった。山形村の二十三夜塔はすべて字体碑であり、13基を数える[52]。中大池中下耕地の碑には「二十三夜、天帝三彭供養塔」と刻まれている。文面の後半はいうまでもなく庚申信仰の由来をあらわす。二十三夜信仰と庚申信仰が合体しており、教義の共通性をうかがうことができる。現在、行事はない。石碑が立つのみで、その由来も忘れられがちである。

大黒天は、仏教で「三宝（仏・法・僧）を愛し、五衆（比丘・比丘尼・式叉摩耶尼・沙彌・沙彌尼の五種類の出家）を護り、飲食を充たし、貧民大衆に福聰をもたらす神[53]」だという。大黒天はその持物から古代出雲の英雄大国主命と習合する。甲子講はこの大黒天に祈念する。陰陽五行説の十干の第一番「甲(きのえ)」と、同じく十二支の最初の「子」が回合する日が甲子日である。その日、近所衆が集まり、大豆・黒豆・二股大根などを食膳に供して子の刻（午前零時）まで起きて祈念した。

山形村の路傍には大黒天＝大国主命像を二体数えるのみであるが、家いえにはきまってえびす神とともにまつられている。ここから安曇平を北上していくと、満面に笑みをたたえ、大きな袋を肩にした彫像を数多くみかける。建立の時期は60年に一度の甲子年が多く、庚申信仰との共通点が多い。

庚申信仰から二十三夜講、甲子講と、教義や神がみの形象は異なっても、いずれにも共通する特性がある。そこでは永遠に過ぎゆく時間が意識されている。その時間は均等に分節される。分節の単位は30日、60日あるいは6年、60年と生物学的、生態学的なリズムをもつ。そして、その均等に分節された時間は、近隣社会集団の共通の、共有の、共同の時間が繰りかえし確かめられる。

7．彷徨する神がみ

　道祖神から三九郎、御柱まで、一貫して農耕社会の「始原のとき」が繰りかえし確かめられる。「始原のとき」は、限定された時間であり、有限な、完結した時間でもある。一方、庚申信仰から二十三夜講、甲子講では、永遠に過ぎゆく時間、均等に均質に分節された時間が意識されている。

　日時計と砂時計、この二つの時を計る装置には、人間の時間感覚の表徴が現れているということを教えてくれたのはＥ・ユンガー[54]（1895〜1998）である。つまり、それらは文化的な背景を異にした時間感覚だと考えたのだ。これに対して文化人類学の青木保は、

> 主要なことはむしろ、繰り返さないで過ぎ去ってゆく時と、繰り返して戻ってくる時、前進する力と回帰する力、この二つの時を、われわれは実のところはどちらも感じているということなのである。現代日本では前者が圧倒的な支配力をもっているけれども、では後者の時がないかとなると、都市生活に欠かせない年中行事的なものとして、……それは生活世界の基層となりまた表層ともなって存在している[55]。

と、重層する時間感覚の存在に注目した。道祖神や庚申塔をみくらべていると、青木のいう時間の重層感覚は何も近代社会にのみ固有のものではなく、近代以前にすでに存在していたように思える。道祖神と庚申塔が表象する時間感覚はあくまで対照的である。

　それでは、道祖神信仰と庚申信仰の共通点は何か。それは第一に、生物学的、生態学的な時間感覚を背景にしているということである。万物は誕生し、成長し、いずれ死滅する。そしてまた「始原のとき」をむかえる。無限に続く時間は生物学的、生態学的リズムで分節される。それはまた生物学的、生態学的な自己存在と掛けはなれて厳存していると考える近代社会の絶対的な時間感覚と対照的である。

　第二の共通点は、いずれも地縁的な、小さく限定された近隣社会の集団信仰、集団祭祀をともなっている。「始原のとき」を繰りかえすにしても、無限のときを分節するにしても、そこでは明らかに近隣社会に共通な時間感覚が確かめられ

ている。それはあたかも、本論の始めにみた神社や寺院の境内にみられた注意深い空間の分節を思いおこさせるものである。この点でも、社会的な絆を越えた絶対的な時間の存在を前提とする近代の知と対照的である。

哲学者の中村雄二郎は指摘する。

> 人間の時間、生きられる時間は、……日周リズムという生物学的な時間の基礎の上に成り立っている。ということは、生物学的存在であるとともに社会的、文化的存在である私たち人間は、実際にはきわめて重層的な時間を生きているということである。……自然のリズム（時間）の上に歴史のなかで形成された一つの国や地方での社会的・文化的リズム（時間）こそがなによりも、人々の間での共通の知覚や判断としてのコモン・センスの基礎となっていると考えられるのだ[56]。

この示唆に富んだ論理展開も、路傍の神がみにたよれば理解しやすい。

さらに道祖神や庚申塔の共通点として忘れられないことは、それらの建立年代である。山形村の道祖神は1800年代以後、庚申塔はそれよりやや早い1700年代以後のものである。いずれも江戸中期ないし後期以後のものといってよい。近世は農耕技術が成熟した時代である。この時期、新田開発に顕著にみられたように、小農自立という社会規範が確立され、農業経営の単位は家いえに分解していく。当然、生活感覚、時空感覚も農家ごとに分解していく。しかしあくまで「ムラ」という社会経済的な共通基盤にもとづく小農自立である。あらためて時空感覚の共通性、共同性が繰りかえし確かめられる必要があったのだろう。ただし歴史学の高取正男は、信仰形態の背景について、

> ……村の連帯は、……今日私たちが理想として考えているような、成員個々人について、その生存の権利を全面的に保証するような福祉の体系ではなかったことも事実である[57]。

と注意している。

大災害、凶作、はやり病、そして人生における生と老いと死――自立の代償として様ざまな不安が村びとを襲う。村びとの魂が揺れる。村びとは救いを求めて神がみの間を彷徨する。ときには近隣の神がみを越えた、遠い周縁の神がみから

誘われる。旅への願望が湧いてやまない。同志が誘い合わせて旅に出る。

　　奉納大乗妙典六十六部供養塔
　　四国八十八ヶ所百番観世音供養塔
　　日本回国大乗妙典供養塔……

回国供養塔は諸国の霊場を巡拝した記念碑である。日本回国六十六部納経供養塔といえば、いまは亡きひとの冥福を祈るために鉦を叩き、鈴を振って日本六十六国の霊場に参拝し、書写した大乗妙典（法華経）を奉納してまわった記念碑である[58]。民俗学の柳田国男も、かつて参拝や参詣という行為が共同体の祭りから離れて人びとが空間移動するようになり、個人の祈願を必要とするようになってから発達したものであるといっている[59]。彼らが無事に帰れば、路傍にはまた旅の表象が付け加えられることになる。

　貧しいもの、身体が不自由なもの、年老いたもの、家から離れられない子女……、旅する願いをもちながら、それがかなわない村びとのために、旅路の縮小コースも用意される。回国観音像の数かずである。

　　西国三十三番
　　坂東三十三番
　　秩父三十四番

西国とは京都を中心とした近畿地方、坂東とは鎌倉周辺、そして秩父といえば埼玉県西部の山岳地帯である。それぞれの番号は巡礼地の寺院の数である。寺院を代表する観音像を拝することによって旅する心を味わうのである。3地域の寺院の数をあわせると百番というきれのよい数字である。山形村には一部欠落があるものの、山中の清水寺と里山の穴観音にその百番観音が残っている。旅がかなわない村びとは一体一体の観音像を巡り、祈る。観音像は一体一体表情を違える。参拝者はその中に、いまは亡き人の面影を偲んで、一人哀しみを忘れない。

　　御嶽権現（本社　木曽御嶽山）
　　秋葉権現（本社　静岡県周智郡秋葉神社）
　　石尊権現（本社　神奈川県大山、石尊権現阿夫利神社）

これらも、日常性から遠く離れた周縁の神がみである。村びとのなかには、これらの路傍の神がみにただ祈るだけではなく、実際に聖地を訪れ、修行にはげんだものも少なくなかったにちがいない。

　山形村の路傍には「南無阿彌陀仏」と彫りこんだ名号碑も多い。そのなかに旅行く修行僧徳本上人筆のものが6基ある。上人筆の文字碑は山形村だけではなく、松本平から安曇野にかけてもひろく分布する。その個性の強い筆致をみれば、誰でも上人のものとすぐわかる。村びとは特異な筆勢を珍重したと同時に、孤独にたえて一人旅行く周縁の修行僧の人生そのものにも想いをはせたことだろう。

　歴史学の新城常三は、

　　……冷厳な交通環境のもとで、民衆があえて旅に出るとするならば、心のなかからうつぼつと湧き起る、よほどの強烈な欲求があってのことであり、前途の苦難に満ちた、死をさえ覚悟せねばならぬ旅へ、かり出されるものがあるとするならば、それは強い信仰心をおいてなかった[60]……

と、当時の状況を描写する。近代の宗教人は「伊勢詣りでもそうであるが、講社などの団体で神社仏閣に参るのは、一種の慰安旅行であった。娯楽のついでに信心も、というような軽い気持のものが多かった[61]」と歎くが、あまりに一面的な理解といわざるをえない。

　身近に周縁の神がみを配することによって村びとたちは宇宙観を、風土観を共有しようとしたに違いない。求心性と遠心性が重なり、小さな集落空間に宇宙が、風土が凝縮される。

8. 歴史の足音

　民俗学の柳田国男は、路傍の神がみを見て著した『石神問答』において、

　　数知らぬ祠と塚と　今は信心も薄らぎて名義を疑ふばかりになり候へども　一として境線の鎮主に縁なき神はおはさぬやうに候[62]

といった。時空間の境界性に着目している点では、本論の前半に引用した社会人類学のE・リーチの指摘にも通じる。あるいは宗教学のM・エリアーデ（1907～1986）は繰り返していう。

宗教的人間にとって空間は均質ではない。空間は断絶と亀裂を示し、爾余の部分を含む[63]。

精神医学の岩井寛によれば、我われは近代の知が導いてきた明るい、均質な、無限定な時空感覚にのみでは安心して生きられない。我われの存在は光の当る明るさだけで確かめられるのではなく、むしろ我われの影であり、明るさも影も包みこむ闇の存在が重要であるというのだ[64]。

我われはこのような先学の示唆にしたがって、路傍の神がみをたずねてきた。そこで抽出された農耕社会の時空感覚は、空間的には自己を中心におき、同心円的に、外延的に、ときには遠心的に世界観をえがく。時間的には始原のときを繰りかえし確かめ、過ぎゆく時間を生物学的生態学的リズムで分節する。

このような時空感覚は、神がみの形象の側面や裏面に彫まれた記年銘によって、歴史的限定することができる。前節で指摘してきたように、路傍に神がみが配置されたのは、ほぼ1700年代以後から1900年代前半までの200年ないし250年間のことである。繰り返しになるが、この時期、小農自立という社会規範が確立され、村びとは自己の存在を風土観、宇宙観の中心に位置づける。しかしその一方で貨幣経済が浸透してくる。地域空間は都市と農村に分けられ、政治経済の中心は、もちろん都市に集中する。自給自足経済から貨幣経済へ、農村はしだいに地域空間のなかの周縁に追いやられる。

村びとは自らの固有環境が時代の周縁にあることに気づかされたとき、日常生活の中の「周縁なるもの」に自身を投影する。

　馬頭観音（馬頭尊）
　蚕玉神
　犬塚

これらは周縁の神がみである。とくに馬頭尊は、山形村で260余基が数えられており、もっとも数の多い神である[65]。馬頭尊の原型はもともと、

　六観音・八大明王の一。宝冠に馬頭をいただき、身色は赤で、忿怒の相をあらわして、一切の魔や煩悩をうち伏せる働きを示す。その像には三面二臂・

四面八臂・三面八臂などがある[66]。

という。山形村では、この本来の形式にしたがっている彫像は、百番観音のなかのものなど、ごく一部に限られる。大半はその名称から転じて、もっぱら飼馬の保健と、働きつづけながら倒れていった愛馬の霊を慰める供養塔になっている。観音像の顔面は柔和になって笑みを浮かべ、頭に小さな馬頭をいただき、2本の腕は静かに合掌する。それに大半は、小さな自然石を利用した文字銘だけの質素なものが多い。記年銘のあるものをみると、庚申塔や道祖神よりさらに時代が新しく、多くは明治期に建立されている。いうまでもなく、近代思潮が押しよせ、新しい産業主義が農村社会をゆさぶった時代である。村びとがその飼馬を激しく鞭打つとき、その鞭打たれる飼馬に、周縁なるものに、村びとは己れ自身の姿を重ねていたに違いない。

軍馬碑8基、蚕玉碑10基、犬塚1基も、同じ村びとの想いがこめられた周縁の神がみである。

この時期はまた、西洋文明を中心とした近代思潮、産業経済が地球を席巻したときでもあった。西洋からは最も遠い極東の島にあっても、そのまた山深い信濃路にあっても、時代からの除外地域ではなかったはずだ。近代化の名のもとに、歴史的に培ってきた時空の共通感覚は解体を余儀なくされた。個人にとっても、伝統的な共同体にとっても、押しよせてくる新しい時空感覚に対抗して、固有の感覚を確かめなければならなかった。

村びとは自己存在を確かめるために、あのおびただしい数の神がみを配置した。神がみが象徴するのは農耕社会における自己存在を中心にした、どこまでも生物学的、生態学的な時空感覚である。近代思潮のもとでの自己存在から掛け離れた均質で、無限定な時空感覚とはあくまで対照的である。しかし我われがみてきた路傍の神がみは、かつての村びとが境界のむこうに意味づけた「爾余の部分」がいまも存在していることを暗示している。

我われ近代人には、そんな影や闇の存在がみえないだけなのだ。

[注]
1　和辻哲郎（1935）『風土』（岩波書店）p.7。
2　三木清（1940）『哲学入門』（岩波新書）pp.6-7。
3　市川浩（1984）『〈身〉の構造』（青土社）p.11。
4　中村雄二郎（1979）『共通感覚論』（岩波書店）p.262。
5　湯浅泰雄（1977）『身体 ― 東洋的心身論の試み』（創文社）。
6　三橋修（1982）『翔べない身体 ― 身体性の社会学』（三省堂）。
7　Blaise Pascal（1897/1904）: PENEES ET OPUSCULAS（由木康訳『パンセ』白水社）p.133）。
8　中村真男（1961）『日本の思想』（岩波新書）p.20。
9　上田篤（1984）『鎮守の森』（鹿児島出版会）p.17。
10　Edmund Leach（1976）:CULTURE AND COMMUNICATION（青木保・宮坂敬造訳『文化とコミュニケーション』（紀伊国屋書店）pp.72,73）。
11　『常陸国風土記　行万郡』（『日本古典文学大系2巻』（岩波書店）所収）p.55。
12　山田宗睦（1972）『道の神』（淡交社）p.207。
13　山形村教育委員会（1972）『山形村文化財調査資料第二輯（道祖神篇）』。
14　池上廣正（1959）「人と神」（『復刻日本民俗学大系第8巻 ― 信仰と民俗』（平凡社）所収）pp.172。
15　竹田聴洲（1959）「神の表象と祭場」（『復刻日本民俗学大系第八巻 ― 信仰と民俗』（平凡社）所収）p.172。
16　福田アジオ（1971）「民俗の母胎としてのムラ」（『論集日本文化の起源第3巻 ― 民俗学Ⅰ』（平凡社）所収）p.50。
17　Mary Douglas（1970）:NATURAL SYMBOLS - Exploration in Cosmology（江河徹・塚本利明・木下卓訳『象徴としての身体－コスモロジーの探求』（紀伊国屋書店））。
18　たとえば柳田国男監修（1951）『民俗学辞典』（東京堂出版）、山田宗睦（1972）前出。
19　『古事記』（『日本古典文学大系一』（岩波書店）所収）p.42-43。
20　『日本書紀』（『日本古典文学大系六七』（岩波書店）所収）pp.76-77。
21　上山春平（1970）『神々の体系』（中公新書）pp36-37。
22　斉藤晌（1979）『老子』（『全釈漢文大系』第15巻所収）（集英社）pp.307-309。
23　三木成夫（1983）『胎児の世界－人類の生命記憶』（中公新書）p.198-199。
24　中村保雄（1984）『仮面のはなし』（PHP研究所）p.98。
25　福村弘二（1976）『愛の道祖神』（創造社）。
26　三九朗の祭場は1985年1月山形小学校調べ。祭礼については1985年1月15日山形村上竹田唐沢にて調査。
27　吉野裕子（1972）『祭りの原理』（慶友社）p.180。
28　山形村誌編集委員会（1980）『村誌やまがた』および同村経済課、教育委員会で聴取による。

29　若水では、朝暗いうちに川や井戸から水を汲む。汲み手は男子、その年の恵方にあたる方角をむいて黙って汲む。その水を沸してお茶を入れ、炊事に使う。いろりや初かまどには燃えのよい木を使い、豆がらをたいて音をたて、景気をつける。早朝、家族そろって炉端に集まり、豆・栗・干柿・せんべい・らくがんなどの縁起ものでお茶を飲む。そのあと食事。とろろ汁を食べる家と雑煮を食べる家があったという。食前にはお神酒を一杯飲む。おせちには数の子・酢だこ・田作・切イカ・酢大根・密柑などを用意する。それぞれ年の始めの願いをこめた品じなである。

30　その家の主人は早朝から近所と競争でわらをたたき、ぞうりやわらじを作り、縄をなう。できあがったものは家内のえびす神に、その年の豊作を願いながらそなえる。

31　夕方、お頭つきでお神酒を飲む。

32　寺や神主の年始回りで、暦や秋葉山の札が配られる。新婚の夫婦はこの日、嫁の里へそろってあいさつにゆき、はね親、仲人のところにもまわる。続く5日は遠いところの親戚へ年始。

33　三日年取りに同じ。

34　ヌルデで作った箸の先を四ツ割にし、餅をはさんで粥をかきまわす。この季節、当地ではま煦だ七草は手にはいらず、干菜・大根・人参・せりなど手近なもので間にあわせる

35　正式に土蔵を開ける。

36　米の粉の団子で稲花や繭玉あるいはなすやさや豆などの作物をつくり、木の枝に刺す。木の枝には柳・ヌルデ・ミズキなど、防火や雨乞いの意味をこめて、水にゆかりの深い樹主をえらぶ。団子をつけた枝は床の間・大黒神・えびす神・仏壇・かまど・いろり端・玄関・門口・井戸端・川端・付属舎の入口・主な農具など、家の内外の要所に飾りつける。三九郎の火で焼く団子は特別太い枝に刺す。

37　未明、子どもたちは拍子木や十能などをたたいて音をたて、「今日ハダレノトリオイダ／ジロウタロウノトリオイダ／オレモチョットオイマショカ／ホンガラホイ、ホンガラホイ」とうたいながら、家から村はずれまで歩く。

38　その家の主は屋敷内の柿や栗など果実を結ぶ木に鉈で傷をつけ、大声で「ナルカ、ナラヌカ」と責める。わきで子どもたちが恐れいりながら「ナリマス、ナリマス」と唱和する。

39　山口昌男（1984）『文化と仕掛け』（筑摩書房）p.76。

40　かつての山形村の三九朗のうた「三九郎、三九郎／カカサノベッチョ、ナンチョウダ／イッチョウ、ニチョウ、サンチョウダ／マワリ、マワリニ、毛ガハエテ／ナカニチョット、チョボクンデ／ワンワラワイ、ワンワラワイ」、松本平のなかでも地域によって若干異る。現在学校で推奨しているうたは「三九郎、三九郎／ヂイチャン、バアチャン、マゴツレテ／ダンゴヲヤキニキテオクレ」。

41　前出『村誌やまがた』による。

42　西角井正慶編（1958）『年中行事辞典』（東京堂出版）。

43　吉野裕子（1978）『陰陽五行思想からみた日本の祭』（弘文堂）pp.276-277。
44　『出雲国風土記　意宇郡』（『日本古典文学大系二巻』（岩波書店）所収）。
45　山形村教育委員会（1974）『山形村文化財調査資料第三輯（解説篇）』。
46　前出『山形村文化調査資料第二輯（道祖神篇）』による。
47　大塚民俗学会編（1972）『日本民俗事典』解説　窪　徳忠。
48　三輪善之助（1935/復刻1985）『庚申侍と庚申塔』、山形村内にも、大日如来・阿彌陀如来を主尊とするものがある。
49　平野実（1969）『庚申信仰』（角川選書）pp.46-47。
50　平野実　前出 pp.57-58。
51　前出『山形村文化財調査資料第三輯（解説篇）』による。
52　前出『山形村文化調査資料第二輯（道祖神篇）』による。
53　注（51）に同じ。
54　Ernst Junger（1954）:DAS SANDUHRBUCH（今村孝訳『砂時計の書』（人文書院）。
55　青木保（1985）『境界の時間』（岩波書店）p.11。
56　中村雄二郎（1979）前出 pp.252, 256。
57　高取正男（1973）『仏教土着－その歴史と民俗』（NHKブックス）pp.177-178。
58　前出『山形村文化財調査資料第三輯（解説篇）』による。
59　柳田国男（1942/定本1969）『日本の祭』（『定本柳田国男集第10巻』（筑摩書房）所収）。
60　新城常三（1971）『庶民の旅の歴史』（NHKブックス）p.27。
61　渡辺宏照（1958）『日本の仏教』（岩波新書）p.135。
62　柳田国男（1910/定本1969）『石神問答』（『定本柳田国男集第12巻』（筑摩書房）所収, p.146）。
63　Mircea Eliade（1957）: DAS HEILIGE UND DAS PROFANE（風間敏夫訳『聖と俗』（法政大学出版局）p.12）。
64　岩井寛（1984）『闇と影』（青土社）。
65　前出『山形村文化財調査資料第二輯（道祖神篇）』による。
66　『国語大辞典』（小学館）。

第8章

聖なる山村

― 史的先端空間としての斜面集落 ―

四国旧一宇村の山道。神がみの領域に村を拓いた人びとがいた。近代化以前、平野部との行き来も、集落間の行き来も、材木の搬出も、すべて山道であった。

四国旧一宇村剪宇集落。傾斜角63%のきびしい地形である。

　山腹の急傾斜地に展開する斜面集落は、谷あいから見上げる観察者に向かって覆いかぶさるように、圧倒的な存在感で迫ってくる。そこに、いつ、誰が住みついたのか——その問いかけさえも無意味にしてしまうほどの迫力である。ひとたび集落にのぼれば山並みがはるか彼方まで重層し、谷を挟んだ向かいの山の急傾斜地にも、同じ斜面集落を望むことができる。谷の流れそのものは、山かげにかくれてほとんどみえない。あたかも緑の大海原のような山岳部の傾斜面に、延々と集落が点在しているのである。
　紀伊山地、四国山地、九州山地、あるいは本州中央部の伊那山地、さらに東に秩父山地は、いずれも地質学でいう中央構造線に沿った、けわしい山岳地帯である。海岸砂丘から内陸部に向かって低湿地（潟）、沖積平野、扇状地、そして洪積台地と、地形地質に着目しながら列島の田園風景をみてきた私たちは、いよいよ、列島の最奥部、その屋根ともいうべき、山岳地帯の定住環境の解明に挑みたいと思う。
　これらの山地では、山腹の集落に比べ、谷あいの集落は比較的新しい。

その多くは、近代化以後、谷沿いに幹線道路が開設されたのにともなって、立地するようになったからである。山腹の集落こそ、山村のなかの山村ということができる。

　また、山の斜面に発達した集落として、これまで棚田集落がよく知られてきた。傾斜角と水源と地質が水田耕作を可能にしていると思われる。ところが、これからみていく中央構造線の南側では山の傾斜角がけわしく、水田開発がほとんど不可能な、きわめて定住が困難な環境である。人は、なぜ、そのようにきびしい環境を選んで定住を開始したか、いや、その前に、なぜ、そこに山があるのか……。

　かつて、民俗学者柳田国男が考えたように、はたして山村は、滅び行く周縁空間にすぎないのだろうか――列島を東西につらぬく中央構造線に秘められた日本列島誕生の記憶をたどりながら、きびしい居住条件を克服してきた斜面集落の歴史を読み解いていきたい。

1. 山村のいま

　四国山地の只中にある旧一宇村では、山岳地帯の急斜面に集落が展開している。
　四国北東部を流れる吉野川は、四国山地と讃岐山脈にはさまれたわずかな平地を、あたかも定規を当てたように、ほとんど一直線に東進し、紀伊水道に注いでいる。その吉野川を河口からさかのぼっていくとしだいに平野部が狭まり、やがて川の左手に切り立った四国山地が迫ってくる。山塊の切れ目から、吉野川に向かって幾本もの支流が直交しているが、その中の一本、吉野川の中流部にある貞光川沿いに山地に分け入ると旧一宇村の世界である。谷あいを進むと、視界はつねに重層する山の斜面にさえぎられるが、その、見上げるような急斜面の中腹に、つぎつぎ集落があらわれる。
　旧一宇村の集落数（行政区数）は30あまり、近代以前は、一村一村独立していた。集落形態は急斜面に展開するものと、谷あいのものに分けられる。前者の斜面集落が大半を占め、後者の谷あいの集落はごく少数に限られている。歴史的に、さきに開かれたのは斜面集落である。山村と平地との行き来も、そして集落間の行き来も、歩行のみ可能な尾根道や斜面を切り開いた山道だった。一方、谷あい集

落は近代化以後、谷沿いに車の通行が可能な幹線道路が開通したあと立地したもので、比較的新しい。谷あいの、ごく限られた土地に行政施設や商業施設が集積し、旧一宇村の中心集落として機能している切越は、近代化以後の新しい集落である。いまでこそ、ほとんどの斜面集落へは谷沿いの幹線道路からアクセスするが、かつてはすべて山道のみで結ばれていた。近代以前の感覚に戻れば、ごく一部の集落を除けば、谷沿いは日照時間が短いうえ、洪水の危険も高く、居住にも、通行にも適さなかったのだ。

　集落規模をみると、2005年現在、もっとも大きな集落は赤松で82戸、旧一宇村の中央に位置し、急斜面に、谷あいから見上げるものに覆いかぶさるように住戸が分布している。これに次ぐ人口規模をもつのが、谷あい集落の切越の76戸、これに古見58戸が連続している（表8-1）。

　近年、旧一宇村では人口流出が激しい。寺地や子安、樫地では2〜3戸を数えるのみ。人口も戸数に等しいから、一人暮らしだと推定される。現在、谷あいの幹線道路からのアクセスが遅れた集落ほど、また山深い集落ほど、人口流出が早かったといわれる。

　人口流出が激しくなる直前の1960（昭和35）年当時と比較すると、旧一宇村全体で、この45年間に、世帯数は46％に、人口はじつに19％にまで減少している。したがって世帯人員は平均4.9人から2.0人まで縮小し、社会生活を維持することがむずかしい、いわゆる「限界集落」が少なくない。人口流出前の集落規模はほぼ30戸から40戸程度を確保していた。子安や樫地、平のように20戸台、10戸台のところはわずかである。山の集落は平地に比べて人口規模はやや小さめの傾向だが、集落景観を読み解くためには、少なくともこの時代までさかのぼってみる必要があるだろう。

　集落の標高をみると、海抜500mから800m。もっとも標高が高い漆日浦は865m、現在は臼木に併合されている。ついで奥大野860m、桑平の780mなどとなっている。集落のなかの標高差に注目すると、赤松で290m、臼木で235m、大野で210mとなっている。

　地図上で住戸分布をたよりに斜面勾配を推定してみよう。もっとも勾配がきびしい剪宇の場合、標高が低いところで550m、高いところで700m、つまり標高差150mに対し、奥行きが約240mだから、勾配は約63％である。集落の最高

表 8-1 旧一宇村集落の概要

	集落名	1960年 世帯数	1960年 人口	2005年 世帯数	2005年 人口	集落立地 斜面	集落立地 谷あい	奥行 m	標高 下	標高 上	標高 差 m	勾配 %	斜面方角
1	一宇	64	315	32	51	○		260	270	405	135	52	南
2-1	大宗 ┐			33	71	○		140	680	740	60	43	南南東
2-2	赤松 ├赤松	225	1048	82	222	○		600	320	610	290	48	南
2-3	古見 ┘			58	136		○						
3	寺地	28	153	2	2	○							
4	中横	24	133	4	8	○							
5	大横	43	231	12	18	○							
6	木地屋	72	351	8	14	○							
7	十家	28	158	12	29	○		250	460	580	120	48	南南東
8-1	久日 ┐			14	31	○		400	450	645	195	49	南東
8-2	久薮 ├久薮	97	454	11	18	○		235	590	665	75	32	北東
8-3	須貝瀬 ┘			17	38	○							
9	九藤中	37	246	4	4	○							
10	大野	30	190	19	34	○		460	520	730	210	46	南南西
11	子安	21	118	3	3	○							
13,12	切越(太刀之本)	104	418	76	159		○						
14	蔭(開拓)	49	223	6	12	○		290	360	490	130	45	北北東
15	剪宇	40	217	21	39	○		240	550	700	150	63	南
16	樫地	15	73	2	2	○							
17	伊良原	29	136	17	32	○		290	380	520	140	48	北
18	河内	33	149	27	44		○						
20,19	中野(太佐古)	38	158	15	30	○		90	520	570	50	56	西北西
21	川又	66	271	31	54		○						
22-1	奥大野 ┐杣野薮	56	295	16	29	○		260	715	860	145	56	南南東
22-2	杣野 ┘			9	19		○						
24,23	広沢(実平)	33	170	16	34		○						
25,27	葛籠(漆野瀬)	37	169	16	32	○							
26	桑平	41	204	22	37	○		190	710	780	70	37	北
29,28	平井(法正谷)	31	166	10	17	○		210	550	650	100	48	北東
30	平	26	158	16	31	○		150	530	580	50	33	北北西
31	明谷	41	200	23	51	○		260	465	595	130	50	南南東
32,33	臼木(漆日浦)	47	248	13	31	○		540	630	865	235	44	北北東
35	出羽(大屋内)	34	153	10	15	○		270	620	720	100	37	北
36	白井	49	261	20	37		○						
	合計	1438	7066	677	1384								

*1960年世帯数・人口:つるぎ町役場一宇支所調べ
*2005年世帯数・人口:『閉村記念誌――一宇村百六十年の歴史に幕』(一宇村役場、2005年発行)
* 斜面集落の奥行、標高、勾配は国土地理院25,000分の1地図から読みとり
* 斜面集落でも住戸数の少ない集落は読みとりを省略

地点に立つと集落の最低部まで滑り落ちそうで、足元がすくむ思いがする。斜面勾配が50%を超えるのは、この剪宇をはじめ一宇、中野、奥大野、明谷など。そして大半が40%を超えている。

さらに集落が展開する方位を確認すると、日照を得やすい好条件の南斜面はもちろん、東斜面、西斜面の集落があり、さらに北斜面の集落も少なくなく（勾配が40%以下の緩斜面が多い）、あらゆる方位を向いている。四国山地の最高峰を結ぶ尾根筋の北側に位置する一宇村では、多くの集落が北斜面に立地しているのは当然といえば当然である。北斜面は日照がやや得にくいものの、南からの強風に直面しないですむという利点もある。

2. 山びとの道

あらためて、旧一宇村の地形を確かめよう（図8-1）。

四国山地は谷が深い。一宇の谷を目指して吉野川沿いのわずかな平地から貞光川に沿って一宇の谷に入っていくが、この谷には河川敷らしいものはほとんどない。すでに述べたように、山が深く、谷の全体像をうかがうのがむずかしい。

一宇の谷の水をすべて集める貞光川は、谷の南最奥、合併後の新町名（つるぎ町）にもなっている剣山（標高1,954 m）につらなる尾根を源流とし、一宇の谷の中央を北に、ほぼ一直線に流れくだり、赤松集落のある山塊にぶつかった後、いったん東に転じ、その先でまた北に転じて、吉野川に注いでいる。逆に一宇の谷をさかのぼると、最下流、旧貞光町境から一宇谷に入って一宇集落の対岸の山間から最初に枝分かれするのが剪宇谷、上流に剪宇集落がある。つぎに、古見、切越といった谷沿いの中心集落から西に向かって枝分かれするのが片川、貞光川に準ずる深い谷である。谷沿いの斜面に中横、大横、木地屋といった集落が分布する。貞光川をさらに上流にさかのぼると、順に左に九藤中川、右に明谷、また左に瀬開谷が分流していく。

一宇の谷は、周囲を貞光川本流やその支流の水源となる尾根に囲まれている。西側、旧東祖谷山村境には白滝山（標高1,526 m）、石堂山（同1,636 m）、天笠山（同1,848 m）、黒笠山（同1,703 m）が連なる。東側、旧貞光町、穴水町との境には八面山（同1,312 m）などの尾根が連なり、さらに南には丸笠山（同1,711 m）、赤帽子山（同1,611 m）などが連なり、丸笠山の奥を尾根伝いに進んだところが剣山である。

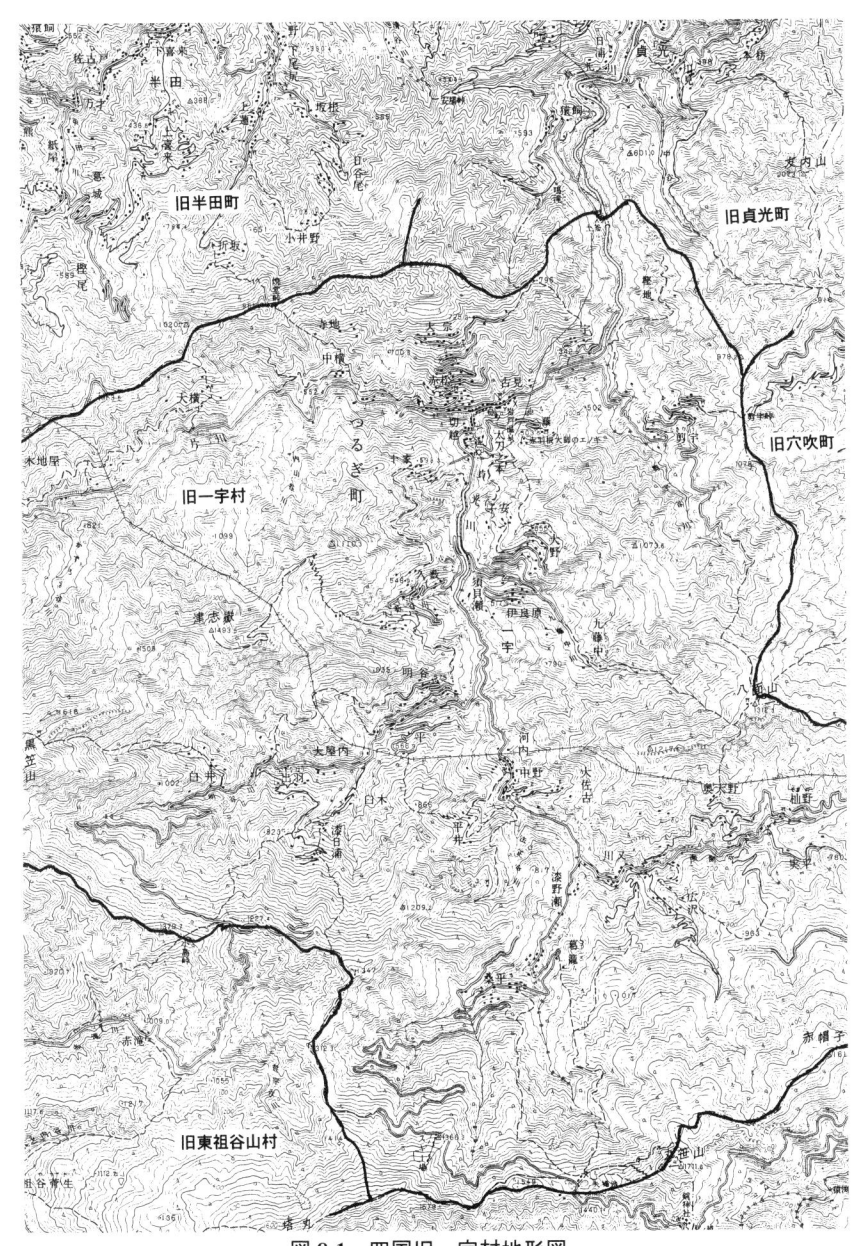

図 8-1　四国旧一宇村地形図
国土地理院 5 万分の 1 地形図を縮小。

現在では、この谷川沿いに自動車の通行が可能な国道（貞光川沿い、438号）や県道が開通し、そこからさき、各集落までは村道、農道、林道といった新しい道路が通じ、ほとんどの集落に自動車でアクセスすることができる（地形的に、一部集落には自動車道を設置できず、幹線道路側から集落まで一本レールの索道を設け、物資の運搬に使っている）。

しかし、すでに触れたように、これは、近代になってから形成された風景である。かつて、集落に通じていたのはすべて、人が通れるだけの山の道であった。人の往来はもちろん、生活物資、農産物、材木や炭など山林からの産物はすべて山道を使った。それも、あまりのけわしさに牛馬を使うことができず、もっぱら人力で運んだという。

ふだん、谷川は水量が少なく、山腹の集落からは流れがほとんどみえない。ところがいったん豪雨が降れば急に水かさが増し、崖崩れにともなう土石流の危険が大きく、流れを利用して材木を運ぶことができなかった。そのため、ときにはつり橋をかけ、ときには崖に庇状の運搬路を差しかけて、大径の木材を人力で滑らせながら平場まで運ばなければならなかった。

周辺地域から一宇の谷に入るためには、峠越えの山道を通らなければならなかった。旧一宇村の北辺、旧貞光町からは宇峠、旧半田町からは焼堂峠、南西側祖谷渓とは小島峠、そして東側、旧穴水町からは剪宇峠を越えなければならなかった。現在の、自動車の通行を前提とした道路は、ジグザグに蛇行しながら高度を上げていくが、旧道は極力谷川を避け、ときには等高線に沿い、ときには急傾斜をものともせずいっきに山越えをするというもので、当時、驚くべき健脚をもって人びとが行き交っていた。

作家の島崎藤村(1872〜1943)は、時代とともに、山の道が変わっていった様子を、代表作『夜明け前』の冒頭でつぎのように紹介している。

　　木曽路はすべて山のなかである。あるところは岨づたいに行く崖の道であり、あるところは数十間の深さに臨む木曽川の岸であり、あるところは山の尾をめぐる谷の入り口である。一筋の街道はこの深い森林地帯を貫いていた。

　　東ざかいの桜沢から西の十曲峠まで木曽十一宿はこの街道に沿うて、22

里余にわたる長い谿谷(けいこく)の間に散在していた。道路の位置も、幾度か改まったもので、古道はいつの間にか深い山間(やまあい)に埋もれた。名高い桟(かけはし)も、蔦のかずらを頼みにしたような危ない場処ではなくなって、徳川時代の末には既に渡ることのできる橋であった。新規に新規にとできた道は、だんだん谷の下の方の位置へ降って来た[1]。

作品を読むと、まだ自動車道が整備される以前から、日本列島では山の道の変化がはじまっていたことがわかる。この作品の舞台になった木曽谷では、幕府の直轄で山岳部の森林経営が軌道にのり、洪水の危険が少なくなっていたことも、街道が谷沿いに下りていった理由の一つだろう。東西日本を結ぶ幹線街道と、一宇のような行き止まりの山村の道を同一視できないが、文学作品を通じて山の道が変化していった様子を十分うかがうことができる。

旧一宇村における、近代化以前の山の道は、旧村道、通称「赤道」として記録されている。じっさいに地図を頼りに山の道を歩いてみると、かつての面影を残しているところもあるが、多くはすでに人の足跡がまばらになり、落ち葉に埋もれ、ところによってけもの道に戻りつつある。

3. 山村定住のはじまり

あらためて、けわしい山岳地帯に集落が開けたのはいつか。なぜ、このようなきびしい環境条件の下で、ひとびとは定住するようになったのだろうか。

旧一宇村の記録をひもといてみよう。多くの農村がそうであるように、ここでも、集落が形成された時期を、直接記述した資料が残っているわけではない。それぞれの集落で年代が明らかな出来事を手がかりに、定住の開始時期を類推するしかない。旧一宇村の集落には、つぎのような古い記録が相次ぐ[2]。

　　1409（応永16）年　　一宇、白山神社創建
　　1448（文安5）年　　下宮神社創建（棟札紀年）
　　1485（文明17）年　　明谷、三所神社創建
　　1496（明応5）年　　大横、新田大明神創建
　　1539（天文8）年　　出羽、任尾神社創建

これらは神社創建の記録に限られるが、人びとは入植後、何とか生活の見通しをつけると、入植者どうしの協働関係を確認し、生活の安寧を祈るため、急いで集落に神社を創建したと思われる。だから、村の神社の創建期がわかれば、ほぼその時期に入植したと推定してさしつかえないだろう。

　中世から戦国期にかけて、平野部の農村では権力闘争や略奪が相次ぎ、被害を恐れた百姓農民は、ときに領主の城に逃げ込み、ときに山岳部に隠れて戦禍が通り過ぎるのを待ったという[3]。自らの山城を築いて食料を蓄え、長期戦にも耐えなければならなかっただろう。四国山地や紀伊山地といった険しい山岳地帯は、格好の避難場所だったに違いない。そのなかから、山村に定住する人びとが出現したのではないかということは容易に想像される。つまり、この時代、戦いに明け暮れする武士とは異なった価値観をもち、戦乱の平野部を避け、山村を拓いて独自の生活を営もうとする人びとが存在したと推定される。

　もちろん、武士のなかにも、新しい価値観に共感し、山村での生活を試みるものがいたとしても、不思議はない。16世紀後半、戦国期の終焉とともに、旧一宇村の入り口に近い一宇集落で武家との新たな接触が生じている。

　　1572（元亀3）年　　篠原長房家来、一宇に逃れる
　　1582（天正10）年　小野寺備中守一族が一宇に入る
　　1585（天正13）年　小野寺源六、姓を南と改め、また弟弥六郎分家して剪宇に住み、谷姓を名乗る
　　1586（天正14）年　南源六に百石を賜る
　　1606（慶長11）年　南家百二十石に加増

近世に入って、山深い山村も、やがて幕藩体制に組み込まれていった。
　17世紀にはいると、新しい神社創建の記録が相次ぐ。

　　1614（慶長19）年　桑平、新田神社棟札紀年
　　1615（元和元）年　西谷、鎌足大明神創建
　　1622（元和8）年　九道中、藤原三所大明神創建
　　1623（元和9）年　子安、四社大明神創建
　　1624（元和10）年　明谷、新田大明神創建

1631（寛永8）年　　十家、十家堂建立
1639（寛永16）年　　法正、地蔵堂建立
1644（正保元）年　　桑平、新田神社再興
1646（正保3）年　　樫地、三所大明神上棟　……

　これら神社の創建記録から、17世紀を通じ、旧一宇村全域で順次新たな入植が進んでいったと推定される。全国的な新田開発と期を一にしている。戦国期以前からの本村から分かれた枝村の開発も盛んだっただろう。
　17世紀末から19世紀初頭までは検地関連の記録が相次ぐ。

1698（元禄11）年　　総検地
1718～19（享保3～4）年　　新開地検地
1735（享保20）年　　総検地
1753（宝暦3）年　　夫役御調書作成（推定総人口5,225人）
1779（安永8）年　　新開地検地
1816（文化13）年　　棟付人数御改帳作成（夫役根拠）（推定総人口4,800～4,900人）

　あらためるまでもなく、検地は幕藩側が村からの納税額を確定するためのものであったが、農民一人ひとりの名前で耕作地と予想収穫量を確認しており、独立した農民の存在が認識されている。為政者は直接農民に納税義務を負わせるものだが、同時に、それは農民にとって、自ら開拓した土地の永代耕作権を保障され、自らの家族をもち、土地と家屋を子々孫々に継がせることができることを意味していた。文献に登場する「新開地検地」は既成の集落周辺での耕地拡大を認証するもので、度重なる検地は、山村で、耕地の拡大が盛んに行われていたことをうかがわせる。
　このような記録から、早いところは15世紀から、遅くとも17世紀から18世紀にかけて、ほぼ、今日の急傾斜地の集落の景観が形成されたのではないかと推定される。

4. 山村の社会規範

　『一宇村史』によれば、そこは、江戸期、あたかも武家社会のようにきびしい

階級社会であった。

　集落の構成員である百姓は、大きく、「一家」(「壱家」) と「小家」に分かれていた。

　「一家」は、本来「中世名主の系統を引く百姓で、上から名負地を公認され、耕地、耕作権を世襲し、その代わり、その耕地 (名負地) に対する責任収穫量に対する四公六民の公課を納める義務を負う」ていた。

　「小家」は、本家の兄弟などで、独立した家屋に住んでいても、かつての戸籍上では独立した公民とは認められていなかった。本家からの独立の状態によって、「小家」とはならず本家に同居する「部屋」、「一家」と血縁のある「分家」、その血縁がない「別家」、「小家」となってから日の浅い「忌懸り(いみがかり)」などに区分された。「忌懸り」は本家の主人の喪に服する血族であるという意味であって、身分血統を重んじた時代には重大な資格だったという。

　「一家」や「小家」の下には出自が不明の「影人」、本家の屋敷内に住み、その支配を受ける農奴である「名子」、「名子」よりさらに身分が低く、売買されることもあった「下人」などの階級が従属した。そして、最下層に、世襲で特殊な職業に従事する「賤民」がいた。

　つまり、「耕地は藩 (ないし藩士) からいったん名負人の家 (つまり「一家」) に分与され、その名負人の名によって分与された耕地を小家や下人が小作するという形式」で成り立つ社会であった[4]。

　このような身分は、賦役の計算根拠となる棟付帳に、百姓の名、主家と従家の関係とともに記載され、江戸中期から後期にかけて、村にはきびしい身分制度が存在したことをうかがうことができる。

　過酷な生存条件を克服しながら定住環境を整えていくためには、このような、あたかも軍事的ともいうべき階級組織を構築することが避けられなかったのかもしれない。

　このような、山村社会について、農学の古島敏雄の研究グループは、太平洋戦争直後の1940年代末に山梨県忍野村で調査している[5]。それによると、当時、村は「イッケ (一家)」と「分家」ないし「分家の分家」の二層構造を基本としていたという。「イッケ」は、さらに江戸期以前まで家系をさかのぼることができる「イットウ (一統)」に属し、また古い「分家」である「インキョ」も「イッケ」と同列の地位を占めた。新しい「分家」は「新番」ともいわれ、「旧家」ないし「オ

ウヤ（本家）」とも呼ばれる「イッケ」とは主従関係にあり、自小作として生計を立てていた。これに婚姻関係が加わって、村の上層農家を形成した。

これに対し、明治期以後転入し定住した僧侶、教員、医師、農家などの「きたり者」や、江戸期以来の抱・下人から開放された「フダイ（譜代）」がいて、「イッケ」や「分家」が所有する耕地の小作をして生計を立てていた。

遠く離れた四国旧一宇村と山梨忍野村であるが、その呼称もさることながら、山村としての社会構造や経済構造は酷似している。忍野村では、村長、村会議員、区長、氏子総代、檀家総代など村の要職は「イッケ」ないし「旧家」が独占し、経済的社会的な支配層を形成してきたが、近代化以後の経済情勢の変化から、「イッケ」で没落するものが相次ぎ、あるいは「きたり者」や「フダイ」層でも宅地や土地を所有するようになってきたという。

旧一宇村ではどうか。1651（慶安4）年ないし1658（明暦4）年の戸籍調査である棟付帳をみると、「本百姓」に「下人」が所属し、また子弟を「小家」として独立させていたのは当然として、ときに、「名子」であっても「壱家」（「一家」）を構え、あるいは「下人」を「小家」として独立させたり、他村からの「来り人」でも「一家」を名乗ったりして、時代が下るにつれ、身分呼称は流動的になっていった。当時から18世紀にかけて村ごとの耕地が拡大し、たびたび検地が繰り返されている状況を考え合わせると、「名子」や「下人」に「壱家」や「小家」として独立することを約束することによって、新しい村を開拓したり、あるいは既成の村の周辺に耕地を拡大したりするためのエネルギーを引き出していったのではないか。したがって、階級制度の弛緩は古島らが報告している明治期や昭和戦前期より大幅にさかのぼり、近世初め、定住がはじまったころから……と考えられる。

もともと完全な軍事的階級組織は短期的な集団組織であって、生活が安定するにしたがって長続きするものではなかったはずだ。だから、入植当初から今日まで、村の階級制度は弛緩し続け、それは一部の上層農家にとって、つねに耐え難いものではなかったかと推定される。近世から近代へ、山村の絶えざる社会構造の変化は、モラル上の葛藤をともないながら、比較的生活が安定していた平野部の農家に比べてはるかにきびしいものではなかったかと想像されるのである。

5. なぜ、そこに山があるのか

　なぜ、このようなきびしい環境にもかかわらず定住が開始されたか——それを問う前に、そもそも、なぜ、そこに山があるのか。

　旧一宇村が立地する四国山地の北辺を、吉野川がほぼ一直線に東進して、紀伊水道に注いでいる。紀伊水道を渡った紀伊半島にも、あたかも吉野川に向き合うように、紀ノ川が、やはり一直線に流れてくる。さらに細部を観察すると、この2本の本流に向かって、川の両側の山岳部からの支流が直角に注いでいる。

　両河川によって特徴づけられる指向性の強い直線地形の一方を西にたどると、豊後水道に向けて、やはり一直線に佐田岬半島が伸び、やがて九州につながっている。この紀伊半島、四国、九州を貫く一直線の南側に、紀伊山地、四国山地、そして九州山地という、それぞれ日本列島の屋根ともいうべき山岳地帯が連なっているのである。

　この、南西日本を貫く地形上の特質について最初に着目したのが、明治維新後まもない日本にドイツからやってきた若き地質学者エドムント・ナウマン（Heinrich Edmund Naumann, 1854～1927）であった。日本列島の地質調査を重ねた彼は、この地形上の指向性に対し、最初北側の中国山地を含む地帯を内帯（Innenzone）、瀬戸内海を含む中央地帯を中帯（Mittelzone）、そして南側の四国山地、紀伊山地を含む地帯を外帯（Aussenzone）と名づけた。のちに「中帯と外帯との分離は、中帯と内帯との分離に比べると、はるかに鋭くかつ深部に及んでいる[6]」として中帯を内帯に含め、内帯と外帯の境界を中央構造線（Grosse Mediansplate または Median Tectonic Line）といいかえた。そして、内帯と外帯の地質が、それぞれアジア大陸の別な部分と共通していることを示唆し、この中央構造線にこそ日本列島誕生の秘密が隠されているのではないかと推定した。19世紀半ばまで、ヨーロッパ内部を対象にしていた地形や地質学は、19世紀後半になってその目を地球規模に広げ、世界各地で古生代造山帯の存在を認識しつつあった[7]。ナウマンは最先端の研究機会を求めて日本列島にやってきたのである。

　ナウマンが日本を去ったのち、日本の地質学は数十年をかけて地道な岩石標本の収集を積み重ねた。その結果、中央構造線の外帯は太平洋に向かって三波川帯、秩父帯、四万十帯の3帯からなり、それぞれ中央構造線に並行する御荷鉾構造線

と仏像構造線によって区分されていることを明らかにした。さらに、構造線の延長は、西は九州から、東は本州中部地方で屈曲し、関東山地まで、約1,200 kmに及ぶことがわかってきた。

　ただ、ナウマンが日本列島で発見した中央構造線にしろ、フォッサマグナにしろ、その形成過程が十分に説明できず、まして、中央構造線に沿った山岳地帯がどのように形成されたか十分な証拠をもって解明されるに至らなかった。

　一方、国際的には、20世紀前半に未熟ながら大陸移動説は発表され、さらに20世紀後半になって海底岩盤の年代測定や地磁気の研究が進んでプレート・テクニクス理論が完成されると、1980年代、地質学者の平朝彦らによって、日本列島誕生の秘密がいっきに解き明かされていった。ナウマンから、すでに1世紀近くが経過していた。

　平ら地質学者は、日本列島の形成ならびに中央構造線の南側の険しい山岳地帯が形成された経緯を、概略、つぎのように説明している[8]。

　1億3,000年前、日本列島は中央構造線で分かれ、北側はユーラシア大陸の沿岸部に接していたという。南側はいまの中国大陸の南東、太平洋側の古いプレート（イザナギプレート）の上に浮かぶ島で、北東に向かうプレートの動きにのって移動し、大陸沿岸に伸びる列島の北側部分と接合した。その接合部が中央構造線である。その時点で、日本列島は、大陸に沿ってほぼ直線状で、中央構造線もまっすぐ東に伸びていたと推定された。

　8,000年〜1億年前、北西に向かって移動するようになった太平洋側のプレートはユーラシ大陸を形成するプレートの下に沈み込むようになった。この、プレート沈み込みのとき、海洋プレート上の堆積物が大陸側プレートとの境界線上でつぎつぎはぎとられ、付加体として大陸側プレート上に堆積、圧縮されて山岳部を形成していった。最初に堆積したのが、今日でいう三波川帯で、中央構造線にもっとも近く、もっとも古い。その後、中・古生代に、同じ現象により、中央構造線に平行して秩父帯が、さらに中生代から新生代にかけて四万十帯が加わった。大陸側のプレート上に堆積した付加体に対し、太平洋側からは次つぎ新しい付加体が下から突き上げるように加わったため、傾斜している山岳部の層序は、中央構造線に近い上層ほど古い地層であり、また海岸線に近い下層ほど新しいという逆転現象がみられ、それぞれ、当時の海洋生物の化石によって形成年代が実証され

ていった。

　このような造山活動の結果、中央構造線に沿って紀伊山地から四国山地、九州山地が形成されていった。中央構造線の東側延長線上では、何が起こったか。

　2,500万年前に、日本海が拡大して、しだいに日本列島が大陸から離れはじめた。さらに、太平洋側のプレートが日本海溝を境に太平洋プレートとフィリピン海プレートに分離すると、海側のプレートはそれぞれ違った方向からユーラシアプレートの下にもぐりこむようになり、とくに太平洋プレートは西に向かって押し寄せたため、ほぼ直線状だった日本列島の東半分はほぼ北に向かって折れ曲がっていった。そして、東西日本の間にナウマンが指摘した大地溝帯（フォッサマグナ）が刻まれ、さらに、そこに、フィリピン海プレート上を北上してきた伊豆半島がぶつかっていった。

　九州、四国、紀伊半島をつらぬく中央構造線に沿って分布していた三波川帯、秩父帯、四万十帯は、長野・静岡県境の伊那山地や関東山地（秩父山地）でも確認されている。その結果、近年、本州中部から関東にかけて、複雑に折れ曲がった中央構造線の位置が推定されるようになった。つまり、当初東に伸びていた中央構造線は愛知県・静岡県境付近で一旦北にへし曲げられ、さらに長野県諏訪湖付近で東に向きを変えている。愛知・静岡県境から北上する構造線に沿って伊那山地が連なり、東に向きを変えたところから関東山地（秩父山地）が形成されたというわけである。愛知県・静岡県・山梨県・長野県境を北上する中央構造線沿いには、付加体によって形成された標高2,000 m以上の山岳部が連なり、中でも伊那山地に並行する赤石山脈では3,000 mにも達している。

　地球の表面は14～15枚の主要プレートで覆われているという。そのうちのユーラシアプレート、北米プレート、太平洋プレート、そしてフィリピン海プレートの4枚が日本列島付近でせめぎあっている。ナウマンが名づけたともいわれる「花綵列島」（festoon islands）という美しい形容にもかかわらず、地球上でまれにみる複雑な地形が誕生することとなったのである。詳しい地質図を見ると、中央構造線も単純な1本の線ではない。大小多数の活断層の集合体である。三波川帯、秩父帯、四万十帯も、それぞれ水成岩に火成岩が混じる複雑な地質で構成され、御荷鉾構造線、仏像構造線といった活断層で区切られているのである。

　一方、日本列島に沿った太平洋に目を向けると、東日本沿岸沖から伊豆諸島に

かけて水深 8,000 m の日本海溝や、また四国・九州沖から琉球列島にかけての南西諸島海溝（琉球海溝）が刻まれている。そこで 4 枚のプレートがぶつかっているのだ。日本列島とその近海では、現在も、天地創造のドラマは刻一刻と進行中である。かつて、ナウマンが日本列島を巡行したおり、しばしば随行員に「火山に目を奪われるな。火山が噴出す前の地形を想像せよ」と注意したという。富士山も、八ヶ岳もない景観である。若き日のナウマンが直感した、大地溝帯フォッサマグナをはじめとする列島誕生の契機は、100 年以上経ったいまも新鮮な驚きに満ちている。

6. 山塊変容

　日本列島誕生の秘密を解き明かしてくれる地質図とは別に、農林水産省や国土交通省が公表している日本列島の地すべり分布図あるいは深層崩壊分布図をみると、驚くことに、四国、紀伊半島を中心に、中央構造線と三波川帯、秩父帯あるいは四万十帯が、あらためてくっきり浮かび上がっている。三波川帯や秩父帯を構成する粘板岩や凝灰岩などは、破砕帯地すべりを起こしやすいからである。

　つまり、山岳地帯に展開する急傾斜地の集落は、多くの場合、この地すべり地形と切っても切れない関係にある。

　地すべり地形は、一般に地すべりの頂部の滑落崖で凹形に等高線が混みあい、地すべり尻は横に広がり、間隔が開いた等高線が凸形にはみ出していることによって判別される。しかし、実際に、地形図だけから地すべり地形を読み取るのはかなり難しい。新しい地すべりがあれば、古いものもある。新しい地すべりでは滑落崖がはっきり読み取れるが、古いものは開析が進み、植物が繁茂して滑らかになっている。また、地すべりの速度も、年間数 mm 程度から数十 mm 程度まで、ゆっくり移動を続けている場合もあれば、集中豪雨や地震などがきっかけになって、土石流をともなう大崩壊（深層崩壊）を引き起こす場合もあり、前者では、ゆっくり変形が進むため植生が繁茂して崩落崖が必ずしもはっきりしない場合があり、また後者では、地すべり尻が谷底まで到達する場合も少なくない。そして、大きな地すべり地形の上に小さな地すべりが重なっている複合型もあれば、地すべり地形がたがいに接して並んでいる連続型もある[9]。

　地すべり地形は、じつに多様である。防災の観点から、すでに防災科学技術研

究所は日本列島の縮尺5万分の1の地形図上に、ハザードマップとして、幅か、長さが100mを超えるような大規模な地すべり地形の分布状況を作成し、公表している。また国土交通省や農林水産省も全国的な地すべり地形分布図を公開しているが、さらに現地での検証や過去の災害記録との照らし合わせなどを実施し、精度を上げていく必要があるだろう。

これら地すべり地形の分布図をみると、その位置は、とくに新潟県山間部など日本海側山間部と四国・紀伊半島に集中している。地すべり地形が偏っている理由として、地形・地質条件のほかに、気象条件や、ときには地震の影響があることも忘れてはならない。日本海側山間部は冬季に日本海からの湿った季節風を受け止める形に分布し、世界的にも有数の豪雪地帯である。春先の雪解け水が大量の土砂を押し流し、海岸部に広大な沖積平野部を形成してきた[10]。一方、四国山地・紀伊山地は台風にともなう集中豪雨の常襲地帯であり、東南方向からの湿舌が、海岸に近い山岳部にぶつかるため、日本列島でもとくに降水量が多い。四国・紀伊半島では数日のうちに数百mmから千mmを超えるような集中豪雨のため、岩盤までしみこんだ大量の地下水が岩盤や表土に浮力を与え、いっきに土石流となって谷川に達し、ときには谷川の流れを堰き止める。防災工学でいう深層崩壊である。このとき形成された土砂ダム(天然ダム)を溜まった谷川の水が乗り越え、ダムを決壊させると、川下に甚大な被害をもたらす。

日本列島の山岳部に定住した人びとは、このような地すべり地形と、歴史的に共存してきた。しばしば地すべり地形そのものの上に土手や石積みをして段々畑や棚田を築き、ときには集落そのものを立地させてきたのだ。

四国山地、破砕帯でもある三波川帯に属する旧一宇村の地形を細かくみていくと、地すべり地形が、ほぼ全域でみられる。というより、多くの集落が、まさに地すべり地形の上に立地しているのである。大宗、赤松(図8-2)、大横、漆日浦、大佐古、広沢、桑平など規模が大きい集落は地すべり地形の真上に立地している。剪宇(図8-3)、樫地、九藤中、実平、葛籠、川又集落などは地すべり地形に隣接し、そこに耕地を開くなど何らかの関係をつくりだしている。山岳部の集落は、単に、地形が傾斜しているというだけではないのだ。そして、山崩れによる土石流と土砂ダム崩壊の危険から逃れるため、谷川沿いに集落を立地させるのを極力避けてきた。

急峻な斜面、そしてしばしば地すべり地形——中央構造線の山岳部に定住した

図 8-2　旧一宇村赤松集落
日本最大級の斜面集落。
地すべり地形の上に立地。
国土地理院 25,000 分の 1 地
形図を 20,000 分の 1 に拡大。

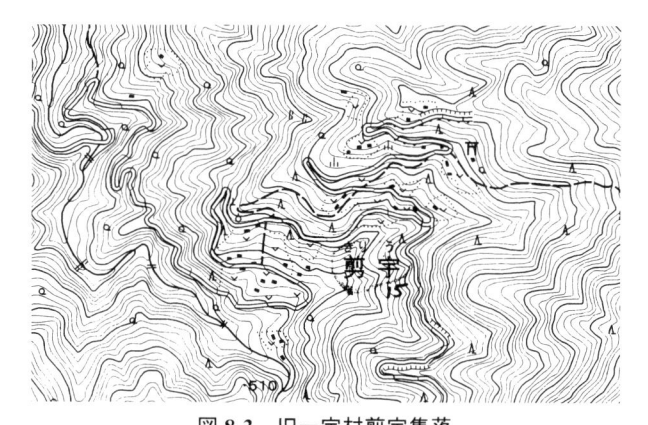

図 8-3　旧一宇村剪宇集落
斜面約 63％。一宇谷のなかで勾配が最も厳しい。
国土地理院 25,000 分の 1 地形図を 20,000 分の 1 に拡大。

人びとは、地形・地質と共存するため、どんな農業を営んできたのだろうか。
　その一つが、焼畑である。1970年ころまで四国山地で行われていた焼畑は、つぎのようなものだったという（高知県に淀川町での聞き取り）。まず、山の斜面のクヌギ・ナラといった雑木林を伐採し、薪炭を採取する。その伐採跡に火を放つ。火勢をコントロールするため、斜面の頂部から下に向かって焼いていく。そして焼け跡の、肥料分に富んだ表土を利用して、主として穀物を栽培する。1年目にソバ、2年目にアワ・ヒエなど雑穀類の種を播いて収穫する。3年目にアアズキや大豆を栽培した（以前はサトイモやサツマイモも収穫したという）。4年目になると雑木の切り株から若木が成長して穀物の栽培ができなくなるので和紙の原料になるミツマタを植え、さらにその後は10年から20年ほどかけて山林の回復を待つ。山人は山林の回復期間に応じて、何カ所もの焼畑を確保し、順を追って山林伐採、火入れそして栽培を繰り返していく[11]。
　焼畑は必ずしも山岳部だけの特殊の農法ではなく、平野部も含めて日本列島全域にみられる、ごく普通の農法であった。水田耕作が可能になるにしたがって、焼畑はみられなくなっていったのだ。日本海に沿った山岳部などでは、水利と地形条件が許せば棚田が開拓された。水田耕作がほとんど不可能な四国山地・九州山地などで主食の穀物を確保しようとすると、焼畑に頼るしかなかった。伊那山地や秩父山地でも、焼畑が残った。昭和前期に調査された焼畑分布図をみると、中央構造線沿いの山岳部がくっきり浮かび上がってくるのだ。
　一方、紀伊山地のように、常緑針葉樹を中心とした植林による山林経営が盛んになった地域では、焼畑が消えるのが早かった。そして、昭和後期、1960年代になると、四国山地や九州山地などすべての焼畑地帯で材木用の植林が進み、焼畑が消えていったのである。いま、山岳地帯の集落をたずね、スギ、ヒノキといった針葉樹の人工林がみえると、人びとは、かつて、そこで焼畑が営まれていた、という。
　かくして、急傾斜地の集落の多くは、400年以上の昔から、地すべりと共存してきたのである。地すべり地帯の山村を訪ねたとき、よく耳にするのは、ジャガイモ、サツマイモ、とうもろこしなど、山岳部固有の作目が栽培されていたり、またその味が格別優れていたりするという話をよく聞く（日本海側の「棚田の米はおいしい」という話も同じ）。理由は、耕土が動くことによって土がもまれ、さまざま

な成分が溶け込んだ地下水が豊富であるからともいう。ところによっては、岩を砕いて土づくりをしたという話も伝わり（伊那山地下栗集落）、岩石に含まれていたミネラル分が作用しているともいう。それに山岳地帯の昼と夜の気温の差も大きい。ただし、このような条件が本当にそれらの要因か、必ずしも確かめられているわけではない。

明治時代、四国を訪れた地質学者のナウマンは、徳島県の勝浦川盆地から領石に出て、佐川の地を調べたとき、一編の詩を残したという[12]。

　　緑なす山山国原は
　　渦潮に沈み
　　珍しい動物は
　　海底のいこいから
　　ふたたびおしあげられて
　　輝かしい日の光を浴び
　　しかるのち人の世がはじまる──
　　誰か知るこの詩の結末を？　　　　　　（桜井国隆訳）

一億年をこえる地質時代を巧みに織り込み、あたかも、20世紀後半に入ってから完成されたプレート・テクニクス理論を予感させる詩で、地質学者の間では有名な詩なのだそうだ。「しかるのち人の世がはじまる──」四国山地で海底生物の化石を発見したナウマンは、急傾斜地に展開する集落を見上げながら、人間の営みの荘厳さに衝撃を受けていたにちがいない。そして「誰か知るこの詩の結末を？」ということは、人類の歴史をはるかに超える地球の歴史に思いをはせ、これからも、四国の山やまが変形し続けることを予言しようとしたのだろう。

7. 中央構造線沿いの山村

日本列島を東西に貫く中央構造線に着目することによって、思いがけない世界が開けてきた。四国山地には、一宇以外にも、ほぼ全域にわたって急傾斜地の山村が分布する。紀伊水道を渡った紀伊半島の紀伊山地にも、奈良県から和歌山県にわたって、急傾斜地集落が分布する。前節でみてきたように、中央構造線を東にたどると、構造線は伊勢湾を越え、愛知県・静岡県境から北上する。平行する

図 8-4　中央構造線沿いの山岳集落

　糸魚川―静岡構造線との間に挟まれた山岳地帯にも、十津川や一宇と同じ急傾斜地の集落が点在する。伊那山地遠山郷や、私が 40 年前に調査で通った山梨県南部町や早川町にも、糸魚川―静岡構造線に沿った山深い環境で暮らす人びとがいる。そして私自身が育った北アルプスを一望する信州の山村も、その糸－静構造線によって一直線に切断された山塊の裾に発達した扇状地に展開する急傾斜地の集落だった。長野県諏訪湖付近で折れ曲がった中央構造線を東にたどると関東山地（秩父山地）に至る。奥秩父旧大滝村、そこにも急傾斜地の集落が点在している。一方、中央構造線を西へ、豊後水道を渡ると九州山地、そこにも三波川帯、秩父帯そして四万十帯が並び、四国山地や紀伊山地ほど顕著ではないが、宮崎県椎葉村、熊本県五家荘など、山岳地帯の集落が分布する（図 8-4）。
　このような山村に、人びとはどのように住みはじめたのだろうか。

(1) 秩父山地旧大滝村

　日本列島を東西に貫く中央構造線に沿う代表的な地質に、関東地方の地名から三波川帯とか秩父帯と名づけられているように、群馬県、埼玉県、東京都、山梨県にわたってひろがる関東山地は、中央構造線にそった造山活動で形成されたもので、南側には四万十帯がひろがっている。とりわけ埼玉県西部の秩父山地は荒川およびその支流の中津川によって刻まれた谷が深い。荒川上流沿い、秩父と山梨県側を結ぶ旧秩父往還（国道140号）に沿った旧大滝村栃本集落は四万十帯の山塊の中腹にあり、標高は上790m、下650m、標高差140m、傾斜角約48%である。秩父山地を東に向かって流れる荒川上流沿いに、地すべり地帯が並ぶ。集落成立期は必ずしも明確になっていないが、旧大滝村にはいわゆる慶長検地の記録（大滝日影御年貢帳・慶長3（1598）年））が残っており、すでに、近世以前に集落が成立していたと推定される[13]。

　秩父山地では、秋、紅葉する山肌にくっきり針葉常緑樹の植林帯が張りついているのを目撃できる。1950年代前半まで、そこで焼畑が行われていた。

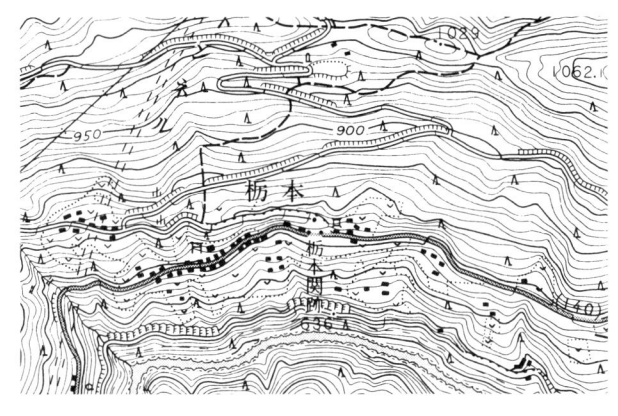

図 8-5　埼玉県旧大滝村栃本集落
針葉樹林はかつての焼き畑のあと。
国土地理院25,000分の1地形図を20,000分の1に拡大。

(2) 伊那山地遠山郷

　北上する中央構造線に沿い、伊那山地から赤石山脈にかけて三波川帯、秩父帯、四万十帯が複雑に入り組んでおり、長野県大鹿村、旧上村、旧南信濃村にかけて急傾斜地の山村が分布している。そのなかの一つ、旧上村下栗集落は秩父帯の上にあり、遠山川の深い谷底に落ち込んでいる山塊の尾根近く、標高は上1,060m、

図 8-6　長野県上村下栗集落
険しい伊那山地のなか、陸の孤島である。
国土地理院 25,000 分の 1 地形図を 20,000 分の 1 に拡大。

下 880 m、標高差 180 m、傾斜角 44％ である（図 8-6）。まわりを急傾斜の山の斜面に囲まれ、あたかも絶海に浮かぶ孤島のような山里で、よく「天空の里」「日本のチロール[14]」などと形容されており、典型的な傾斜地集落である。急傾斜地の例にもれず、集落はちょうど地すべり地帯の上に立地している。集落の成立期は明らかではないが、静岡県側から赤石山脈を越えて入植した数家族がそのはじまりと伝えられている。入植者は岩を砕いて畑の土をつくったという。下栗の南、旧信濃村から、縄文期の土器が出土しており、定住開始はかなりさかのぼるのではないかと考えられている。

　伊那山地でも、かつて焼畑が行われていた。

(3) 紀伊山地十津川村

　紀伊山地のうち、奈良県・和歌山県境一帯は中央構造線外帯の最南部四万十帯に属し、四国山地と同様の急傾斜地集落が分布している。奈良県十津川村内原集落は、急傾斜地集落の調査のため、1980 年代後半に私が最初に訪問したところである。標高、下 270 m、上 340 m、標高差 70 m、傾斜角 23％、谷あい近くに水田が開発されている（図 8-7）。奈良や京都に近いため、地名は古代から歴史に登場しており、すでに天正 15（1587）年の検地記録が残っていることから、この地域への定住開始時期はそのとき以前にさかのぼることは確実である。内原集落は、明治期から昭和初期にかけて林業が栄え、民家の石垣や白壁が美しい集落景観に当時の栄光がしのばれる。四国旧一宇村の場合と同じく尾根道から下りな

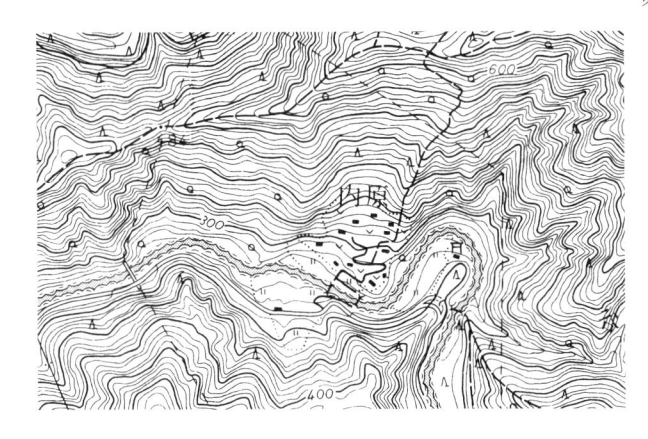

図 8-7 奈良県十津川村
かつて林業が繁栄。谷沿いに水田も開かれている。
国土地理院 25,000 分の 1 地形図を 20,000 分の 1 に拡大。

がら入植が進められたと伝えられる。現在、地形は安定しているが、集落が急峻な傾斜地に立地しているのに対し、谷川沿いに勾配が緩やかになり、水田も開かれているところを見ると、緩やかな地すべり地帯の上に立地しているのかもしれない。村では明治期（1889 年）、いわゆる深層崩壊にともなう大水害に襲われ、被災者たちの多くが北海道に移り住み、新十津川村（現 新十津川町）を開拓した[15]。

紀伊山地でも、かつて焼畑が行われていたが、人工林に変わるのが早かった。

(4) 四国仁淀川町の山村

四国山地は、他の山地に比べて、急傾斜地の集落がもっともひろく分布している。旧一宇村の西に隣接する旧東祖谷村も深い谷が有名で、急傾斜地の集落も多

図 8-8 高知県仁淀川村寺村集落
茶畑を中心とした耕地は集落から離れる。
国土地理院 25,000 分の 1 地形図を 20,000 分の 1 に拡大。

く分布している。

　四国山地北東部の旧一宇村や旧東祖谷村に対し、南西部の高知県仁淀川町は秩父帯に属し、急傾斜地に集落が展開している。土佐湾から上陸してくる湿舌を受け止める位置にあって年間降水量が多く、全国有数の地すべり地帯でもある。町内の高瀬地区は緩やかな地すべりが進行中であり、農林水産省によって大規模な防災対策が進行している。また町内長者集落は、四国山地では珍しく石垣を積んで棚田を開いており、急傾斜地の集落として全国でももっとも規模が大きいのではないかと推定される（旧一宇村大宗・赤松集落に匹敵する）。もっとも勾配が急な集落は仁淀川に面した寺村地区で、標高は下 100 m、上 230 m、標高差 130 m、傾斜角 52%、集落内に十分な耕地を確保できず、離れた緩傾斜の土地に茶畑を開いている（図 8-8）。

　四国の山村は、旧一宇村と同時期、つまり中世期には定住がはじまっており、さらに近世に入って、大規模な山村集落の開発が進んでいったと推定される。

　仁淀川町でも、かつて焼畑が盛んだったが、1960 年代から 70 年代にかけて植林が進んだ。現在、焼畑技術を伝承するため、一部で続けられている。

(5) 九州山地椎葉村

　九州山地は阿蘇山の南、熊本県と宮崎県境にひろがる。その九州山地の奥深く、日向灘に注ぐ耳川の源流にある椎葉村は、平家の落人伝説の村である。三波川帯と秩父帯にまたがっているが、谷あいに位置している集落が多く、四国山地や紀

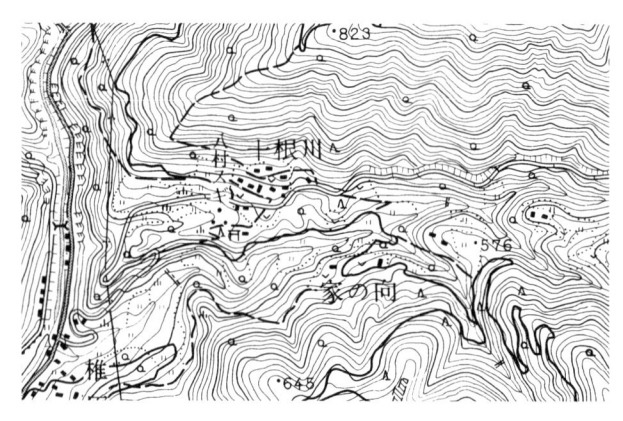

図 8-9　宮崎県椎葉村十根川集落
九州山地、緩やか斜面に水田もある。
国土地理院 25,000 分の 1 地形図を 20,000 分の 1 に拡大。

伊山地のように、とくに傾斜地の集落が顕著なわけではない。耳川の支流の一つ、十根川沿いの十根川集落は秩父帯に属す急傾斜地の集落である。比較的住宅密度が高く、宅地を確保するため石垣を積み、集落の下手に水田も開発されている。集落の標高は 520 m から 570 m、標高差 50 m で、傾斜度約 42％。集落の一部に棚田も開かれているが、定住開始の時期は、必ずしも明らかになっていない。

　椎葉村では、現在でも焼畑農業を続けている農家があり、焼畑がどのようなものかを知ることができる貴重な機会を提供している。民俗学の創始者柳田国男の山村研究はこの椎葉村からはじまった。

(6) 九州山地五家荘・五木村

　八代海に注ぐ球磨川の支流、川辺川の最上流の、熊本県と宮崎県境近くに位置する旧泉村の久連子、椎原、仁田尾、葉木、樅木の 5 集落を総称して五家荘という。日本列島を代表する秘境といわれ、地元では椎葉村と同様、いわゆる平家の落人伝説を信じている。5 集落のうち椎原がもっとも大きく、五家荘の中心的役割。椎原、樅木は傾斜地に立地し、樅木の場合、標高は 730 m から 820 m、標高差約 90 m、傾斜角約 36％、紀伊山地や四国山地の集落と比べ、かなり傾斜は緩やかになり、また、規模も小さくなる。五家荘から川辺川を下ったところが五木村になるが、ここではもはや急傾斜地の集落はほとんどみられない。この地域でも、かつて焼畑が盛んだったが、現在ではその土地が人工林に変わっている。だから、土地の人びとは「針葉樹の人工林が、かつて焼畑をしたところだ……」という。

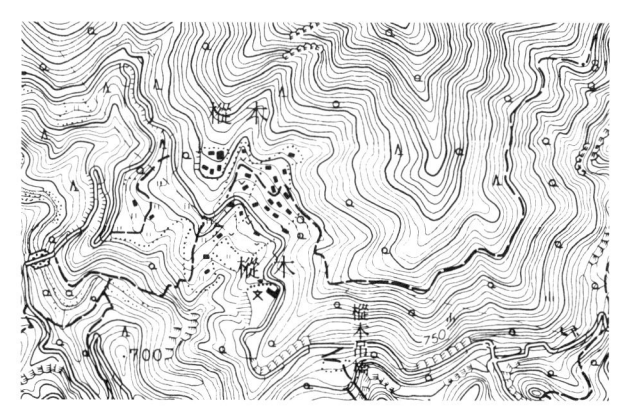

図 8-10　熊本県五家荘樅木集落
山深いものの、斜面集落は緩やかになる。
国土地理院 25,000 分の 1 地形図を 20,000 分の 1 に拡大。

以上のように、関東山地（秩父山地）から南信州、紀伊半島、四国そして九州と、日本列島を東西に 1,200 km にわたって貫く中央構造線の外側（太平洋側）の山岳部は、1 億年をこえる造山運動の歴史を秘めている（図 8-4）。これまでみてきた田園風景のなかで、私が当初観察した海岸砂丘の歴史は、せいぜい数万年ほどにすぎなかった。平野部にしても、山岳部から流れ出る大小の河川の流域ごとに分散しているにすぎない。だから、その分散した平野部を中心に描かれてきた列島の、これまでの歴史観に対し、山村の存在意義を、あらためて評価しなおす必要があるのではないかと思う。

8. 史的先端空間としての山村
（1）近世大開発時代と山村
新田研究の菊地利夫は、近世からはじまった「新田」をつぎのように定義した。

> 新田とは、土地制度からいえば、太閤検地をうけた田畑・屋敷を本田（古田）・古村とよぶことに対して、その後に農民が領主の許可をうけて田畑を開拓し、検地をうけ、決定された村高を賦課基準とし、領主へ直接に年貢を上納する高持百姓よりなる新村をいう[16]。

　新田を文字通り解釈すれば新しい水田、水平に広がる景観が思い浮かべられる。菊地は「新田開発の地形として台地、扇状地、段丘、三角州、川中島、海岸砂堆、湖沼干拓、干潟干拓など……[17]」といっているが、注意深く読み返すと、必ずしも水田地帯ばかりではない。武蔵野台地の開発にみるように、水田がなく畑地だけでも新田の範疇に入る。このように、新田に畑地が含まれるとしても、新田風景は一般に平野であり、菊地が発表した事例研究もほとんどが平野部である。このような認識はごく一般的であり、私もそう思っていた。しかし、水田のない畑地でも新開発の範疇に入ることを思えば、「新田」という表現が適切かどうかは別として、山村であっても、さらにいえば急傾斜地であっても、当然開発の対象となっていたと考えても不思議はない。

　また、新田開発の規模について、菊地はつぎのように要約している。

戦国大名が領国経済の発展に努力し始めた16世紀半ばから日本の大開拓時代がはじまり、19世紀半ばまでつづいた。16世紀末の太閤検地による全国の石高は1,851万石であった。徳川幕府……正保郷帳（1645年）には石高は2,334万石と集計されている。元禄郷帳（1697年）に石高2,594万石・村落数58,796と記している。天保郷帳（1830年）には石高3,055万石・村落数6万8,858となっている。この石高の増加と新村の増加はほとんどが新田開発によるものである。

　この3世紀間は本州・四国・九州において……、もっとも耕地面積が増加した大開拓時代であった。この大開拓時代の開始から現在の日本の農村の全体像が現われはじめた[18]。

これにもとづいて計算すると、太閤検地の石高に対し、正保郷帳では126％の伸び、元禄郷帳では140％、天保郷帳は165％の伸び、つまり約3世紀の間に耕地面積が65％も拡大したことになる。日本列島の経済基盤が大きく変化したと推定されるのである。

　一方、近世史の大石慎三郎も、河川改修をはじめとする大規模な土木工事の記録をとりあげて、近世初期は沖積平野を中心とした「大開発の時代」だった指摘する。大石も、平野に着目している点では、菊地と同じ歴史観に立っている。

　新しい時代の扉を開かせた動機は何か。大石はいう。

　　耕地の急速な増加が、それまでの在地小領主たち（またはそれに類似する上層農民たち）のもとで、心ならずも半奴隷的隷属状態におしこめられていた直接生産者である下層農民たちに、自立の条件をあたえ……（このような状況を学問的には"小農自立"と呼んでいる）[19]。

「自立」への欲求こそ、多くの人びとをして苛酷な労働に耐えさせたというのだ。「自立」を求める人びとのエネルギーがあったからこそ、土木技術も発達していったのだろう。

　さらに、大石は「江戸時代（または近世）とは、本当の意味で庶民の歴史がはじまった時代である」とも指摘している。

われわれ庶民大衆が家族をなし親子ともども生活するようになったのは
　　……江戸時代初頭からのことである。人間であるからにはだれしも親はあっ
　　たはずであるが、親子の生活が家というものを通して継承されるようになっ
　　たのは、戦国末・江戸時代初頭以降のことである。この意味では家を媒介し
　　ての庶民の歴史がはじまるのは、古代邪馬台国前後からのことではなくて戦
　　国時代末以降のことなのである[20]。

　はたして、庶民は近世になって、突然「イエ」を単位に「自立」するようになっ
たのだろうか。
　菊地にしても、大石にしても、その新田開発論や小農自立論といった「近世的
なるもの」のはじまりを、平野部を中心に説き起こしている。はたして、戦国期
の終焉を境に、突然、大規模な新田開発がはじまったのだろうか。このとき、庶
民は、家族を単位に、社会的に、経済的に自立しはじめたのだろうか。
　その歴史観に、中央構造線沿いの山岳集落をみてきた私は、若干の留保を申し
立てておきたい。単純に戦国期から江戸期に時代が変わり、「自立小農」が誕生
していった、とは考えられないのだ。

(2) 歴史の始まり

　ところで一連の山村を訪ねると、その多くで、残されている記録だけでも
1400年代までさかのぼっていた。つまり、1600年代以後開発された潟（低湿地）
や扇状地、洪積台地に先行して定住が開始されているのだ。日本列島の山村は、
どのような歴史的地位を占めていたというべきだろうか。
　古代・中世史を専攻する畑井弘は、つぎのように指摘した。

　　　沖積平野や盆地低平部を主要な舞台として発達し、古代律令制国家をその基
　　底において支えた条里制村落は、社会的生産の主役たる位置をいつまでも独
　　り占めに保ちつづけていたわけではなかった。穀倉としての役割を失ったわ
　　けではもちろんないが、社会的総生産の中で占めるその比重は時代とともに
　　逓減していった[21]。

すでに、古代律令制末期、国家・社会の経済基盤は平野条里制だけでは支えきれ

なくなっていたというのだ。

たしかに、私たちが調べた滋賀県湖東平野の条里制を振り返ってみても、平野全域に条理の坪付けがなされていたにもかかわらず、じっさいにそれが施工され、機能していたのはかなり限られた部分であった(第4章)。その端的な理由は、地形上の制約。広大な平野に農業用水を行き渡らせるのは至難の業だった。条里制が機能していたところでさえ、その農業用水の配分をめぐって、近年まで争いが絶えなかった。条里制は、国家・社会を支える磐石の経済基盤を担うという、当初の目論見どおりの役割を果たすことができなかったのではないか。

平野の生産不足を補ったのが、山村である。いや、平野条里制に基盤をおく稲作以前に、すでに、山地に住む人びとがいたことを忘れてはならない（佐々木高明（1971）『稲作以前』NHKブックス）。そのうえ、さらに畑井が注目するように、律令制末期に「条里制的古代村落社会の枠を踏み破って列島の山野に押し広げられつつあった」という状況が重なっていたのである。

> ……10世紀を転換期として、社会の全生産構造はその内部における農奴制的生産様式の形勢・発展を伴いながら大きな変貌を遂げようとしていた。初期庄園のゆきづまりや退転をメルクマールの一つとする農村社会の変化は、田堵・豪民や長者層の輩出という社会階級構成の新しい展開を伴いながら中世的世界の扉を開きつつあった。分業生産の多様化・拡大化を現出しつつ、社会的総生産の舞台は、条里制的古代村落社会の枠を踏み破って列島の山野に押し広げられつつあった[22]。

焼畑や常畑に基盤をおく山地の生産性は、平地では得にくい木材その他の収穫を含め、平地の経済性に肩を並べるか、あるいはそれ以上のものであったと推定される。

> ……食糧生産においても、水田での米作りだけが農業の全てではなかった。粟や稗、それに大豆・小豆・麦・蕎麦などの雑穀を作る陸田が広範に営まれていたのである。そして、そうした陸田における雑穀栽培が林産・手工業部門と有機的に結びつく焼畑農法・林田農法によって、山間部や丘陵地帯はもとより平野部周辺部の微高地帯の山野で幅広く行われていたのである[23]。

中世になると、山地の経済的な役割はさらに重要度を増していった。

> 思うに、中世の農村では、沖積平野や山間の盆地平坦部における場合は別として、山地部や山沿いの農村では、焼畑あるいは常畑における生産が、水田に営む米作りに劣らず、重要な部門を占めていた……[24]

中世の政治基盤は、前代以来の平野を中心とした荘園制に依存していたが、その一方で、荘園を担う指導層や農民層の間で収穫の配分をめぐってしばしば緊張が高まり、そのため荘園自体の解体が進みつつあった。

かつて、農業史の古島敏雄は、荘園を支えるはずの名主層あるいは農民層による一揆に注目して、荘園解体の様子を浮かび上がらせた。

> 南北朝期の荘民が、物納年貢の過重、代官・地頭の夫役負担の過重に対して、領主への訴訟ないし逃散で争ったのに引きつづき、室町期の農民は、時代の進展とともに、強訴逃散・土一揆・国一揆という形態をもって抵抗していった。この抵抗の形態の進展は、その内部に生産力の発展に照応する農民層の成長、やがてその内部に名主層の一部の土豪・国人への成長と作人・地下百姓への分解を含んでいった。そこから封建領主と農奴との搾取関係を基幹とする、新しい社会関係が生みだされてくるのである[25]。

農民たちの抵抗は、「要求がいれられなければ耕作をすてて山に逃げる」という激しいもので、古島によれば、13,4世紀にかけて荘園を構成する荘民の一体性を揺るがし、とくに15世紀後半にいたって農村の変化は頂点に達した。

> 正長元年 (1428) 以後応仁乱 (元年、1467～文明9年、1477) にいたる期間は、荘々の全農民が結合して領主支配と闘って蜂起した土一揆の時期である。一揆はそれ自体日常的な荘又は村の農民の結合体である。それが領主支配に対して要求をもって立ちあがり、寺社権門領の支配地域をのりこえて、共同の要求のために結び、武装蜂起にいたると土一揆になる[26]。

ときには、領主や荘園の範疇をこえた騒動になると、その鎮圧のために政治権力そのものが乗り出さざるを得なくなり、古島は、このような中世的騒乱のなかで、家族労働に依拠する最下層の小農が自立しはじめたとみた。古島が推定した

のは、つぎのような小農による開墾の様子だった。

> 小農の自立の基礎としての技術条件という点になれば、尚一層不明であるが、焼畑・採草地中における山畑の開発、ほまち田・隠田としての棚田の開発、その耕作というかぎりでは、何れも牛馬耕をかいた手鍬の改良・普及ということで十分果たされたと考えられる。ほまち田・棚田の開発も体系的な大開墾工事としてではなく、余暇労働の累積によって、田を掘るという作業の累積として十分達成しえたと考えられる[27]。

　私たちの調査を振り返ってみると、この時期、ちょうど四国山地一宇村をはじめとする山岳地帯の村が記録を残しはじめるのである。独立を求める小農層が向かった先は、もちろん山岳部だけではなく、平地の周縁部、つまり近世に入ってから大規模な開発が進められた砂丘地帯や低湿地、あるいは水がほとんどない扇状地や台地にもあったかもしれない。いずれにしても戦国期を生き抜いた権力者は、中世荘園制以来の旧勢力の代わりに、これら小農層に直接はたらきかけようとした。

> 近世の村の成立は先進地における小農層の独立の過程で徐々に、自然発生的にあらわれてきた農業生産の遂行と生活維持の社会的連関の中で生じた下級名主層・小農層の地域的結合の存在を基盤とし、小農独立を方針とする検地政策がこの単位を徴税下部機構としてとりあげた所に発するといえよう[28]。

　山岳部に定住していた小農たちは、単に、そこで食料を得て命をつないでいただけではあるまい。もしそうだとしたら、荘園に隷属していたときと、何ら変わらない。みずからの意思でそこに定住し、労働し、家族を養い、さらに子々孫々に受け継がせる——これが可能になって、はじめて新しい生活を選択した意味がある。それこそが、彼らが命がけで勝ち取ったものにほかならない。その過程で、彼らは、みずからの自然観や社会的な規範意識を培っていったと思われるのだ。だからこそ、彼らは16世紀末期、天下の覇権を握った豊臣政権が実施した検地に、積極的に応じたのだろう。

　このような歴史をたどると、大石慎三郎は「江戸時代（または近世）とは、本当

の意味で庶民の歴史がはじまった時代である」と指摘したが、厳密にいえば、家族を中心とした小農の自立は中世までさかのぼり、山村が果たした歴史的役割を無視することはできなくなる。

　山岳部で培われた自然との共生意識や「イエ」や「ムラ」にかかわる社会的な規範意識は、やがて海岸砂丘や潟（低湿地）、扇状地、洪積台地の新田開拓に挑んだ人びとに受け継がれ、さらに、中世以来の荘園制の歴史を引き継いだ平野部の村むらの社会形態も変革していったのではないか……。山村こそ、私たち庶民の「歴史の始まり」の場であり、いわば「史的先端空間」だった —— 中央構造線沿いの山岳部の急傾斜地に展開する山村をみてきた私には、そう思えてならない。

[注]
1　島崎藤村（1932-35）『夜明け前』。
2　以下、『一宇村史』による。
3　藤木久志（1997）『戦国の村を往く』。
4　『一宇村史』、（）内は筆者。
5　古島敏雄編（1949）『山村の構造』。
6　『日本地質の探求—ナウマン論文集—』山下昇訳（東海大学出版会）p.204（1885）。
7　貝塚爽平（1977）『日本の地形』。
8　平朝彦（1990）『日本列島の誕生』（岩波新書）、木村敏雄、速水格、吉田鎮男（1993）『日本の地質』（東京大学出版会）など。
9　古谷尊彦（1996）『ランドスライド—地すべり災害の諸相』（古今書院）、藤田崇編著（2002）『地すべりと地質学』（古今書院）。
10　本書第2章および3章参照。
11　焼畑について千葉徳爾「山の民俗」、大林太良「生活様式としての焼畑耕作」、福井勝義「焼畑農耕の普遍性と進化」（いずれも『日本民俗文化大系5　山民と海人』（1983）所収）。
12　『四国山脈』（1959）（毎日新聞社）p.46より引用。
13　『秩父滝沢ダム水没地域総合調査報告書』（1994）、パンフレット「雁坂トンネル」（1994）、および『大滝村誌　上下巻』（2011）。
14　市川健夫（1995）『風土発見の旅』（古今書院）。
15　奈良県十津川村史『十津川』（1961）。
16　菊地利夫（1986）『続・新田開発—事例編』（古今書院）p.12。
17　菊地（1986）前出 p.31。

18　菊地（1986）前出 p.29。
19　大石慎三郎（1977）『江戸時代』（中公新書）p.46。
20　大石慎三郎（1977）前出「はじめに」。
21　畑井弘（1981）『律令・荘園体制と農民の研究』（吉川弘文館）p.1
22　畑井弘（1981）前出、p.1
23　畑井弘（1981）前出、p.2
24　畑井弘（1981）前出、p.4
25　古島敏雄（1956）『日本農業史』（岩波全書）p.115
26　古島敏雄（1956）前出、p.117
27　古島敏雄（1956）前出、p.151
28　古島敏雄（1956）前出、p.183

終 章　歴史的時間尺度としての田園風景
―「もう一つの日本史」と田園風景のこれから ―

　田園は、単に、都市の周縁空間にすぎないのだろうか。

　海岸砂丘、潟、沖積平野、洪積台地、扇状地、そして山岳部の急傾斜地など、地球史的な地形地質上の特質に注目しながら日本列島の田園風景の形成過程をみてきた私には、とうてい、そうは思えない。それどころか、これらの周縁空間こそが、日本人の歴史のはじまりだったのではないか、と思うのだ。なぜなら、これら地形をはじめとする厳しい自然条件に挑戦する過程で、私たち日本人の自然観や社会的な規範意識が形成され、これまで政治的、文化的発信地と考えられてきた中央は、むしろ、それらの受信地にすぎなかったのではないか、と考えるようになったからである。

　いま、地域計画や地方政策が隘路に陥っているとしたら、まず、工業化社会になって以来、私たちの頭のなかに固着している都市を中心とした地域構造認識を根底から疑ってみる必要がある。

　そこで、拙論を閉じるにあたり、先学たちが展開した圏域論や歴史観を読み直しながら、地域空間尺度、歴史的時間尺度としての田園風景の意義を確かめておきたい。そのような尺度を共有することができれば、環境や地域の今日的諸課題に対する新たな解決の糸口を見出すことができ、また歴史的文化遺産の保全や農業技術支援など、新たな国際交流のあり方も模索できると考えるのである。

1．柳田国男の周圏論

　かつて、民俗学の柳田国男は、方言分布の分析から、言語は京都あるいは近畿といった文化的中心地から外側へ、さらに周縁にむかって伝播すると考えた ── かの方言周圏論である[1]。

　柳田が実施した全国調査によれば、蝸牛を意味する方言は、京都を中心としてデデムシ → マイマイ → カタツムリ → ツブリ → ナメクジのように、日本列島全体に同心円状に分布し、いいかえれば、歴史的に外側にくらべて内側ほど変化が大きかったという。そこで柳田は、言語は中央（とくに近畿）ほど変化が先行し、外側にいくほど、同心円状に古い表現が残りやすいと推定した。思いがけない僻地で古い都言葉を耳にする体験も、これで説明できると考えたのだ。

　この、都市を中心とした圏域構成について、柳田が周圏論を発表する10年以上前、柳田とともに郷土研究会をおこした地理学者の小田内通敏（1875～1954）も、大正期初期の東京西郊における「農業」「植木」「牛乳搾取」「肥料」「市場」などの経済指標を分析し、首都の影響圏域が同心円状に形成されていることを見出していた[2]。

　一方、産業革命が先行し、いち早く工業化社会を迎えていた西欧では、都市を中心とした圏域認識も早かった。よく知られるように、柳田より約1世紀前に、ドイツの経済学者J・H・フォン・チューネン（Johann Heinrich von Thünen, 1783～1850）は『孤立国』（1826）を著し、「もっとも利益を上げうる農業形態は、都市からの距離によって決定される」とした。この、都市を中心とした圏域形成は、その後、多くの地理学者や経済学者たちによって論じられてきた。

　さきの、柳田の周圏論には、このような、小田内やチューネンらによる経済地理学的な地域構造認識が影響していたと考えられる。もちろん、これらの理論が産業化社会を前提としているのに対し、柳田はそれ以前を含めた一般文化圏域の形成にまで普遍化しようとしており、むしろ、文化人類学者らがいう「文化領域論」や「年代―領域原理」に先行する考え方だといっていいだろう。

　彼は、この方言周圏論を提起する以前に、『後狩詞記』（1909）『遠野物語』（1910）に始まり『山の人生』（1926）に至るまで山人論・山村論を展開し、日本列島の山奥に伝承されてきた山男や山女こそが「原日本人」であると推定し、滅びゆ

く周縁の人びとに限りない同情を寄せていた³⁾。いま、私たちを戸惑わせるのは、この山人論・山村論と方言周圏論の関係である。

　柳田の山人論・山村論や方言周圏論に対し、かなり異論が続出し、とくに、彼の山人論・山村論は、もう一人の民俗学の巨星 南方熊楠（1867～1941）のきびしい批判にさらされた⁴⁾。

　方言周圏論を展開した『蝸牛考』（1930）に引き続き、柳田は『郷土生活の研究法』（1935）を発表し、みずからの民俗学を確立していった。その一大成果ともいうべき『山村生活の研究』（1938）に「山立と山臥」という一文をよせ、山村独自の生活様式が失われていくのを惜しみながら、その変貌ぶりを「農村化」という言葉で表現した。近郊農村の都市化に対応させた柳田の造語で、都市を中心とした圏域構造認識は変わらなかった。

2. 周圏論に対するフロンティア史観
（1）ターナーのフロンティア史観

　文化的中心に対し一方的にその影響下におかれる周縁部——この、柳田国男がこだわっていた圏域認識とは対照的な考え方が、アメリカの歴史学者ターナー（Frederick Jackson Turner, 1861～1932）が提起した、いわゆるフロンティア史観ではないだろうか。

　アメリカ大陸がほぼ開拓しつくされた19世紀末、ターナーは、大陸東部を中心とした政治的・社会的な出来事を時系列にしたがって羅列するだけの、当時のアメリカ史学を批判し、西部開拓地におけるアメリカン・スピリット、つまりアメリカ人の精神形成こそ歴史の原点にすべきだと主張した。

> ……Thus American development has exhibited not merely advance along a single line, but a return to primitive conditions on a continually advancing frontier line, and a new development for that area. American social development has been continually beginning over again on the frontier. This perennial rebirth, this fluidity of American life, this expansion westward with its new opportunities, its continuous touch with the simplicity of primitive society, furnish the forces dominating American character⁵⁾.

北アメリカでは、19世紀、大開拓時代を迎え、怒涛のごとくに西方に向かって開拓が進んだ。ターナーは、各地の開拓経過を追跡し、まさに、西部開拓を通じて個人主義（individualism＝自立主義または独立心）や民主主義（democracy）といったフロンティア精神が育まれ、やがて、それが打ち返す波のように東海岸に向かって、アメリカ人全体精神基盤を形成したと主張した。大陸東海岸、ひいては大西洋の向こうにあるヨーロッパ大陸を「旧世界 the Old World」と呼び、フロンティアで形成される「新世界 the New World」の先端性をうたいあげたのだった。
　あらためて、柳田とターナーの歴史観を比べると、両者は、ともに周縁に着目しているものの、柳田は、あれほど周縁に生きる山の民に共感を寄せながら、結局、都市と農村という近代産業社会における地域構造認識の呪縛から逃れられず、歴史は都市からはじまったとして疑わなかった。周縁は、あくまで中心に従属する存在だった。これに対し、ターナーは、周縁つまりフロンティアで培われた精神、フロンティア・スピリットこそが中央（東部）を含めたアメリカ人全体の精神的な基層をなしていると指摘した。周縁こそ歴史の出発点であって、その結果として、いわゆる中心が誕生したというのだ。
　ターナーのフロンティア史観の存在を知った私は、それが日本列島にも当てはまるのではないか、と直感した。
　私は、1980年代のはじめから30年近く、北海道と沖縄群島を除く日本列島の田園風景の形成過程を追ってきた。海岸砂丘を鎮め、たびたび大洪水に見舞われる低湿地を干拓し、あるいは、逆に、表流水がほとんどない扇状地や洪積台地に田畑を拓くというもので、すでに律令時代に完成していた条里制の農耕空間を除くと、現在私たちが見ることができる田園風景のほとんどは16世紀後半から18世紀はじめにかけて実践された新田開発の結果である。時期的に、アメリカの大開拓時代より200年以上先行するが、日本列島も大開拓時代を迎えていたのだ。開発対象地は、ターナーがいったフロンティアそのものであり、アメリカのフロンティア同様、新田開発に挑戦する過程で自然観や社会的な規範意識が培われ、やがて、それらが、日本列島に住む人びとの精神基層を形成したのではないか──私は、そう考えるようになった。
　私が、ターナーのフロンティア史観を知ったのは、歴史学者 高橋富雄の著作[6]を通じてだった。高橋は、東日本、とくに東北日本の歴史をたどり、近畿を中心

に語られる、従来の歴史観に修正を求めた。アメリカ大陸を西から東へ向かう、ターナーの歴史観を借用し、逆に東から西へ、日本列島の「辺境」たる東日本を基点とした、「もう一つの日本史」を提起しようとしたのだった。

それは、宮城県の多賀城址をはじめとする東北各地の考古学的発掘に生涯をかけた高橋ならではの視点ではあるが、東西関係を強調する歴史観に、私は若干の戸惑いを覚える。東西関係だけでは、列島の全体像がみえにくいのだ。もしターナー史観を適用するのであれば、むしろ、近畿であれ、関東であれ、まず中心と周縁＝辺境を対置させ、周縁＝辺境で培われた歴史的先端性がどのように列島全体の歴史に影響を与えたかを明示すべきではなかったか、と考えるのだ。

(2) フロンティアにおける規範精神

一方、ターナーが着目したのは、あくまでアメリカ大陸の征服者側からみた歴史観であった。

> ……The most significant thing about the American frontier is that it lies at the hither edge of free land [7] .

開拓者たちの前方に広がっているフロンティアは「自由な土地 free land」であり、「荒野、野性 wilderness 」であり、たとえ先住者がいたとしても、そこは「文明 civilization」によって征服されるべき「野蛮 savagery」な土地であった。ターナーは論文のなかで先住者との熾烈な戦いに勝利した過程を追い、勝者の立場からフロンティア論を展開した。敗者は歴史から消え去るべき存在だった。

ところが、先年亡くなったフランスの社会人類学者のレヴィ＝ストロース（1908〜2009）は、20世紀中葉、アメリカ先住民の神話を研究し、のちに「ヨーロッパ社会の構造を尺度にその他の民族の構造に対して優劣をつけることなど無意味だ」と主張した[8]。哲学者 市井三郎（1922〜1989）は、さらに直截に、先進性を誇ってみせるターナーらによるアメリカの歴史観の矛盾を指摘した[9]。

そして、ベトナム戦争が終わると、アメリカ人自身によって自国の歴史観が見直されるようになった。たとえば、政治学者ハワード・ジン（Howard Zinn, 1922〜2010）は、西部開拓においてヨーロッパからの移民が先住民に対して犯した罪を認め[10]、さらに最近では、開拓の最前線に送られた黒人奴隷たちに対する、

きわめて非人道的な扱いも、明らかにされつつある。

ターナーは、アメリカを、そして西部フロンティアを「新世界」と誇ってみせたが、自身は「旧世界」の真っ只中にとどまっていたと批判されてもしかたがない。彼のフロンティア史観は、じつに美しくも残酷な歴史観だったのだ。

3. フロンティアとしての新田開発

アメリカ大陸の西部開拓に比べ、日本列島の開拓、とくに太閤検地（1582～1598）以後のいわゆる新田開発はどうであったか。

すでに触れたように、私が着目したのは日本列島を構成する主要な地形条件で、それぞれどのように田園風景が形成されたか、解明してきた。地形条件のうち、灌漑工事が比較的容易な一般的平野部では北は秋田平野から南は鹿児島平野まで、すでに律令時代に列島のほとんどの平野で条里制にもとづく水田が開拓されており、その典型例を滋賀県湖東平野で確かめた[11]。いずれも開発が近世以前の本田村で、集落形態は農家住宅が密集する集居型である。その他の地形、すなわち、海岸から内陸部に向かって、海岸砂丘、潟（低湿地）、扇状地、洪積台地の開拓は、主として太閤検地以後の新田開発だった。

まず、海岸砂丘について。すでに知られるように、本州では日本海に面して大規模な砂丘が発達しているが、最初にクロマツの植林によってその沈静化に成功したのが島根県の大社砂丘、17世紀末のことである。以後近代にいたるまで、各所で同じ方法を用いて鎮静化が図られ、砂丘の上はもちろん、内陸部にも広大な耕地が開拓された。ついで海岸砂丘の内陸側に形成された潟（低湿地）の開拓は、砂丘の沈静と内陸側の治水を前提にして、早いところでは16世紀末から開拓が始まり、最盛期は17世紀から19世紀まで、長期にわたって開拓が進められた。扇状地の開拓でもっとも古いと思われる岩手県の胆沢平野、以後16世紀末から17世紀半ばにかけて、比較的傾斜が緩やかな全国の扇状地で開拓が進められた。さらに武蔵野に代表される洪積台地が開発されたのが扇状地開発からやや遅れる17世紀半ばから18世紀初頭のこと。この畑作中心の武蔵野開発を最後に、近世の大規模な新田開発はほぼ終了した[12]。

以上の砂丘、潟（低湿地）、扇状地、洪積台地といった新田開発の対象地は、いずれも、歴史的に人間居住を拒否してきた、まさに自然域であった。新田開発は

いわば「神がみの領域」への進出であり、ときには「多すぎる水」、またところによっては「少なすぎる水」と闘わなければならず、そこに定住するためには神がみに祈り、神がみの了解が不可欠だった。これが、新田開発に挑戦した人々の自然観だったのではないだろうか。

だから、定住に成功した村びとは、何をおいても神社を建立し、神がみの怒りを鎮めようとした。新田開発について必ずしも十分な記録残されているわけではないが、地方の歴史家たちはしばしば集落の神社の建立記録を発掘し、祖先の定住開始時期を推定してきた。

4. 新田開発で培われた規範意識

日本列島の新田開発に欠かせなかったのは、自然観だけではなかった。開発によって運命をともにする家族や共同体に対する規範意識が欠かせなかった。

近世史の大石慎三郎は繰り返し、つぎのように指摘した。「江戸時代（または近世）とは、本当の意味で庶民の歴史がはじまった時代である。」「われわれ庶民大衆が家族をなし親子ともども生活するようになったのはこの時期以降、具体的には江戸時代初頭からのことである。」「親子の生活が家というものを通して継承されるようになったのは、戦国末・江戸時代初頭以降のことである。[11]」と。

田園風景の形成過程を調査するために現地を訪問したとき、私たちが、まず確かめるのは検地帳の存在である。それは、16世紀末以後、為政者側が徴税のために村に住む耕作者ごとに田畑を測量し、生産高を評価したものである。これが残っていれば、当時の村の風景を復元できるのである。幸運にも保存されている検地帳をみると、農地は、きまって家族単位で記録されており、大石の指摘を追認することができる。

17世紀後半に編集された農書『百姓伝記』も、農耕民の生活倫理をつぎのように導いている[12]。

> 土民たるものハ、我ひかゑひかゑの田地の近処に屋敷取りをして、永代子々孫々まて、したひに世をつかせ、繁昌する事をねかふへし。

「百姓は、それぞれの田地に近いところに屋敷を設けて、子孫末代まで受け継がれ、繁盛するように願わなければならない……」というのだ。そして、さらに、

我々か屋敷のうちに、寸尺の定たる竹木のすくなるを、直に立置、昼夜の長短を月日の御影にて覚よ。風見と云て立置竹木のさきに、紙かきぬをゆい付置て、東西南北の風をこゝろ見よ。

「自分の庭先に適当な長さの棒を立て、太陽がつくる影を見て季節の移り変わりを判断せよ。棒の先に布を結びつけ、風の方向や強さを観察せよ」というのだ。かくして、だれにも依存せず、大自然のなかで一人生きゆく農耕民の姿が浮かび上がってくる。

家族を形成し、家を継承できる自立小農が当時の社会的な規範意識の基層を形成し、日本列島各地で繰り広げられた新田開発のエネルギーの原動力になっていったと考えられる。だから、そこを、単に「辺境」ではなく、むしろ「史的先端空間」と呼ぶべきではないか、とさえ思うのだ。

5.「平地人を戦慄せしめよ」

地形地質条件に着目する田園風景の研究は、最奥の山岳部の急傾斜地に点在する集落で完結する予定だった。そして20数年前、じっさいに列島を代表する山岳地帯、紀伊山地の急傾斜地の集落の調査に入ったのだが、当初、すぐにはその形成過程を理解できなかった。その後、ときには柳田国男の足跡を追いながらいくつかの山村を訪ねたが、四国山地の旧一宇村で集落ごとに整理された歴史資料に出会い、山村定住が、新田開発が盛んになる近世以前、すなわち戦国期から、さらには一部中世までさかのぼることがわかった[15]。

中世後半から戦国期といえば荒ぶる武士たちが覇権を争い、奴隷狩りを含めて農民からの略奪をいとわなかった時代だ。当時、山中の、それも外部から近づきがたい急傾斜地に住みはじめた人びとがいたということは、覇権主義の犠牲になることを嫌い、遠く山中での生活を選んだ人びと——いま、仮に周縁志向者と呼ぼう——が少なからずいたということになる[16]。

四国山地の急傾斜地の定住開始が、戦国期から中世までさかのぼるとすると、紀伊山地や九州山地にも定住域がひろがっている意味が理解でき、さらに、これらの山地が、地質学でいう中央構造線に沿っていることに注目すると、構造線の延長上にある伊那山地や秩父山地（関東山地）にも、歴史的にも、形態的にも類

似する集落を見出すことができた。

　中央構造線は関東地方から中部地方、紀伊半島、四国、九州を貫いて日本列島誕生の歴史を秘め、優に東西 1,200 km に及ぶ。その構造線に沿って形成された山地に展開する急傾斜地の集落のほとんどが深刻な地すべり地帯にあり、さらに、ところによっては表土が浅く、もろい岩石を砕いて耕土を確保しなければならない過酷な土地柄だった。しかし、これらの地質条件や寒冷な気象条件は、けっして負の定住条件だっただけではなく、もし、これらとの共生を実現できれば、山の幸はもとより、かけがえのない、優れた作物栽培を期待できた。つまり、山岳部の急傾斜地に定住した人びとは覇権主義からの単なる逃亡者ではなく、優れた栽培技術の探求者だったということを忘れてはならない。

　この、きびしい定住条件に挑む過程で培った自然観や社会的な規範意識をもつ山村の民こそが、日本列島に近世という新しい時代を開かせたのではないか。いや、荒ぶる覇権主義者から逃れる場所は山岳部だけではなかっただろう。それまで人びとが近づくのを恐れた海岸砂丘や低湿地帯、水が乏しい扇状地や洪積台地にも、ひそかに隠れ住む人びとすなわち周縁志向者がいたにちがいない。そのような先駆者がいたからこそ、近世に入ってからの大規模な新田開発が可能であったと考えられる。

　「願はくは之を語りて平地人を戦慄せしめよ[17]」— 柳田国男は、当初、伝説に登場する山男や山女と呼ばれた幻影を追い、彼らこそが日本人の原型にちがいないと空想したが、結局、それを実証することができなかった[18]。しかし、若き日の彼の直感を、稚拙で誤りだったと嗤う根拠はどこにもない、と思うのだ。

6. 田園風景の未来
(1)「もう一つの日本史」

　歴史学とってもっとも重要な課題は、さきに引用した北米の歴史家ターナーが指摘したように、現代を生きる私たちにとって不可欠な精神基盤、つまり自然観や社会的な規範意識が、いつ、どこで形成されたかを明らかにすることにある。現代人の多くが、その存在を忘れがちな田園風景こそ、その重要な根拠を暗示しているはずだということを、拙論の最後に訴えたい。それは、私たち自身のルーツを探求することにもなり、さらに、私たちが何者であるかということを世界に

向かって発信することにもつながるのである。

　私は、この研究の開始当初、海岸部から内陸山岳部まで、日本列島を特徴づける代表的な地形地質に着目して田園風景を読み解くことを目標にしたが、その作業をふりかえると、平野部条里制を施行した古代律令制の時代から、荘園制の隷属状態からの開放を求め、あるいは戦乱を避けるために多くの下層農民が山村に逃げ込んだ中世・戦国期、そして海岸砂丘や低湿地、内陸部の扇状地や台地において大規模な新田開発が実施された近世まで、結果的に、ほぼ日本列島の歴史を概観することになった。

　とくに、自然観や社会的な規範意識といった、いまを生きる私たちの精神基盤の形成に焦点を絞るなら、中世から近世初頭にかけての山村における小農自立こそ、「歴史の始まり」だったのではないか。そのような、自立を希求する多くの農民がいたからこそ、近世以後、平野部の、大土木工事をともなう大規模な新田開発が可能になったと考えられる。それは、これまでの歴史学が、かならずしも重視してこなかった「もう一つの日本史」といっていいだろう。つまり、都市を中心に活躍する中心志向者だけで日本列島の歴史を築いてきたのではない。むしろ、小農として自立をめざし、家族とともに周縁に移り住むことをいとわなかった周縁志向者がいたことを忘れてはならず、そんな彼らが人口のほとんどを占めていたのである。さらにいえば、近世社会は都市部を含めた列島全体が、周縁空間への挑戦過程で培われた自然観や社会的な規範意識を共有する、ゆるやかな連合体だったということもできるだろう。

（2）田園風景のこれから

　柳田国男が山人に対置し、「戦慄せしめよ」と挑発した「平地人」とは、単に「平地に住んでいる人」という意味ではないだろう。前述した中心志向者か、あるいは社会に埋没して安閑として暮らす中心依存者、つまり、山人のようにひとり周縁に立ち向かう勇気やモラルを理解できない人間を指したのではないか。田園風景は、人間としての生き方を映しだす鏡にほかならない。柳田国男と同様、かつての周縁志向者に共感する私は、彼らなくして誕生することはなかった田園風景が、これからも存在し続けることを願ってやまない。

　「田園風景に未来はあるか」——これは、30年前、私が風景の研究に着手する

にあたってみずから設定した命題である。その当時も、そして30年が経過したいまも、残念ながらこの命題に不安を覚える。年月をおいて調査対象地を再訪したとき、あまりの変わりように身を削られる思いをすることが少なくなかった。日本列島の調査の間にたびたびイギリスの田園風景を訪問してきたが、彼我の違いに呆然としたものだった。

　イギリスの田園風景は美しい。田園風景が市民の共感によって支えられ、その保護が国家目標になっているのだ。しかし、その国民的合意が成立したのは20世紀も後半になってから……、つい最近のことである。19世紀まで、田園風景の美学は大土地所有者であるジェントルマンのものだった。人口の大部分を占めた労働者階級は生産手段である土地も家も持つことができず、ジェントルマンに雇用されてはじめて生存できた。田園風景は、労働者階級の苦難を映しだす鏡以外の何ものでもなかった。そして20世紀、2度にわたる世界大戦を経たイギリス人は、産業革命以来の古びた生産設備を抱え、植民地経営も破綻して疲れきっていた。自分たちは何者か ── 帝国主義に象徴される上昇志向の矛盾に気がついた彼らがたどりついた先が田園回帰だった。父祖の世代が苦難の生活を強いられた田園こそが大半のイギリス人にとって心のふるさとであり、いかに階級を乗り越えようとしても、「ルーツ」が田園にあることに変わりはなかった。ジェントルマンの田園風景から市民の田園風景へ、大転換が起きた。そして、荒れる一方だった田園風景を、海外からの旅行者を誘うほど美しくよみがえらせ、その上食料自給率も大幅に改善させてきた。イギリス市民にとって、農業に従事するかしないかを問わず、田園居住が人生の夢になっている[19]。

　日本人とは何者か ── それを読み解くのに、田園風景の存在を無視することはできない。その点では、日本も、イギリスと変わらない。他方、19世紀まで、ジェントルマンが広大な農地を占有してきたイギリスと違い、日本列島では、海岸砂丘にしても、低湿地や、逆に水が欠乏する扇状地や洪積台地、そして山岳部の急傾斜地にしても、過酷な生産条件を克服し、農地を所有し耕してきたのは、自立を目指す農民自身だった。そこには、現在でも地球規模で適用可能な、優れた農業技術が蓄積されている。

　本論の最後に、日本列島全体が田園風景という歴史的文化遺産を擁した、いわば「博物館」であることを再認識したい。もちろん、日本列島以外にも地球上に

は優れた田園風景が少なくない。あらためて、田園風景の存在意義を国際的に評価しあう仕組みを、わが国から提起すべきときがきている、と私は思う[20]。

[注]
1 柳田国男（1930）『蝸牛考』（『柳田國男全集 19』所収）。
2 小田内通敏（1918）『帝都と近郊』（大倉研究所）。
3 谷川健一（2001）『柳田国男の民俗学』（岩波新書）。
4 『南方熊楠選集別巻　柳田国男南方熊楠往復書簡』（平凡社）1985。
5 Turner, Frederick Jackson（1891）The Significance of the Frontier in American History（「アメリカ史におけるフロンティアの意義」）(The University of Arizona Press) p.2。
6 高橋富雄（1979）『辺境──もう一つの日本史』（教育社）。
7 Turner 前出 p.3。
8 Lévi-Strauss, Claude: LA PENSÉE SAUVAGE（1962）、大橋保夫訳『野生の思考』（みすず書房）など。
9 市井三郎（1971）『歴史の進歩とはなにか』（岩波新書）。
10 Zinn, Howard: A PEOPLE'S HISTORY OF THE UNITED STATES（1980）、(猿谷要ほか訳『民衆のアメリカ史』明石書店)。
11 拙著（1991）「近江湖東平野における条里空間について」（日本建築学会計画系論文報告集第 429 号）。
12 拙著（1992）「武蔵野台地における列状集落について」（日本建築学会計画系論文報告集第 436 号）。
13 大石慎三郎（1977）『江戸時代』（中公新書）。
14 著者不詳『百姓伝記』（岩波文庫）17 世紀後半。
15 『一宇村史』。
16 藤木久志（1997）『戦国の村を行く』（朝日選書）、原田信男（2008）『中世のかたちと暮らし』（角川選書）など。
17 柳田国男（1910）『遠野物語』（柳田国男全集第二巻、筑摩書房 所収、p. 9）
18 柳田国男（1917）「山人考」、同（1926）『山の人生』。
19 詳しくは、David Souden（1991）: THE VICTORIAN VILLAGE（山森芳郎・山森喜久子共訳『図説　ヴィクトリア時代イギリスの田園生活誌』東洋書林）、拙著（2007）『キーワードで読むイギリスの田園風景』（柊風社）などを参照されたい。
20 国際的に、田園風景を歴史的文化遺産として保全しようという考え方は、B. H. Green, et al（1996）: LANDSCAPE CONSERVATION, Some steps towards developing a new conservation dimension（筆者も参加）などでアピールされている。

初出一覧

第1章　風を要因とする風土空間の形成 ——築地松は防風林か——
　「風を要因とする風土空間の形成」(『農村地域における居住空間の構造とその整備に関する調査報告書』国土庁地方振興局・1983所収)
　「築地松は防風林か」(日本建築学会学術講演梗概集(北陸)・1983所収)

第2章　砂丘 ——風土空間の周縁を形づくるもの——
　「風土空間の周縁を形づくるもの」(『農村空間の特質を活かした整備手法調査』国土庁地方振興局・1984所収)
　「砂丘 —— 風土空間の周縁を形づくるもの」(日本建築学会学術講演梗概集(関東)1984所収)

第3章　風と水と、地と人と ——潟の集落——
　「風と水と、地と人と —— 潟の集落」(「農村生活総合研究第六号」農村生活総合研究センター・1988所収)

第4章　解読格子の仮設 ——条里制の集落——
　「解読格子の仮設」(共立女子短期大学家政科紀要第32号・1989所収)
　「条里制、その考古学的検証」(共立女子短期大学生活科学科紀要第33号・1990所収)
　「近江湖東平野における条里空間について(農耕空間の史的形成過程に関する研究 その1)」(日本建築学会計画系論文報告集第429号・1991所収)

第5章　孤立定住空間の通時的理念 ——生きられた散居集落——
「孤立定住空間の通時的理念 — いわゆる散居集落について」(『農村生活総合研究第五号』農村生活総合研究センター・1987所収)

第6章　計画的農耕空間の風土化 ——武蔵野の列状村——
「計画的農耕空間の風土化 ——武蔵野の風景より——」(『農村生活総合研究第三号』農村生活総合研究センター・1984所収)

「武蔵野台地における列状集落について（農耕空間の史的形成過程に関する研究 その2)」日本建築学会計画系論文報告集第436号・1992所収)

第7章　時空を結節する神がみの形象 ——信濃路の陰影——
「時空を結節する神がみの形象 — 信濃路の陰影」(『農村生活総合研究第四号』農村生活総合研究センター・1985所収)

第8章　聖なる山村 ——史的先端空間としての斜面集落——
「山村に見る生活原景（とくに、急傾斜地の斜面集落について)」(『生活様式・生活意識・生活環境から見た生活原景の変容に関する調査研究』(科学研究費助成研究・2008所収)

COUNTRYSIDE LANDSCAPES IN JAPAN

By YAMAMORI Yoshiro

Summary

Is the countryside merely the fringe space around the city? As someone who has viewed Japanese rural scenery in terms of its varied topography —coastal sand dunes, lagoons, alluvial plains, diluvial plateaus, alluvial fans, and the steep slopes of the mountainous regions — I cannot think so. On the contrary, these "fringe spaces" may very well have contributed to the origins of the history of the Japanese people. Why? Because our shared consciousness of nature and society developed through the process of challenging the severe natural conditions of these islands. Thus the centre of what can be thought of as our political and cultural origins grew from these very fringe places.

At the end of the 19th century, the American historian, Frederick Jackson Turner (1861-1932), criticized the traditional American history that enumerated chronologically political events centred in the East, and stated that the origins of American history could be found in the state of mind called the American Spirit, largely developed in the frontier West ("The Significance of the Frontier in American History"). I believe his sense of frontier history applies to the Japanese islands, as well.

The Japanese islands were in a period of great development from the end of the 16th century to the beginning of the 19th century. People formed villages by opening up and cultivating areas that until then had not permitted man's existence due to nature's severity: too much water, too little water, and/or severe topography. This consciousness of nature and society that we Japanese now take for granted was formed by literally risking our lives for development over these 300 years, in a form of the spirit that Turner talked about. You could say that the great period of development in the US and Japan that spanned the Pacific also overlapped the same time frame.

Of course, there are differences between America and Japan even when we are talking about frontiers. In America the land had to be held through conflict with the aboriginal peoples, while in Japan it was seen as the advance into "the domain of the gods" where humanity had not set foot before. Hence the content of the spirit is different.

The people of the mother villages in Japan who sent their young sons to the frontier of new farmland, the craftsmen who lived on allotments, merchants, and even the samurai class all shared the straightforward, faithful, hardworking consciousness cultivated by farmers. To put it in Turner's terms, the rural areas that we modern people think of as fringe areas, should in fact be thought of as historic spearhead spaces.

Perhaps it is because of this morality, cultivated through our ancestral rural life, that we were able to ride out the tumultuous waves of modernization that surged in from Europe and America starting in the mid-19th century, to build today's prosperity. And, when thinking of current global environmental problems, I even feel that the farming techniques, the civil engineering technology, the philosophy of symbiosis with nature, and the social consciousness practiced by our ancestors may contribute to improving the lives of the people of the world.

The countryside landscapes we see today is a record of the spirit of the people who developed and lived on the land. Let us consider some of its features.

1. "*Tsuijimatsu*" Hedge Pines: Only a Windbreak?

There are groves of hedge pines, "*Tsuijimatsu*," in the Izumo Plain in western Japan. The species is Japanese black pine. The hedge pines form walls on the west and north sides of farm houses. However, these hedges are on a much larger scale than most. The height and width completely conceal the roofs of the houses. They are also trimmed into a sharp rectangle. From the northwest a house will be completely hidden and only the hedge pines can be seen. In this way they protect against the seasonal winds from the northwest that blow from autumn through winter.

Were the hedge pines merely planted a windbreaks? Why was it necessary to trim the trees geometrically? Why did they have to be Japanese black pine?

Going west from the Izumo Plain, there are sand dunes along the coast. The dunes are covered by the same Japanese black pine. About 300 years ago, people planted the forest against the seasonal winds that blew from the northwest every year in order to quell the dunes and open up a large cultivated area inland. People who began to live inland in the Izumo Plain then tamped banks around their houses. These could be seen as symbolizing the dunes. Then they planted black pines over the banks. We can imagine that people cultivated hedge pines around private homes so as not to forget the memory of the development of the plains through turning aside the threat of the seasonal winds.

2. Dunes: The Fringe of Historic Living Space

On the northwest and west sides of the Japanese main island, facing the Japan Sea, are a range of big or small sand dunes. From autumn to winter, the seasonal winds from the Asian continent carry moist air from the Japan Sea into the mountainous areas of the main island, piling up a large amount of snow. Early spring melt water carves the mountains, carrying a great amount of earth and sand to the shore. Then in the autumn, the strong seasonal winds blow the beach sand back into inland areas to form dunes. The Tottori Dunes are the highest at 94.8 metres above sea level, the Kaga Dunes are the longest at about 78 kilometres, and the Byobu-san Mountain Dunes are the widest at 5.8 kilometres, all outstanding world-class scales. The shores, with their raging sandstorms, did not allow human habitation for a long time.

At the end of the 17th century, the Taisha Dunes in the west of the Izumo Plain were tamed by planting Japanese black pines, and starting from the lee side of the dunes and extending into the inland plains fertile cultivated land was developed. Then a supply base for Japanese black pine was established on the various islands and peninsulas of the Japan Sea side, and using the same methods as at the Taisha Dunes, the dunes of the Japan Sea shore were conquered and a very large area opened up for cultivation. The Pacific coast with its smaller dunes was also tamed using the same technique, forming the typical Japanese seacoast scene known as "*hakusha-sensho*" or "white sand and green pine." The Tottori Dunes have proven the most difficult to tame to the very end, and the original scenes of Japanese dunes can now only be seen there.

3. Wind and Water, Earth and People: Agricultural Settlements of Lagoon

Kameda-Go area, near in Niigata City, consists of agricultural settlements of lagoon. In these settlements developed in the 16th to 17th century, there have been various dramas of the Creation, the works of nature crossing with those of man. In winter the seasonal wind blows hard from the Japan Sea and the inner area along the coast is covered with heavy snows. In spring thaw floods wash out and carry the earth into the Sea. In autumn the seasonal wind blows hard again, sends back the sand to the inner side and forms the dune along the coast, inside of which the lagoons are enclosed.

Against the nature's doing, people have been planting pine trees in the sand of the dune so as not to be blown in the wind. They have been filling up low place with soil, changing the routes of the rivers and developing rice paddy fields. Before, people constructed small banks around the settlements to pump out water from the lagoons. Now they have been building the huge banks along the rivers and controlled the water level of paddy fields until -1.75 meter lower than the sea level.

On the coastal plains along the Japan Sea, there are many agricultural settlements of lagoon consisted of the dunes and low places given by the sea and wind. The historical periods and methods for the developments of these lagoons are similar with the cases of the Kameda-Go area. Today, the Kameda-Go area has been reformed and improved from ill-drained paddy field to well-drained one, including with urban community zone extended from the Niigata City. But in 1964, the big earthquake happened in the Niigata plain. From long ago, people have been suffering from ground subsidence and experienced repeated floods. Recently, the dunes, "nature's gift", have come to be thinner and desolated. Are the above mentioned reformed agricultural settlements of lagoon kept to be useful as eternal and promised land?

This report pursues historical stories of the Creation drama in which nature and people have been playing together in the agricultural settlements of lagoon, also suggests some problems in maintaining and controlling the safety areas for dwelling and farming.

4. An Assumption of a Grille to Decode:
Agricultural Land Allotment on the Historical *Jori*-grid System on Alluvial Plain

We study agricultural land allotment on the *jori*-grid system developed in the 7th to 8th C over the main plains of Japan, by restoring it to the original state. Until now, the *jori*-grid system has been researched mainly in history and geography. From a standpoint of building engineering, attempt is made to apply '*tatami*-mat' planning method of traditional housing to the *jori*-grid system and to explain a universality of a paddy field compartment in composition of the land allotment. The following three steps should be set up for the land allotment;

1. to draw the datum lines at intervals of 372×372-*bu* (about 660 meters) on the plain, and set up '*jori*' ('*ri*') compartment,
2. to divide each side of '*jori*' compartment into 6 equal parts, and get a total of 36 '*tsubo*' compartments of which each side length is 62-*bu* (about 110 meters), and
3. to construct outer levees with 2-*bu* (about 3.54 meters) width for agricultural roads and creeks around 4 sides of '*tsubo*' compartment and by inner levees divide the inner part into 10 paddy fields, that is, 60×6-*bu* = 360-*bu* (about 106×10.6 meters ≒ 1100 square meters, twice of which could feed a mail adult).

As shown above, agricultural farming space on the *jori*-grid system was thought to be in homogeneous condition in spite of micro-geological differences. Further, the distribution pattern of dwellings in agricultural settlements on the *jori*-grid system is nucleated, in comparison with linear or dispersed pattern of later developed settlements from the 17th to the 18th C. As the greater part of the land allotment on the *jori*-grid system has been already redeveloped by modern agricultural civil engineerings, it is difficult to observe the historical landscapes which have been kept successfully for 1300 years.

5. Diachronic Principles of Solitary Habitation in Japanese Agricultural Settlements: The So-Called Dispersed Settlement on Alluvial Fan

Agricultural settlements are usually classified into three types according to the distribution pattern of dwellings: nucleated, linear and dispersed. The differences in settlement form represent variation not only in farmer-land relationships, but in his attachment with his surrounding environments. Historically, the settlement form transformed from nucleated to linear, and further to dispersed. This transition process is thought to have accompanied the process in which the farmer became an independent individual with his own small piece of land and family labour, for a farmer to lead a solitary life spatially he has to acquire established views over his environments, agriculture and life as a whole.

A unit of a solitary farmstead with the surrounding fields is termed a 'solitary habitation space'. Attempts are made to identify principles for encouraging farmers going into solitary habitation by analysing a set of local agricultural texts which were written nation-wide in the 17th century. This results in identifying the following three principles:

1) sensuous attachment with land gained through the senses with observation of his land and surroundings, including tasting, smelling, touching his soil.

2) bodily attachment with land acquired through physical, muscular involvement in cultivation, including, ploughing, irrigation, weeding and fertilizing.

3) physiological attachment with land obtained through a recycling process of harvest and bringing his own manure and other wastes to the land.

Out of these three principles, a conceptual model of 'solitary habitation space' is drawn representing a bodily and autonomous terrain with a farmer at the center. This is followed by a present-day study of four separate agricultural sites from the Isawa Plain in Iwate prefecture, Tonami Plain in Toyama prefecture, the Izumo Plain in Shimane prefecture and Shiroishi Plain in Saga prefecture, where solitary farmsteads are a predominant local feature. It is found that solitary habitation had been taken from the past as an ideal form of farming until the 1960s when high economic growth started.

6. The Evolution of Planned Farming Space:
An Example from the Musashino Area on Diluvial Plateau

From the 17th century onwards, new agricultural villages were planned and developed for farmers who left their mother villages and carried out land reclamation to open new farmland. The present study firstly examines the planning philosophy of those new villages and secondly traces how those villages have been transformed up to the present and identifies the forces that have acted on this transformation.

An investigation was conducted in a village called Santome New Village which is located west of Tokyo and was created at the end of the 17th century. It is a roadside village. Each farmer in the village was given land 75 meters wide and 675 meters long, and a little thached house was built facing the road. At the back, a field and a small wood were located. The village was planned with a rather limited scope of philosophy, that is, one of economics. This fact can clearly be seen in the Land Tax Survey of that time and there exist some other similar villages which were planned in the same period.

Today, the shelter trees cover the housing site and extend 90 meters from the road. They include such trees as keyaki (a zelkova tree), oak, Japanese plum, Japanese cedar and persimmon. On the field, cash crops are grown and the produce is sent to the large markets in the Tokyo Metropolitan area. The small wood has now lost its original function as fuel source but performs various functions, including wind shelter. The whole site reached a kind of climax which presented a spatial totality in which the house, at its centre, was surrounded by the shelter trees, followed by the field and further by a small wood at the far end. This was the result of the everyday activities of each farmer.

In recent years, many pressures have been in force to destroy this spatial totality. They include the fragmentation of the site, the transfer of the ownership and the change in land use. There is a sign that the long-standing spatial totality of the landscape may be destroyed. To put it differently, there have been two types of forces acting on the planned farming space: one is transforming it to wards totality and the other towards destruction. The present-day rural landscape is the product of the interaction of these two forces on the original planned landscape.

7. Stone Figures Representing Gods as Boundary Makers of Time and Space: Reflections along the Shinano-ji Country Lanes

Along the roadsides of traditional rural Japan are abundant stone figures representing various images of gods. For example, in one village called Yamagata, with a population of approximately 5,000 located right in the center of the Japanese islands, there exist about 750 roadside stone figures. This number will be raised when those deified at shrines, Buddhist temples and ordinary houses are also counted. The dates these figures were made are carved at the back, from which it is learnt that the dates are concentrated in the 18th and 19th centuries, a short period of about 200 years, which may be termed a 'rush-hour' of god creation.

Through the styles and meanings of these figures, and also through the ceremonies associated with them, we can trace the villagers' common feelings towards time and space, which were unique to the traditional farming communities. Those images of gods were strongly identified with the boundaries of time and space. In space terms, they were located in a centrifugal pattern with the village community as the centre, representing out-looking views of the villagers. In time terms, they were made to ascertain repeatedly the origin of the community and also to divide time by a biological rhythm. To make figures was therefore to share the common identity of a community.

There was a historical backcloth to the formation of this unique sense of time and space. That is, those figures were made at the time when, on the one hand, farming communities attained maturity in both skill and economic terms, and, on the other, modern or Western ideas started spreading into the country. This led to tension between individuals and the community as a communal unit. The traditional sense of time and space, which was characterized by its emphasis on self-existence and biological rhythm, was thus challenged by the modern sense of time and space, which had little bearing on the self-existence and was based on the modern wisdom of universality and eternity. The distribution of many stone figures should be seen in this context.

The traditional sense of time and space, which is represented by these roadside stone figures, is not entirely independent from that of our modern society. The modern sense of time and space is the outcome of successive interactions and interrelationships between old and new. The journey through the chronological structure of the sense of time and space may lead us to recognizing what modern wisdom has lost.

8. Sacred Mountain Villages: The Beginning of Another History of Japan

There are high mountains across the southern part of the Japanese islands, 1200 km in length from the east Kanto district to the west Kyushu district, divided by three narrow sea channels. Many mountain villages are located on the steep slopes. In the 15th-16th centuries, lower-class peasants ran away to these remote mountains to escape heavy exploitation by their landowners or samurai violence. Prior to that, such regions had been thought of as the domain of gods and goddesses. These pioneer farmers cultivated the steep slopes, each with their own families, while creating their own morals or spiritual views of nature and village society, particularly emphasizing such values as "sincerity," "diligence," and "autonomy." By the middle of the 16th century, the Shoen (old landowner system) crumbled, and the Samurai War ended. From the end of the 16th century to the 18th century, the frontier areas of the Japanese islands such as dunes, lagoons, or diluvial plains, which had been inhospitable to human settlement because of dry or over-watered earth, were also developed by independent farmers, cultivating small-sized fields, only enough to feed their own families. They succeeded to the morals and spiritual outlook of the earlier mountain peasants, which were values also extant among the people in old villages and towns during that time. Even in today's modernized society, the Japanese people have inherited and maintained these traditional morals and world view.

あとがき

　日本人とは何者か——それを読み解くのに、田園風景の存在を無視することはできない。なぜなら、本書で繰り返し述べてきたように、そこは、私たち現代人が無意識のうちに受け継いでいる自然観や社会的な規範意識形成の揺籃だったからだ。

　私が田園風景の研究に着手したのは1980年代はじめ、東京工業大学に学位論文（『都市化にともなう農村地域構造の再編性に関する地域計画学的研究』）を提出した直後のことだった。最初に訪問したのが出雲平野の築地松。築地松の成立経過を求めて平野やその周縁部を歩きまわっているときに、地形に着目して日本列島の代表的な田園風景を概観するという研究の道筋がみえてきた。すでに1970年代から80年代にかけて参加してきた農村調査の蓄積があり、当初、10年足らずで研究を完成させるつもりだった。ところが、80年代後半に、最終目標の山岳部集落の調査に入った途端、その風景を前に研究が行き詰まり、以後20年近くにわたって悶々とする日々を過ごすことになった。研究者の末席にしがみついてきた私にとって、田園風景論は人生の大半を費やす「大研究」になってしまった。

　しかし、20年以上にわたる山村彷徨によって、中世山村における下層農民の自立志向に出会い、このような周縁の民の生き方がやがて近世に入ってからの大規模な新田開発を誘発し、現代にいたる私たち日本人の自然観や社会的な規範意識の形成に多大な影響与えた可能性があることを探りあてた。これまでの、中央の政治的な出来事の羅列に偏りがちな歴史学とはちがった「もう一つの日本史」である。私自身、研究開始時に予想もしなかった到達点だった。

　研究がストップした1990年代、私は、在英の友人 小山善彦氏を頼ってイギリスの田園風景を調査し、日本の田園風景論に先行してその結果を公表することが

できた（『キーワードで読むイギリスの田園風景』柊風舎、2007）。歴史的に階級制度がきびしかったイギリスに対し、自立小農を中心とした日本列島の農村が培ってきた自然観や社会的な規範意識が、私の風景観の基層となっていった。

　私は風景論に並行し、もう一つの研究テーマ、市民意識構造論に取り組んできた。1980年代半ば、新しい職場で与えられた調査がきっかけだったが、指導をお願いした社会心理学者の稲山貞登博士に、本当は意識調査ではなく、風景論に専念したいと不用意な愚痴をこぼしたものだった。それを聞きとがめた博士から、「風景 landscape の語尾 '-scape' と 意識分析が関係する friendship や leadership の語尾の '-ship' は語源が同じだ。両方とも同じ範疇の研究ではないか」と思いがけない指摘を受けた。博士には失礼だったが半信半疑で目前の調査に取り組みはじめたが、山村風景で行き詰まっていた90年代に、私はむしろ積極的に、市民意識構造の分析に入れあげた。残念なことに、先年稲山博士が亡くなられてご助言をお聞きすることができなくなり、私にとって二つの研究テーマは並行したまま、テーマの統合という大きな宿題が残ってしまった。

　未熟な内容にもかかわらず、この研究は今回、日本学術振興会の研究成果公開促進費の交付を受けて公開することができた。これを機会に、この研究テーマにご関心をお持ちの方がたのご批判を仰ぐことができれば幸いである。

　田園風景の調査のため、私が日本列島各地を訪問したとき、多くの方がたのお世話になった。いま、お一人おひとりにお礼が言えないことをお許し願いたい。ただ、今回の出版にあたってご支援いただいた方がたのことに触れておきたい。2000年代半ばに山村研究を再開したとき、現地調査に共立女子短期大学在職中の同僚 岡田悟教授に同行していただき、また同じく三井直樹准教授には一部図版の作成などを手伝っていただいた。出版助成の申請を勧めてくれたのは私の古い友人 宇杉和夫 西安交通大学客員教授であり、実際の出版にあたって古今書院の長田信男氏および関秀明氏のお世話になった。そして、私の在職中研究室の助手だった伊佐清花さんには、献身的に資料整理を手伝っていただいた。ここに記して、私の感謝の気持ちを表したい。

山森 芳郎

2011年12月20日

人名・事項索引

あ行

会津農書　135, 137-139, 145, 146, 149
青鹿四郎　181
青木保　215
アカマツ　18, 19
足利健亮　97
安部公房　31
アメリカン・スピリット　263
荒ぶる砂丘　54
生きられた空間　153, 154
生きられた時間　154
石母田正　93
出雲大社　46
市井三郎　265
市川浩　193
糸魚川－静岡構造線　246
井上修次　165, 182
入会地　171, 185
岩井寛　219
上田篤　198
上山春平　202
エリアーデ　218
大石慎三郎　132-134, 136, 253, 267
大梶七兵衛　17, 47, 53
多すぎる水　74, 78, 91, 267
小田内通敏　171, 262
御柱　210, 215

か行

海岸砂丘　30, 36, 264, 266
海岸侵食　84
海岸段丘　161
河岸段丘　161
街村　91
外帯　238, 248
加賀藩　137
花綵列島　240
潟（ラグーン）　254, 266
活断層　240
滑落崖　241
神がみの領域　267
枯山水　22
菊地利夫　168, 172, 252
岸俊男　108, 109
気象学　41
季節風　18, 33, 36, 41, 68, 149, 152, 172, 242
規範意識　1, 258, 261, 264, 267
木全敬蔵　109
木村礎　165, 173, 178
急傾斜地　155, 258, 268
急傾斜地集落　248
共時的計画原理　118, 184
共通感覚　220
近郊農村　61
金田章裕　114
空間感覚　194
国木田独歩　181
クリーク　131
栗原益男　117
クロマツ　8, 15, 18, 19, 25, 47-49, 53, 54
経済林　174

圏域認識　262
圏域論　261
検地　133, 167, 169, 171, 173, 185, 235, 247, 253, 266
検地帳　267
元禄検地　168
耕稼春秋　135, 136, 141, 142, 144, 150
考古学　16
荒神　22
更新世　36, 161
庚申塔　211, 215, 220
洪水　60
洪積層　80
洪積台地　132, 161, 178, 254, 264, 266
豪雪地帯　242
構造線　239
古砂丘　45
古事記　73, 202
個人主義　264
小堀巖　36
孤立国　262
孤立定住空間　137, 152, 155

さ行

砂丘　31, 32, 45-47, 52, 64, 70, 81, 178
砂丘集落　51
砂丘植物　41
作業庭　22
砂嘴　32
砂州　32
砂漠化　18, 23, 24, 27
山岳集落　254
山岳地帯　226, 233, 234, 246
散居形式　124
散居集落　91, 125, 127, 131, 176
三九郎　206, 215
山人論　262
山村　3, 237, 254, 255, 268
散村　176

山村論　262
三波川帯　238, 239, 246, 247, 250
ジン，ハワード　265
地方凡例録　168, 171, 176
時空感覚　194, 195, 216, 219, 220
始原のとき　215
地震　60
地すべり　67, 242
地すべり地帯　269
自然域　267
自然観　1, 91, 258, 261, 264, 267
自然村　152
自然堤防　70, 72, 81
史的先端空間　258, 268
地盤沈下　82
島崎藤村　232
四万十帯　238, 239, 246, 247
斜面集落　226-228
周縁　54, 263, 264
周縁志向者　268
集居形態　72
集居集落　91, 176
周圏論　262
集中豪雨　84, 242
集落形態　227
集落道　166, 176
荘園　256
小農　257, 258
小農自立　216, 219, 253
常畑　256
照葉樹林　14, 45
条里
　愛知郡条里　92, 93, 96, 108, 109
　大和国条里　110
条里区画　89, 102, 109, 111
条里地割　89, 101, 110, 111
条里制　89, 91, 113, 116, 118, 127, 255, 266
常緑広葉樹　14, 22
常緑針葉樹　15

自立小農　118, 133, 134, 268
地割　163, 165, 168, 176, 179, 182
新城常三　218
深層崩壊　241, 242, 249
身体論　193
新田　176, 252
新田開発　17, 48, 131, 163, 164, 185, 216, 252, 264, 266
新田集落　163, 164
少なすぎる水　91, 267
鈴木栄太郎　152
鈴木秀夫　27
鈴木牧之　66, 68
生活様式　263
生活倫理　267
西高東低（気圧配置）　36
精神基層　264
精農主義　133
潟湖　33, 46
脊梁山脈　67-69
戦国期　1, 74, 234
扇状地　125, 127, 132, 161, 178
造山運動　240
層序の原理（層位の原理）　16, 81
反り棟造り　20

た行

大開拓時代　264
太閤検地　266
台地　161
大地溝帯（フォッサマグナ）　239-241
大都市圏農業　181
平朝彦　239
高取正男　216
高橋源一郎　161, 186
高橋富雄　53
高橋裕　84
卓越風　41, 64
ダグラス　201

竹内均　45
棚田　79, 227, 250
田辺健一　33
段丘　125
短冊状の地割　164, 171
湛水田　61
地質図　240, 241
地上の島じま　72, 82
地図にない湖　61, 78, 85
地すべり　241, 244, 248, 249
秩父帯　238, 239, 246, 247, 250
地底の島じま　81
中央構造線　238-240, 245, 254, 258, 269
沖積層　80
沖積平野　12, 73, 78, 79, 91, 132, 161, 178, 242, 253
チューネン　137, 262
築地松　2, 8, 14, 53, 54, 127
通過儀礼　210
通時的形成原理　184
通時的の理念　155
坪付け　255
低湿地　61, 62, 76, 81, 131, 264, 266
天井川　12
道祖神　200, 201, 203, 206, 215, 220
徳富蘆花　180
都市化　1, 263
土地改良事業　61, 62, 78, 91, 93, 96
土地台帳　103

な行

内帯　238
ナウマン　238, 239, 241, 245
中野栄夫　112
中村保雄　203
中村雄二郎　194, 216
なだれ　68
名主　236
南西諸島海溝　241

人名・事項索引　289

新渡戸稲造　118
日本海溝　241
日本書紀　73, 202
年代―領域原理　16, 262
農業観　154
農業全書　135, 138, 140-143, 146, 149, 153, 154
農書　134, 136-138, 140, 152, 267
農村化　263
農地改革　182
農地転用　182

は行

ハイデッガー　193
白砂青松　49
パスカル　194
畑井弘　254
畑地　252
班田制　116
氾濫原　99, 101
飛砂現象　44
百姓伝記　135, 136, 143, 145, 147, 152, 154, 267
平等村　164, 180
平野実　213
風土　8, 26, 193, 194
風土化　161, 184
風土観　91, 154
風土空間　8, 30, 52, 54, 60, 194
風紋　31
フェーン現象　68
フォッサマグナ（大地溝帯）　239-241
付加体　239, 240
仏像構造線　239
古島敏雄　90, 134, 160, 184, 236
プレート・テクトニクス理論　239, 245
フロンティア（史観，精神，スピリット）
　　263-265
文化人類学　16, 209
文化領域論　262
平家の落人伝説　250, 251

平地林　169-172, 182
平地人　269
辺境　53, 265, 268
偏西風　32
方言周圏論　262
防風防砂林　17
防風林　14

ま行

マクハーグ　45, 54, 64
間取り　21, 22
三木清　193
三木成夫　202
三橋修　194
南方熊楠　263
民主主義　264
民俗学　201, 263
六ツ間取り　22
棟付帳　236, 237
明細帳　169, 170
もう一つの日本史　2, 265, 270

や行

焼畑　244, 248, 251, 256
屋敷構え　22, 148, 182
屋敷森　169, 174, 176
屋敷林　15, 19, 152
矢嶋仁吉　161, 170, 179
安田喜憲　45
柳沢吉保　184, 186
柳田国男　13, 217, 218, 227, 250, 262, 263, 268
山川掟　133, 134
山口昌男　53, 209
山田宗睦　200
大和国条里　110
湯浅泰雄　194
ユンガー　215
吉田孝　117
吉野裕子　211

吉村信吉　164
四ツ間取り　21

ら行

ラグーン　→潟湖
リーチ　199, 218
陸繋砂州　18
律令制　113, 114, 116, 117, 255
林畑　171
レヴィ＝ストロース　88, 265
歴史観　261, 264-266
歴史の始まり　125, 258
列状集落　161, 176, 180

わ行

渡辺久雄　109
輪中　78
和辻哲郎　26, 193

地名索引

あ行

相川（新潟県）　24
会津（福島県）　137
赤石山脈　240, 247
阿賀野川　61, 69, 78
安曇野（長野県）　207, 214, 218
荒川　161, 247
胆沢川（岩手県）　125
胆沢扇状地　124
胆沢平野　125, 126, 152
伊豆大島　24
出雲平野（島根県県）　2, 8, 12, 16, 23, 53, 127, 152
一宇村（徳島県県）　227, 228, 230, 233, 237, 238, 246
五木村（熊本県）　251
伊那山地　226, 240, 244, 247, 248, 269
伊那谷（長野県）　214
魚沼（新潟県）　66
宇曽川（滋賀県）　97, 101
内原集落（奈良県）　248
愛知川（滋賀県）　97, 99
愛知川町　89, 97, 102, 103
愛知郡　92, 93, 108, 109
入間川　161
青梅　161
大滝村（埼玉県）　246, 247
忍野村（山梨県）　236, 237

か行

加賀砂丘（石川県）　33
加賀藩　137
加治川（新潟県）　84
潟町砂丘（新潟県）　31, 44, 48, 51, 53
亀田郷（新潟県）　61, 62, 65, 72, 74, 76, 81, 85
亀田町（新潟県）　61
川辺川（熊本県）　251
関東山地　240, 246
神戸川（島根県）　9, 18
蒲原（新潟県）　62
蒲原平野　65
紀伊山地　226, 234, 238, 240, 242, 244, 245
紀伊水道　227, 238
紀伊半島　238
北上川　125
北上盆地　127
紀ノ川　238
九州山地　226, 238, 240, 244, 246, 250
小阿賀野川　61, 78
五家荘（熊本県）　246, 251
湖山砂丘（鳥取県）　48
湖東平野（滋賀県）　92, 255
湖陵町（島根県）　16

さ行

佐川（高知県）　245
佐田岬半島（愛媛県）　238
貞光川（徳島県）　227, 230
讃岐山地　227
三富新田　164, 166, 172, 173, 181, 184, 186
三里浜砂丘（福井県）　48
椎葉村（宮崎県）　246, 250
塩尻市（長野県）　207, 213

四国山地　226, 227, 230, 234, 238, 240, 242, 244, 245, 249
信濃川　61, 66, 68, 70, 72, 78
信濃路　192
島根半島　9, 12, 16, 18
下栗集落（長野県）　247
庄川（富山県）　127
白根郷（新潟県）　62, 76
白石平野（佐賀県）　131
宍道湖　9, 12, 16
鈴鹿山脈　99
諏訪湖　246

た行

大社砂丘（島根県）　31, 47-49, 266
大社町（島根県）　16
高田平野（新潟県）　53
多摩川　161
玉川上水（東京都）　163
筑紫平野　131
秩父山系　161
秩父山地　226, 240, 244, 247, 269
中国山地　12
中部山岳　70
長者集落（高知県）　250
対馬海流　10
東山道　97
遠山郷（長野県）　246
栃本（埼玉県）　247
十津川（奈良県）　246, 248
鳥取砂丘　31, 33
砺波平野（富山県）　127, 152
利根川　69
鳥屋野潟（新潟県）　62, 75

な行

中山道　97, 99
中津川（埼玉県）　247
南部町（山梨県）　246

新潟市　61
新潟平野　62, 65, 69, 70, 72, 79
新津郷（新潟県）　62
西蒲原（新潟県）　62
仁淀川町（高知県）　249
能代砂丘（秋田県）　31, 33, 48

は行

羽咋海岸（石川県）　31
秦荘町（滋賀県）　92, 102
八丈島　24, 25
早川町（山梨県）　246
斐伊川（島根県）　9, 14, 18
東祖谷村（徳島県）　249
斐川町（島根県）　16
屏風山砂丘（青森県）　44
琵琶湖　92, 99
平田市（島根県）　16
豊後水道　238

ま行

松江市　16
武蔵野　161
武蔵野新田　164, 172, 186
武蔵野台地　161, 163, 168, 172, 176, 180, 185, 186, 252
室戸岬　24, 25

や行

山形村（長野県）　195, 207, 210, 213, 214, 217, 218, 220
横越村（新潟県）　61
吉野川　227, 230, 238

わ行

稚内（北海道）　24

著者略歴

山森 芳郎　　やまもり　よしろう

1940年生まれ。東北大学大学院修士課程修了。
東京工業大学助手、(社)農村生活総合研究センター主任研究員、共立女子短期大学教授を経て、現在、共立女子学園名誉教授。工学博士（東京工業大学）。

主な著書：『図説　日本の馬と人の生活誌』（編著、原書房）、1993年
『図説　ヴィクトリア時代イギリスの田園生活誌』（共訳、東洋書林）、1997年
『生活科学論の20世紀』（家政教育社）、2005年
『キーワードで読むイギリスの田園風景』（柊風舎）、2007年
『夢の住まい、夢に出てくる住まい』（芙蓉書房出版）、2009年
『ソヴィエト・アヴァンギャルド建築』（3分冊、共訳）、2010-11年
PARTNERSHIP GAME, A Comparative Study of Citizen's Attitudes in Japan and the UK、（共著）、2011年

この書物は、独立行政法人日本学術振興会平成23年度科学研究費助成事業（科学研究費補助金（研究成果公開促進費））の交付を受けて出版された。

書　名	日本の田園風景
コード	ISBN978-4-7722-6111-1
発行日	2012（平成24）年2月28日　初版第1刷発行
著　者	山森　芳郎 Copyright ©2012　YAMAMORI Yoshiro
発行者	株式会社　古今書院　橋本寿資
印刷所	株式会社　理想社
製本所	渡辺製本　株式会社
発行所	古今書院 〒101-0062　東京都千代田区神田駿河台2-10
TEL/FAX	03-3291-2757　/　03-3233-0303
振　替	00100-8-35340
ホームページ	http://www.kokon.co.jp/　　　検印省略・Printed in Japan

古今書院
日本の農村風景とその成り立ちを考える本

- 日本の棚田 —保全への取組み—　　　　　　　　　　　中島峰広著　3,675 円
- 百選の棚田を歩く　　　　　　　　　　　　　　　　　中島峰広著　2,310 円
- 続・百選の棚田を歩く　　　　　　　　　　　　　　　中島峰広著　2,625 円
- 日本のシシ垣 —イノシシ・シカの被害から田畑を守ってきた文化遺産—
　　　　　　　　　　　　　　　　　　　　　　　　　　高橋春成編　5,775 円
- 中近世移行期における東国村落の開発と社会
　　　　　　　　　　　　　　　　　　　　　　　　　　田中達也著　8,610 円
- 自然環境と農業・農民　—その調和と克服の社会史—
　　　　　　　　　　　　　　　　　　　　　　　　　　新井鎮久著　7140 円
- 怪異の風景学 —妖怪文化の民俗地理—　　　　　　　佐々木高弘著　2,940 円
- 風景の事典　　　　　　　　　　千田稔・前田良一・内田忠賢編　2,730 円
- 場所の空間学 —環境・景観・建築—　　　　　　　　　宇杉和夫著　3,675 円
- 日本の空間認識と景観構成 —ランドスケープとスペースオロジー—
　　　　　　　　　　　　　　　　　　　　　　　　　　宇杉和夫著　11,760 円

★ 2012 年春の近刊予告

- 棚田　その守り人　　　　　　　　　　　中島峰広著　2012 年 3 月発売予定
- 森と草原の歴史 —日本の植生景観はどのように移り変わってきたのか—
　　　　　　　　　　　　　　　　　　　　小椋純一著　2012 年 4 月発売予定

詳しくは 古今書院 HP をご覧ください

いろんな本をご覧ください
古今書院のホームページ

http://www.kokon.co.jp/

★ 700点以上の**新刊・既刊書**の内容・目次を写真入りでくわしく紹介
★ 環境や都市, GIS, 教育など**ジャンル別**のおすすめ本をラインナップ
★ 月刊『**地理**』最新号・バックナンバーの目次＆ページ見本を掲載
★ 書名・著者・目次・内容紹介などあらゆる語句に対応した**検索機能**
★ いろんな分野の関連学会・団体のページへ**リンク**しています

古 今 書 院
〒101-0062　東京都千代田区神田駿河台 2-10
TEL 03-3291-2757　　FAX 03-3233-0303
☆メールでのご注文は order@kokon.co.jp へ